煤炭高等教育“十四五”规划教材
安徽省线上线下混合式课程配套教材
第三届煤炭行业优秀教材

# C语言程序设计

慕课+OnlineJudge版

主　编　蒋社想　汤文兵
副主编　刘文娟　赵　宝　许　欢

中国矿业大学出版社
·徐州·

## 内 容 提 要

本书是煤炭高等教育“十四五”规划教材，是安徽省线上线下混合式课程“高级语言程序设计”的配套教材。本书全面介绍了C语言程序设计基础知识、基本数据类型、运算符和表达式、顺序控制结构、选择控制结构、循环控制结构、数组、函数、指针、结构体、共用体与枚举类型、文件等知识点，紧扣计算机省考、国考大纲。本书以程序设计为主线，以实例应用为驱动，在章节的安排上，注重学习的连续性和渐进性。

本书配有微视频、多媒体课件、在线题库等丰富的电子资源，既可以作为高等院校各专业C语言程序设计课程的教材，也可以作为工程技术人员和计算机爱好者的参考书。

**图书在版编目(CIP)数据**

C语言程序设计 ：慕课＋OnlineJudge版 / 蒋社想，汤文兵主编. — 徐州 ：中国矿业大学出版社，2024.11. — ISBN 978-7-5646-6576-0

Ⅰ. TP312.8

中国国家版本馆CIP数据核字第2024M0E226号

**书　　名**　C语言程序设计：慕课＋OnlineJudge版
**主　　编**　蒋社想　汤文兵
**责任编辑**　仓小金
**出版发行**　中国矿业大学出版社有限责任公司
（江苏省徐州市解放南路　邮编221008）
**营销热线**　(0516)83885370　83884103
**出版服务**　(0516)83995789　83884920
**网　　址**　http://www.cumtp.com　**E-mail**:cumtpvip@cumtp.com
**印　　刷**　徐州中矿大印发科技有限公司
**开　　本**　787 mm×1092 mm　1/16　**印张** 19.25　**字数** 492千字
**版次印次**　2024年11月第1版　2024年11月第1次印刷
**定　　价**　49.80元
（图书出现印装质量问题，本社负责调换）

# 前　言

“C语言程序设计”是大部分高等院校计算机及非计算机专业学生首选的编程基础课，通过对本课程的学习，学生一方面可以掌握程序设计语言的基础知识、结构化编程的基本思想、C语言基本语法、常用算法的编程、编程环境的使用、程序调试的基本技能等；另一方面逻辑思维能力也得到锻炼，为学习计算机专业的后续课程打下良好的基础。

在计算机程序设计数百种语言中，C语言毫无疑问是最充满活力、最流行的语言之一，国内高校几乎都把C语言作为理工科非计算机专业学生必须掌握的一门计算机公共基础课程，它对培养学生良好的逻辑思维、程序设计素养起着重要的作用。对于计算机相关专业的学生来说，C语言更是重中之重，因为它是计算机后续课程的基础，C语言不熟练掌握，后续课程都将难以为继。此外，各省的计算机水平考试、国家计算机等级考试以及各种计算机类竞赛均离不开C语言知识，所以C语言程序设计已成为理工科学生必备的技能之一。

本书作者在多年从事C语言教学和软件开发的基础上，参考了国内外C语言相关著作，参照了《全国高等学校（安徽考区）计算机水平考试大纲》和《全国计算机等级考试大纲》，完成了本书的编著工作。在章节的安排上，注重学习的连续性和渐进性，知识点的讲解都以程序设计为主线、实例应用为驱动，配有大量实例和习题，以加深学生对知识点的理解，真正掌握知识点的应用。本书是“中国大学MOOC”平台上开设的安徽理工大学在线开放课程“高级语言程序设计”和安徽省线上线下混合式课程的主讲教材，本书的优点有：

(1) 章节安排精心设计。章节内容安排由浅入深、循序渐进，每章节后都对所讲知识点和常见错误进行了总结。

(2) 突出编程实例分析与应用。每个知识点都配一定量的实例,并对每个实例中的语句编写、算法结构、运行结果进行详细的分析和讲解,使学生真正掌握知识点的实际应用和具体用法。

(3) 电子资源丰富。扫描书中的二维码即可观看知识点微视频,登录"中国大学 MOOC"平台进入本课程即可访问教学视频、试题库、例题源代码等在线资源,为培养学生自主学习能力提供保障,同时为线上线下混合式教学提供有力支撑。

(4) 注重实践教学。本书所有的编程例题、习题、实验在安徽理工大学程序设计 Online Judge 平台中都有对应的题目,学生可以登录平台进行练习,访问地址为:http://114.55.147.180/。

(5) 紧扣考纲要求。本书紧扣《全国高等学校(安徽考区)计算机水平考试大纲》和《全国计算机等级考试大纲》的最新要求,内容取舍得当,每章末配有一定量的习题供读者练习,部分题目来源于历年真题。

本书共分为10章,各章的主要内容说明如下:

第1章介绍C语言程序设计基础,通过一个典型实例,介绍了C语言的基本语法、程序编写步骤、程序调试方法,并且为适应计算机省考、国考及程序设计竞赛多方开发环境的要求,本章对 Visual C++ 6.0 集成开发环境进行了介绍,Visual Studio 2010、Dev C+等其他集成开发环境的介绍则以电子资源形式提供。第2章介绍C语言的基本数据类型、变量、常量及各种运算符和表达式。第3章介绍顺序控制结构。第4章介绍选择控制结构。第5章介绍循环控制结构。第6章介绍最简单的构造类型——数组,主要包括:一维、二维数组的定义、使用。第7章介绍模块化编程基础——函数,主要包括:函数的定义、调用以及函数间数据传递。第8章介绍C语言最重要的概念——指针及其特性。第9章介绍C语言的另一种构造类型——结构体与共用体,同时,还介绍了枚举类型、typedef 语句的使用。第10章介绍了在C语言中文件的使用。

本书由安徽理工大学计算机科学与工程学院蒋社想、汤文兵任主编,刘文娟、赵宝、许欢任副主编。蒋社想编写第6章、第7章、第10章,汤文兵编写第2章、第3章,刘文娟编写第8章、第9章,赵宝编写第1章,许欢编写第4章、第5章。蒋社想在本书统稿、程序和体例规范方面做了大量工作。蒋社想、汤文兵、陈辉、刘文娟、石文兵、许欢参与了慕课微视频的录制，方贤进、葛斌、周华平、徐辉四位教授对本书的编写给予了热情的帮助和大力支持，在此一并向他们表示衷心的感谢。

本书既可作为各类高等院校计算机与科学专业及理工科类非计算机专业学生学习C语言程序设计的教材，亦可作为有关工程技术人员和计算机爱好者学习C语言程序设计的参考书。本书所有例题源代码请点击“http://www.cumtp.com/download/item-741.html”下载。

限于作者的经验和水平，书中的错误与不足之处在所难免，恳请广大读者批评指正。

**编　者**

2024年3月

# 目　录

# 第 1 章　C 语言程序设计基础

【本章学习目标】

了解 C 语言的发展历史、基本特点；掌握 C 语言程序的基本构成和基本语法成分；熟练掌握 C 语言程序开发过程和集成开发环境 Visual C＋＋的使用和调试。

【本章知识导图】

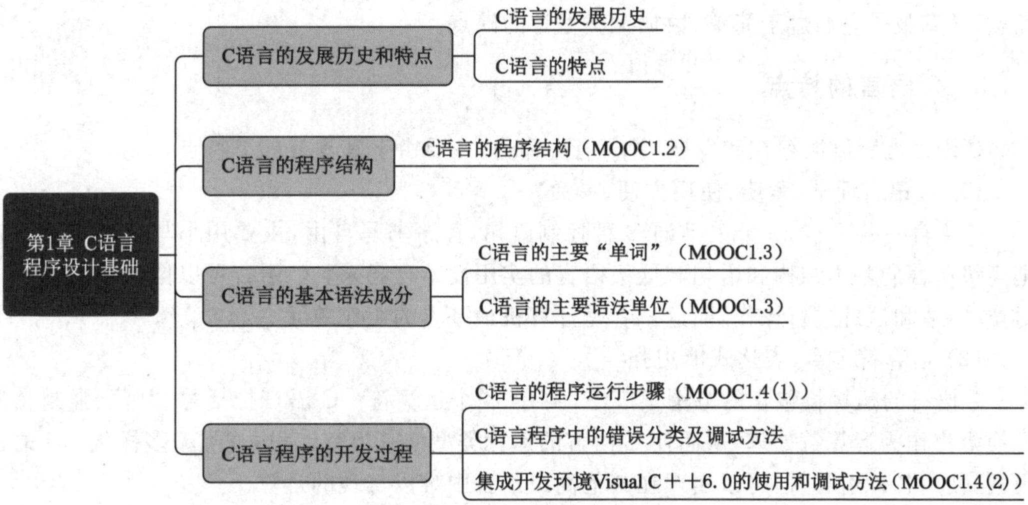


## 1.1　C 语言的发展历史和特点

### 1.1.1　C 语言的发展历史

C 语言的发展历史和特点课件

C 语言是国际上广泛流行的、很有发展前途的计算机高级语言。它作为系统描述语言，既可用来编写系统软件，也可用来编写应用软件。

早期的操作系统等系统软件主要是用汇编语言编写的(包括 UNIX 操作

系统在内)。由于汇编语言依赖于计算机硬件,程序的可读性和可移植性都比较差。为了提高可读性和可移植性,最好改用高级语言,但一般的高级语言难以实现汇编语言的某些功能(汇编语言可以直接对硬件进行操作)。人们设想能否找到一种既具有一般高级语言特性,又具有低级语言特性的语言,集它们的优点于一身。于是,C语言就在这种情况下应运而生了。

C语言是在B语言的基础上发展起来的,它的根源可以追溯到ALGOL 60。1960年出现的ALGOL 60是一种面向问题的高级语言,它离硬件比较远,不宜用来编写系统程序。1963年英国的剑桥大学推出了CPL(Combined Programming Language)语言,CPL语言在ALGOL 60的基础上更接近了硬件一些,但规模比较大,难以实现。1967年英国剑桥大学的Matin Richards对CPL语言作了简化,推出了BCPL(Basic Combined Programming Language)语言。1970年美国贝尔实验室的Ken Thompson以BCPL语言为基础,又作了进一步简化,设计出了很简单的而且很接近硬件的B语言(取BCPL的第一个字母),并使用B语言编写了一个游戏——Space Travel。Thompson使用了一台空闲的机器——PDP-7,但是该台机器没有操作系统,因此Thompson在PDP-7上用B语言编写了第一个UNIX操作系统。1971年又在PDP-11/20上实现了B语言,也编写了UNIX操作系统。但B语言过于简单,功能有限。1972年至1973年间,贝尔实验室的D.M.Ritchie在B语言的基础上设计出了C语言(取BCPL的第二个字母)。C语言既保持了BCPL和B语言的精练、接近硬件优点,又克服了它们过于简单、数据无类型等的缺点。

### 1.1.2 C语言的特点

C语言之所以能存在和发展,并具有生命力,主要由于其具有如下特点:

(1) C语言简洁、紧凑,使用方便、灵活

C语言一共只有32个关键词,9种控制语句,程序书写自由,主要用小写字母表示。它把高级语言的基本结构和语句与低级语言的实用性结合起来。C语言可以像汇编语言一样对位、字节和地址进行操作,而这三者是计算机最基本的工作单元。

(2) 运算符丰富,表达式能力强

C语言的运算符包含的范围很广泛,共有34个运算符。C语言把括号、赋值、强制类型转换等都作为运算符处理,从而使C语言的运算类型极其丰富,表达式类型多样化。C语言灵活,使用各种运算符,可以实现在其他高级语言中难以实现的运算。

(3) 数据结构丰富

C语言的数据类型有:整型、实型、字符型、数组类型、指针类型、结构体类型、共用体类型等,能用来实现各种复杂的数据类型的运算。C语言引入了指针概念,使程序效率更高。另外C语言具有强大的图形功能,支持多种显示器和驱动器,且计算功能、逻辑判断功能强大。

(4) C语言是结构化的编程语言

结构化语言的显著特点是代码及数据的分隔化,即程序的各个部分除了必要的信息交流外彼此独立。这种结构化方式可使程序层次清晰,便于使用、维护以及调试。C语言是以函数形式提供给用户的,这些函数可方便地调用,并具有多种循环、条件语句控制程序流向,从而使程序完全结构化。

(5) 语法限制不太严格,程序设计自由度大

一般的高级语言语法检查比较严格,能检查出几乎所有的语法错误。而C语言允许程

序编写者有较大的自由度，因此放宽了语法检查。程序员应当仔细检查程序，保证其正确，而不要过分依赖C语言编译程序去查错。“限制”与“灵活”是一对矛盾，限制严格，就失去灵活性；而强调灵活，就必然放松限制。

(6) 生成目标代码质量高，程序执行效率高

C语言程序一般只比汇编程序生成的目标代码效率低10%～20%。

(7) 可移植性好

与汇编语言相比，C语言程序基本上不作修改就可以运行于各种型号的计算机和各种操作系统。

(8) C语言是具有低级语言功能的高级语言

C语言允许直接访问物理地址，能进行位(bit)操作，能实现汇编语言的大部分功能，可以直接对硬件进行操作，因此C语言既具有高级语言的功能，又具有低级语言的许多功能，可用来写系统软件。C语言的这种双重性，使它既是成功的系统描述语言，又是通用的程序设计语言。有人把C语言称为“高级语言中的低级语言”，也有人称它为“中级语言”，意为兼有高级和低级语言的特点。

由于C语言具有上述特点，因此C语言得到了迅速推广，成为人们编写大型软件的首选语言之一，许多原来只能用汇编语言处理的问题现在改用C语言来处理了。

# 1.2　C语言的程序结构

C语言的程序结构比较简单，很容易掌握，它主要通过函数之间的调用来实现指定的功能。在这一节中，将通过编写简单的C语言程序，来阐述C语言的程序结构，以便对C语言程序有一个概括的了解，为以后学习打下基础。

C语言的程序结构课件

一个完整的C语言程序由一个或多个具有相对独立功能的程序模块组成，这样的程序模块称为“函数”。因此，函数是C语言程序的基本单位。

一个C语言程序，不管它有多简单，都必须有且只有一个主函数，例如：

```
int main( )
{
    return 0;
}
```

C语言的程序结构视频

上面的函数是一个空主函数，程序没有任何意义，它什么都不做。

下面，我们通过一个简单而有用的C程序，来了解它。

**【例1-1】** 编写一个C语言程序，用于显示字符串“你好！C语言!”

源程序如下：

```
#include<stdio.h>
int main( )
{
```

```
    printf("你好! C语言! \n");
    return 0;
}
```

这是一个简单而完整的C语言程序，经过编辑、编译和连接后，其执行结果是在屏幕的当前光标位置处显示如下字符串：

```
你好! C语言!
```

通过该程序，我们可以知道：

(1) 任何一个完整的C程序，都必须包含一个且只能包含一个名为main( )的函数，程序总是从main( )函数开始执行的。

(2) 由左右花括号括起来的部分是函数体，函数体中的语句将实现程序的预定功能。在本例中，main( )函数的函数体中只有printf ( )一个语句，它的功能是进行格式化输出(显示)，即将字符串"你好！C语言!"显示在终端屏幕上。而字符串中的字符"\"和"n"合起来，表示一个"换行"字符，在"换行"字符后面输出的任何字符，将被显示在屏幕的下一行上。

(3) C语言中的每个基本语句，都是以"；"(英文输入法输入的分号)结束的，分号是C语言语句的终结符。

(4) C语言程序的书写格式比较自由，没有固定的格式要求，在一行内，既可以写一个语句，也可以写多个语句。为了提高程序的可读性，往往根据语句的从属关系，以缩进书写的形式来体现出语句的层次性。

(5) #include是编译预处理指令，其作用是将由尖括号括起来的文件中的内容读入该语句指定的位置处。在使用C语言输入、输出库函数时，一般需要使用 #include指令将"stdio.h"文件包含到源文件中。有关#include指令的作用及其使用方法，将在后续章节中详细介绍。

(6) main( )前的int为函数类型，这里表示函数的返回值类型为整型，函数的返回值是通过return语句来完成的。

**【例 1-2】** 从键盘输入两个数，求和后显示。

源程序如下：

```
#include<stdio.h>
int sum(int number1, int number2)                    /*计算两个整数之和*/
{
    return(number1+ number2);
}
int main( )
{
    int a,b,c;
    scanf("%d%d",&a,&b);                   /*读入两个整数,存入变量a和b中*/
    c=sum(a,b);
    printf("The sum of %d and %d is %d", a,b,c);
    return 0;
}
```

程序从main( )函数开始执行，执行到scanf( )语句时，等待用户从键盘输入两个整型数据后再继续执行，若用户输入3和5，则屏幕将显示如下信息：

```
The sum of 3 and 5 is 8。
```

通过该程序，我们可以知道：

(1) 程序中由“/ * ”和“ * /”括起来的内容是程序的注释部分，它是为了增加程序的可读性而设置的，注释部分对程序的编译过程和执行结果没有任何影响。

(2) C语言中的所有变量都必须定义为某种数据类型，同时必须遵循“先定义、后使用”的原则，如语句：

```
int a,b,c;
```

定义了a、b、c是三个整型变量，以后就可以使用这三个变量来存放整型数据。

(3) 一个C语言程序可以由多个函数组成，通过函数之间的调用来实现相应的功能。程序中所使用的函数，既可以是系统提供的库函数，也可以是用户根据需要自己定义的函数。如上述main( )函数中调用的scanf( )函数和printf( )函数，就是系统提供的库函数，这些函数不需要用户自己定义，在需要时，只要按照指定的格式进行调用即可。

C语言编译系统提供的库函数非常丰富，特别是与硬件打交道的部分，很多工作只要调用库函数就可以实现，而函数sum( )是自定义的函数，它是用户为了实现求和功能而自己编写的函数。每个函数都用于完成一个特定的功能，sum( )函数的功能是将入口参数number1、number2之和通过return语句返回给main( )函数中的变量c。正确地使用函数，将有助于编写易于理解的、结构化好的程序。

(4) 程序中调用的scanf( )函数的作用是进行格式化输入，其中由圆括号括起来的部分是函数的参数部分，不同的函数需要不同的参数，scanf( )函数中的参数主要包括两部分内容：一是“格式控制”部分，它用于对输入数据的格式进行说明；二是“地址表”部分，存放输入数据的变量的地址组成的列表。

程序中调用的printf( )函数的作用是进行格式化输出，其参数也包括两部分内容：一是“格式控制”部分，用于对输出数据的格式进行说明；二是“输出表”部分，为需要输出的数据项的列表。

## 1.3 C语言的基本语法成分

C语言的基本语法成分课件

用程序设计语言所写的程序必须符合相应语言的语法，一般把用程序设计语言编写的未经编译的程序称为源程序。它是一个字符序列，这些字符序列按顺序组成了一系列“单词”，“单词”的组合就形成了语言有意义的语法单位，一些简单语法单位的组合又形成了更复杂的语法单位，最后一系列语法单位组合成程序。

C语言的基本语法成分视频

### 1.3.1 C语言的主要“单词”

1. 标识符

所谓标识符，是指程序中的变量、符号常量、数组、函数、类型、文件等对象的名称。

2. 关键字

又称保留字,是C语言规定的具有特定意义的标识符,它已被C语言开发环境使用,不能做其他用途使用,每个关键字都有固定的含义。C语言的关键字分为以下4类。

① 标识数据类型的关键字:int, long, short, char, float, double, signed, unsigned, struct, union, enum, void, volatile, const。

② 标识存储类型的关键字:auto, static, register, extern, typedef。

③ 标识流程控制的关键字:goto, return, break, continue, if, else, while, do, for, switch, case, default。

3. 预定义标识符

预定义标识符是一类具有特殊含义的标识符,用于标识库函数名和编译预处理命令。系统允许用户把这些标识符另做他用,但这将使这些标识符失去系统规定的原意,为了避免误解,建议不要将这些预定义标识符另做他用。

C语言中常见的预定义标识符有以下几种。

① 编译预处理命令。包括 define, ifdef, ifndef, endif, include, line, if, else 等。

② 标准库函数。包括数学函数 sqrt( ), fabs( ), sin( ), pow( )等,还有输入/输出函数 scanf( ), printf( ), getchar( ), putchar( ), gets( ), puts( )等。

4. 常量

常量是有数据类型的,如1234、12.34。

5. 运算符

代表对各种数据类型实际数据对象的运算。如＋、－、*、/、%、＞、＞＝、＝＝等。

6. 分隔符

如;、[、]、#、(、)等。

### 1.3.2 C语言的主要语法单位

(1) 表达式:运算符与运算对象组合就形成了表达式。如:

```
a +b * c
```

(2) 变量定义:变量也有数据类型,所以在定义变量时要说明相应变量的类型。如:

```
int a;
```

(3) 语句:语句是程序最基本的执行单位,程序的功能就是通过对一系列语句的执行来实现的。C语言中包含了四种基本语句:流程控制语句、表达式语句、复合语句和空语句,它们完成各自特定的操作。C程序中的每个语句都由分号作为结束标志。

(4) 函数定义与调用:函数是完成特定任务的独立模块,函数的使用最主要涉及函数的定义与调用。

(5) 输入输出:C语言没有输入输出语句,输入输出用库函数 printf ( )、scanf( )等实现。

## 1.4 C语言程序的开发过程

本节介绍C语言的程序运行的步骤以及 Visual C＋＋ 6.0 集成开发环境的使用。

### 1.4.1　C语言的程序运行步骤

编写出C程序仅仅是程序设计工作中的一个环节，写出来的程序需要在计算机上进行调试运行，直到得到正确的运行结果为止。

C语言处理系统提供的开发环境是编译系统，所以，C程序的上机执行过程一般要经过四个步骤，即：编辑、编译、链接和运行。

1. 编辑C源程序

编辑是用户把编写好的C语言源程序输入到计算机中，并以文本文件的形式存放在磁盘上，其标识为："文件名.c"。其中文件名是由用户指定的符合C标识符规定的任意字符组合，扩展名要求为".c"，表示是C源程序。例如 file_1.c、test.c 等。用于编辑源程序所使用的软件是编辑程序。编辑程序是提供给用户书写程序的软件环境，可用来输入和修改源程序。如早期在Dos环境下的Turbo C的编辑环境和现在还在使用的Visual C++6.0和Visual Studio等集成开发环境(IDE)都是可以对C语言的源程序进行编辑。

C语言程序的开发过程课件

C语言程序的开发过程视频

2. 编译C源程序

编译是把C语言源程序翻译成用二进制指令表示的目标文件，编译过程由C编译系统提供的编译程序完成。编译程序自动对源程序进行句法和语法检查，当发现错误时，就将错误的类型和所在的位置显示出来，提供给用户，以帮助用户修改源程序中的错误。如果未发现句法和语法错误，就自动形成目标代码并对目标代码进行优化后生成目标文件。目标程序的文件标识是："文件名.obj"。这是系统规定的形式，扩展名".obj"是目标程序的文件类型标识。不同的编译系统，或者不同版本的编译程序，它们的启动命令不同，生成的目标文件也不相同。

3. 程序链接

计算机不能执行目标程序。程序链接过程是用系统提供的链接程序将目标程序、库函数或其他目标程序链接装配成可执行的程序。可执行程序的文件名为："文件名.exe"，扩展名".exe"是可执行程序的文件类型标识。Windows操作系统生成的可执行文件的扩展名是".exe"。有的C编译系统把编译和链接放在一个命令文件中，用一条命令即可完成编译和链接任务，减少了操作过程。

4. 运行程序

运行程序是指将可执行程序投入运行，以获取程序处理的结果。如果程序运行结果不正确，可返回到第一步，重新对程序进行编辑修改、编译、链接和运行。与编译、链接不同的是，运行程序可以脱离语言处理环境。因为它是对一个可执行程序进行操作，与C语言本身已经没有联系，所以可以在语言开发环境下运行，也可直接在操作系统下运行。

必须指出，对不同型号计算机上的C语言版本，上机环境各不相同，编译系统支持性能各异，上述步骤有些可再分解，有些也可集成进行批处理，但逻辑上是基本相同的。

### 1.4.2　C语言程序中的错误分类及调试方法

C语言中的错误分为编译错误、链接错误和运行时错误。针对错误，可以对程序设置断点进行单步跟踪，也可以使用监视窗口对程序运行过程中的内存数据进行监视来查找错误。下面通过例子来介绍C语言程序中的错误分类及调试方法。

1. 错误分类

**【例1-3】** 下面的程序含有错误，试通过分析和调试程序，发现并改正其中的错误，使其正确实现求数组a中的最大值功能。

```
#include  <stdio.h>
#define SIZE   5
int FindMax(int a[] ,n)    ①
{
    int max,j;
    for(j=1;j<n;j++)         ③
    {
      if(a[j]>max)
      {
         max=a[j];
      }
    }
    return max;
}

int main()
{
   int max;
   int a[SIZE]={5,4,3,2,1};
   max=FindMa(a,SIZE);     ②
   printf("max=%d \n",max);
   return 0;
}
```

(1) 编译错误

编译错误是由于违反了C语言的语法规则而产生的，又称语法错误，如保留字输入错误、括号不匹配、语句缺少分号等。例1-3中的①所在行，由于形参n缺少类型说明符int，导致编译时出错。

(2) 链接错误

链接错误通常是函数名书写错误、缺少包含文件或者包含文件的路径错误等原因导致的。例如例1-3中②所在行的函数调用语句中的函数名FindMa与想调用的①所在行的函数名FindMax不匹配，导致链接时出错。

对于编译或者链接错误，编程环境会有出错位置(行号)、错误类型等提示信息。可以根据这些信息编辑出错行，改错后重新编译。

**注意**：由于出错的情况繁多而且各种错误相互关联，有时编程环境提示的错误行并不是真正错误的行。如果在提示的出错行中找不到错误，应当到前面的行查找。有时候显示出的多条出错信息，但可能只有一两个错误。

(3) 运行时错误

有些程序通过了编译、链接，能够运行，但是运行的结果和预想的结果不一致，如计算值不正确、死循环、出现内存访问冲突等，这类错误属于运行时错误。例1-3中除了编译、链接错误外，在③所在行之前，对max进行申明后，没有对max变量进行初始化为a[0]的错误，编译器无法检测到这种运行时错误。

运行时的错误的原因：一种可能原因是程序的书写错误，比如该使用变量a的地方使用了变量x，虽然没有语法错误，但是意思错误了；另一种原因可能是程序的算法不正确，解题思路不对。比如前面的例1-3中要求的是最大值，但程序求解的是最小值。还有一些程序，计算结果有时正确，有时不正确，这往往是编程时对各种情况考虑不周所致。运行时错误通知比较隐蔽，难以发现。

2. 调试手段

(1) 断点

断点(Break Point)可以让程序的执行中断在需要的地方，方便检查和分析程序。可以在一个程序中设置多个断点。当以调试状态运行程序时，每次运行到断点所在的代码时，程序就会暂停运行，再使用下面介绍的方法进行控制和查看程序的状态，检查程序语句是否存在错误。

(2) 单步跟踪

当程序在断点处暂停时，就进入单步跟踪(Tracker)状态。通过单步跟踪，可以逐条语句或逐个函数地执行，每执行一条语句，程序就暂停，因此可逐条语句地检查它们的执行结果。

断点所在行的代码是下一行要执行的代码，叫作当前代码行。此时对程序进行跟踪可以有下面6个选择。

① 单步执行(Step Over)：执行一行代码，然后暂停，如果存在函数调用语句，则把函数看成是一条语句。

② 单步进入(Step Into)：执行一行代码，如果此行中有函数调用语句，则进入当前代码行所调用的函数内部，在该函数的第一行代码处暂停。如果此行中没有调用函数，其功能和单步执行功能一样。

③ 运行出函数(Step Out)：继续运行程序，当遇到断点或返回函数调用者时暂停。当只想调用函数中的一部分代码，并在调试完成后快速跳出该函数时，可以使用这种方式。

④ 运行到光标所在行(Run to Cursor)：将光标定位到某一行代码上，并执行这个命令，程序会执行到断点或光标定位的那行代码处暂停。

⑤ 继续运行(Continue)：继续运行程序，当遇到下一个断点时暂停。

⑥ 停止调试(Stop)：程序运行终止。

(3) 监视窗

当程序暂停时，除了可以控制它的执行，还可以通过监视窗(Watch)来查看和修改各个变量的值。综合使用监视窗口和单步跟踪功能，能快速找出程序中隐藏的错误，因为使用单步跟踪的每一步，都可以通过监视窗看到程序做了什么，每个变量的值如何进行变化的，以及是否是按照设计者的意图进行变化的。

这些就是绝大多数的集成开发环境(IDE)都支持的调试手段,只是不同的集成开发环境下这些调试的手段显示的图标和快捷键可能不同,但是其功能都是一样的。

### 1.4.3 集成开发环境 Visual C++ 6.0 的使用和调试方法

Visual C++是一个功能强大的可视化软件开发工具。自 1993 年 Microsoft公司推出 Visual C++1.0 后,随着其新版本的不断更新,Visual C++已成为专业程序员进行软件开发的首选工具。

集成开发环境的使用视频

Visual C++是微软公司的重要产品 Microsoft Visual Studio 工具集的重要组成部分,它提供了一个集源程序编辑、代码编译和调试于一体的可视化开发环境,即所谓的集成开发环境(Integrated Development Environment,IDE),它包含文本编辑器、资源编辑器、工程编译工具、源代码浏览器、集成调试工具,以及一套联机文档。开发环境是程序员与 Visual C++的交互界面,通过它,程序员可以完成创建、调试、修改应用程序等的各种操作,对于集成开发环境的熟悉程度直接影响到程序设计的效率。集成开发环境采用标准的多窗口 Windows 用户界面,并增加了一些新特性,使得开发环境更易于使用,用户将很容易地学会它的使用方法。

Visual C++集成开发环境的安装,需要找到 Visual Studio 的光盘或从有关网站下载后,执行其中的 setup.exe,并按屏幕上的提示进行安装即可。

安装结束后,在 Windows 的"开始"菜单的"程序"子菜单中就会出现 Microsoft Visual C++ 6.0 子菜单。在需要使用 Visual C++时,只需从电脑上选择"开始"->"程序"->Microsoft Visual C++ 6.0->Visual C++6.0(也可以以桌面快捷方式或其他方式进入)即可,此时屏幕上在短暂显示 Visual C++6.0 的版权页后,出现 Visual C++6.0 的主窗口,在 Visual C++主窗口的顶部是 Visual C++的主菜单栏。其中包括 9 个菜单项:文件、编辑、查看、插入、工程、组建、工具、窗口、帮助。

主窗口的左侧是项目工作区窗口,右侧是程序编辑窗口,下面是调试信息窗口。工作区窗口显示所设定的工作区的信息,程序编辑窗口用来输入和编辑源程序,调试信息窗口用来显示程序出错信息和结果有无错误(errors)或警告(warnings)。Visual C++6.0 的主窗口设计如图 1-1 所示。

在 Visual C++6.0 环境下 C 语言上机步骤如下:

第一步:打开 Visual C++6.0;

第二步:建立一个 C 程序项目

(1) 在主菜单窗口中,打开"File|New"命令,创建 C 语言程序源文件。

(2) 在打开的 New 对话框中,选择 Files 选项卡中的 C++ Source File 选项,在 File 文件框中输入文件名,并选择保存路径,如图 1-2 所示。注意:文件名要以".c"作为扩展名,否则系统会自动保存为".cpp"(C++语言程序源文件的扩展名)。

(3) 单击 OK 按钮,进入程序编辑界面,如图 1-3 所示。

第三步:编译、链接和运行。

程序编写完毕以后,单击图 1-3 中的编译按钮或者 Ctrl+F7 键开始编译。如果程序是第一次编译,则会弹出如图 1-4 所示的对话框,询问是否建立一个默认的项目工作区。在

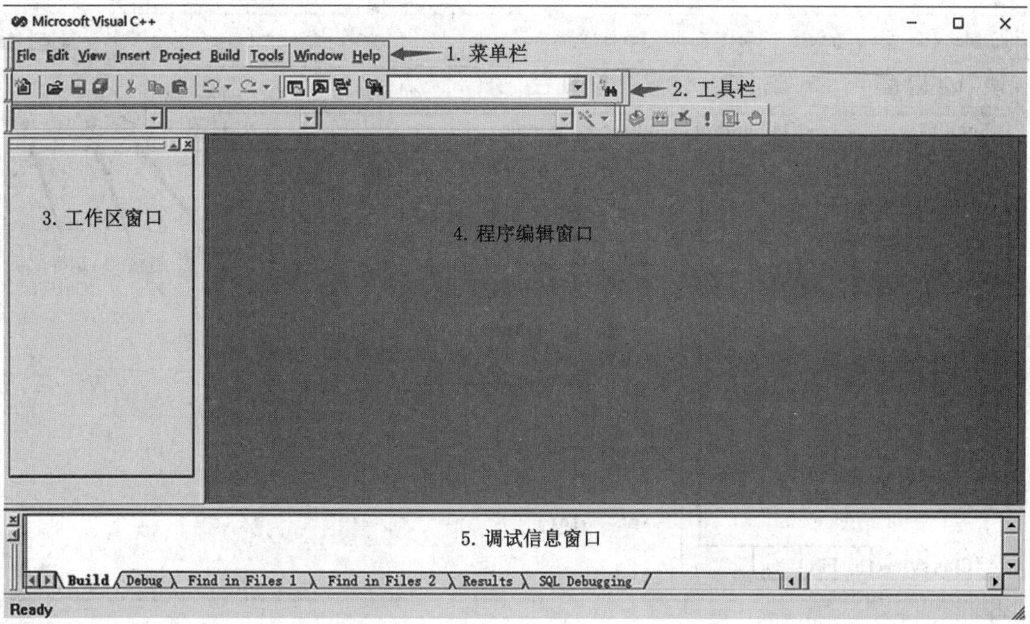


图 1-1　Visual C++6.0 的主窗口

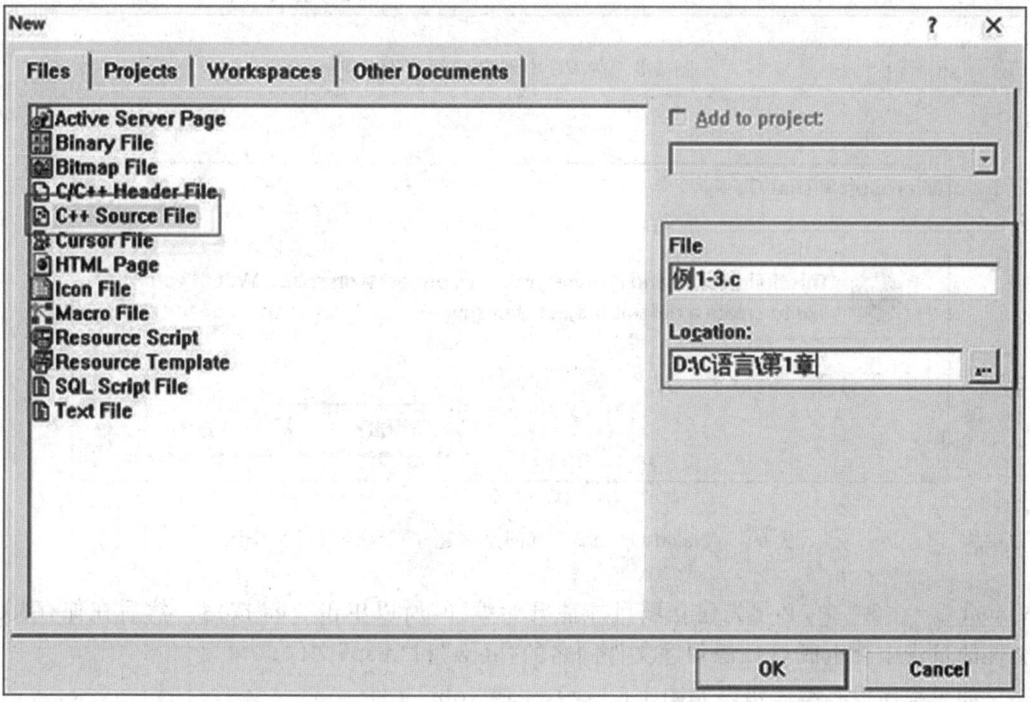


图 1-2　选择文件类型和保存路径

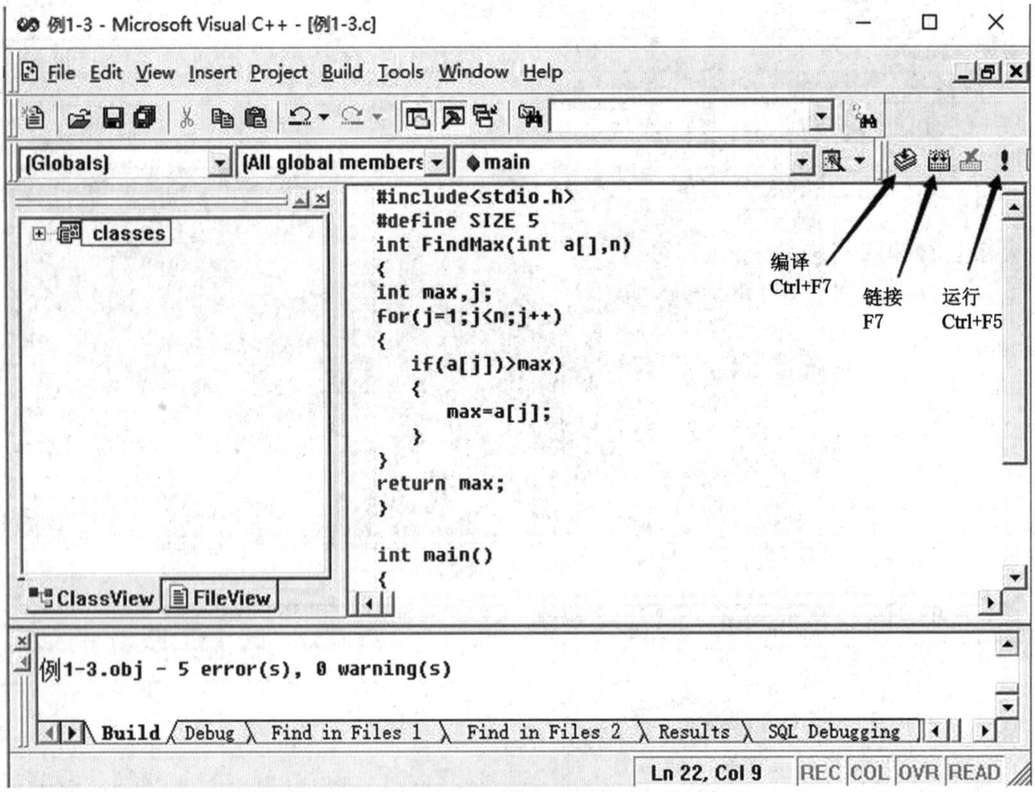


图 1-3　在 VC 中编辑 C 语言源代码

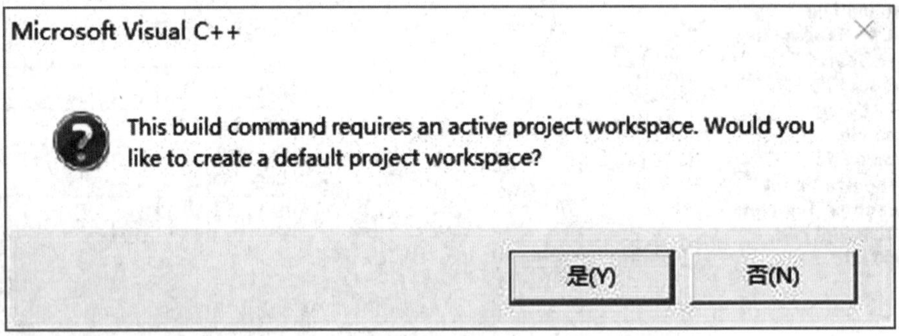


图 1-4　Visual C++6.0 询问是否建立默认的项目工作区

Visual C++6.0 中,必须先建立项目才能开始编译,所以单击 Yes 按钮。然后在保存“.c”文件的目录中会生成与 C 源程序文件同名的“.dsw”和“.dsp”文件。

如果程序没有编译错误如图 1-5 所示,生成“.obj”文件。

下一步在单击图 1-3 中所示的链接按钮或者 F7 键进行链接,如图 1-6 所示,生成“.exe”文件。

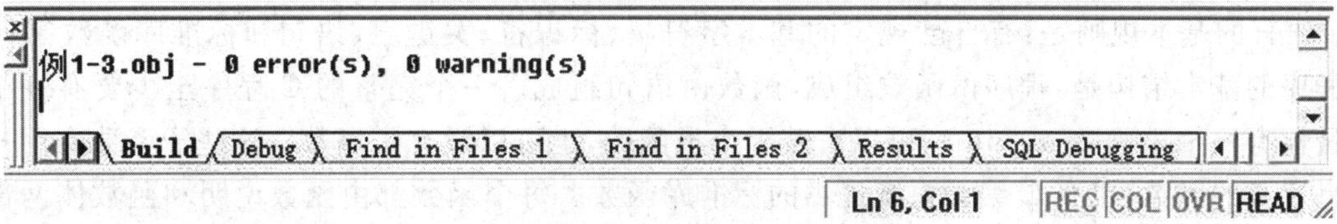


图 1-5　编译成功

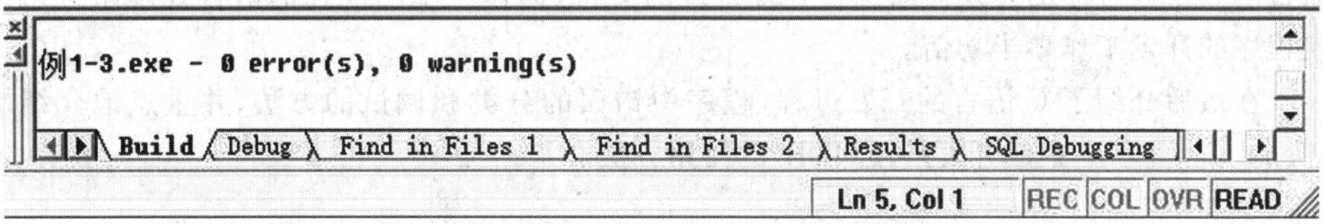


图 1-6　链接成功

接着单击图 1-3 中的“运行”按钮或者“Ctrl+F5”运行程序，运行结果如图 1-7 所示。这里运行的程序没有出现错误，如果程序出现错误，调试步骤与方法，请参考本章的实验部分。

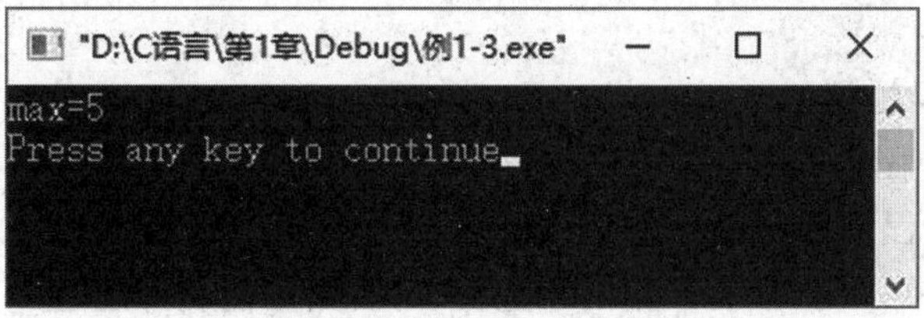


图 1-7　程序运行结果

### 1.4.4　其他集成开发环境介绍

其他常用的 C 语言集成开发环境还有 Visual Studio、Code::Blocks、Dev C++等，由于篇幅原因，这部分内容将作为电子资源提供，这里不再描述，同学们可以扫描二维码学习。

其他集成开发环境介绍课件

## 本章小结

本章介绍了 C 语言的发展和特点、C 语言的程序结构、C 语言的基本语法成分以及 C 程序的上机执行过程。C 语言是功能强大的计算机高级语言，它既适合于作为系统描述语言，又适合于作为通用的程序设计语言。任何计算机语言都有一系列的语言规定和语法规则,C语言的基本规则是:有自己规定的基本字符集、标识符、关键字、语句和标准库函数等;C程序的基本结构是:程序由函数组成,函数由语句组成。一个完整的C程序至少要有一个且仅有一个主函数main( ),可以有若干个子函数,也可以没有子函数。这些子函数有用户自定义的函数,也有C编译系统提供的标准库函数。每个函数都由函数说明和函数体两部分组成,函数体必须用一对花括号括起来。

一个C源程序需要经过编辑、编译和链接后才可运行。对C源程序编译后生成目标文件(.obj),对目标文件和库文件链接后生成可执行文件(.exe),程序的运行是对可执行文件而言的。所以程序的开发需要语言处理系统的支持,选择一个功能强的语言处理系统可以使程序的开发工作事半功倍。

在最后介绍了C语言的开发过程,程序中错误的分类和调试的方法,并重点地介绍了Visual C++ 6.0集成开发环境(IDE)的使用方法。

# 习题1

习题1　参考答案

## 一、选择题

1.以下叙述错误的是(　　)。

A. 一个C程序可以包含多个函数

B. 一个C程序只能有一个主函数

C. C程序在书写时,有严格的缩进要求,否则不能编译通过

D. C程序的主函数必须用main作为函数名

2. 调试是用来解决程序中的(　　)问题。

A. 语法错误　　B. 逻辑错误　　C. 编译错误　　D. 运行时错误

3. 下面(　　)选项不是调试过程中常见的步骤。

A. 设置断点　　B. 单步执行　　C. 修改源代码　　D. 查看变量值

## 二、简答题

1. 简述C语言的主要特点。

2. 简述C语言程序的一般构成。

3. 写一个C程序,在屏幕显示以下信息:

How are you!

Welcome to China!

4. C程序的上机执行过程一般要经过哪些步骤?C语言源程序文件、目标文件和可执行文件的扩展名是什么?

实验 1　参考答案

# 实验 1　熟悉上机实验环境

## 【实验目的和实验要求】

1. 掌握使用 Visual C++ 6.0 的集成开发环境进行 C 语言程序的编写与运行步骤。
2. 掌握使用 Visual C++ 6.0 集成开发环境对程序进行调试的方法与步骤。

## 【实验内容】

1. 使用 Visual C++ 6.0 集成开发环境编写程序，实现在屏幕上显示“您好！安徽理工大学！”。
2. 使用 Visual C++ 6.0 集成开发环境对例 1-3 的程序进行调试。

# 第2章　基本数据类型、运算符和表达式

**【本章学习目标】**

数据和运算符是C语言的基本要素。数据是程序的处理对象,运算符是对数据处理的具体描述。本章的学习目标:理解C语言的基本数据类型,掌握C语言常量与变量的定义和使用,掌握C语言运算符及表达式,以及数据类型转换和常用库函数。

**【本章知识导图】**

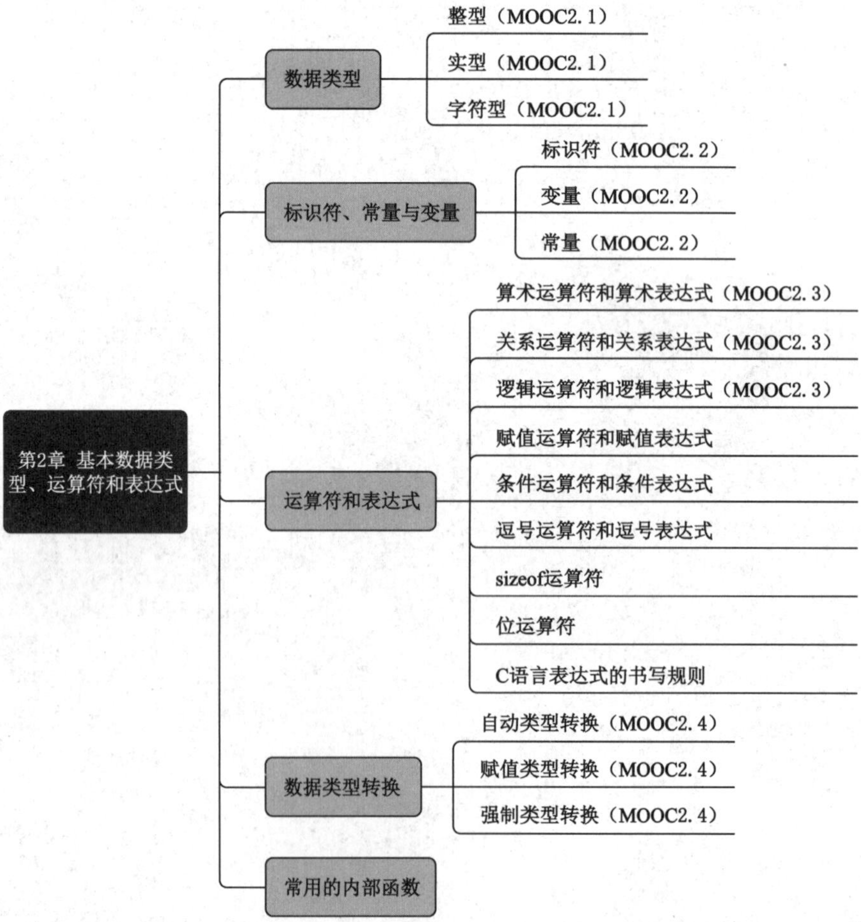

# 2.1　数据类型

计算机程序处理的对象是数据，包括数据的采集、处理以及运算结果的输出，而数据存在的形式包括数字、文字、声音、图形、图像等。要使用一个数据必须先要了解它是常量或者是变量，并要弄清楚该数据的类型。数据类型是按数据的性质、表示形式、占据存储空间的多少、构造特点来划分的，比如定义变量时，某人的年龄会采用整型，工资则采用实型。把一个变量声明为合适的数据类型是计算机正确地存储、获取和解释该数据的基本前提。

数据类型课件

为了更好地对数据进行存储和处理，C 语言中的数据类型可分为基本数据类型，构造数据类型，指针类型，空类型四大类，具体包括：

数据类型视频

- 数据类型
  - 基本类型
    - 整型
      - 基本整型(int)
      - 短整型(short)
      - 长整型(long)
    - 实型
      - 单精度(float)
      - 双精度(double)
    - 字符型(char)
    - 枚举类型(enum)
  - 构造类型
    - 数组类型([ ])
    - 结构体类型(struct)
    - 共用体类型(union)
  - 指针类型( * )
  - 空类型(void)

本章主要介绍基本数据类型，即整型、实型和字符型。基本数据类型最主要的特点是：其值不可以再分解为其他类型。

## 2.1.1　整型

根据存储长度的不同，C 语言中的整型可分为：基本整型(int)、短整型(short int 或 short)和长整型(long int 或 long)。在这些类型标识符之前还可以加上修饰符 unsigned 来指定数据是无符号数(0 或正整数)，没有加 unsigned 的数据类型为有符号类型，可以描述正整数、负整数和 0。归纳起来，C 语言定义了 6 种整型，分别是：

| | |
|---|---|
| 基本整型 | int |
| 短整型 | short 或 short int |
| 长整型 | long 或 long int |
| 无符号基本整型 | unsigned int |
| 无符号短整型 | unsigned short 或 unsigned short int |
| 无符号长整型 | unsigned long 或 unsigned long int |

表 2-1 中列出了整型数据的存储长度和取值范围。

**表 2-1　整型数据**

| 类型 | 字节数 | 取值范围 | |
|---|---|---|---|
| short | 2 | −32 768～32 767 | $-2^{15}\sim(2^{15}-1)$ |
| unsigned short | 2 | 0～65 535 | $0\sim(2^{16}-1)$ |
| int | 4 | −2 147 483 648～2 147 483 647 | $-2^{31}\sim(2^{31}-1)$ |
| unsigned int | 4 | 0～4 294 967 295 | $0\sim(2^{32}-1)$ |
| long | 4 | −2 147 483 648～2 147 483 647 | $-2^{31}\sim(2^{31}-1)$ |
| unsigned long | 4 | 0～4 294 967 295 | $0\sim(2^{32}-1)$ |

## 2.1.2　实型

实型数据又称浮点型数据。有两种表示实数的类型:单精度实型(float)和双精度实型(double)。表 2-2 中列出了实型数据的存储长度和取值范围。

**表 2-2　实型数据**

| 类型 | 字节数 | 有效数字 | 数值范围 |
|---|---|---|---|
| float | 4 | 7 | $-3.4\times10^{-38}\sim 3.4\times10^{38}$ |
| double | 8 | 16 | $-1.7\times10^{-308}\sim 1.7\times10^{308}$ |

以上数据为理论上的参考数据,实际上不同机器可能有差异。

## 2.1.3　字符型

字符类型的数据包括计算机所用编码字符集中的所有字符,常用的 ASCII 字符集包括所有大小写英文字母、数字、各种标点符号字符,还有一些控制字符,一共 128 个。

字符类型的数据在内存中存储的是它的 ASCII 码值,一个字符通常占用一个字节的内存空间。因此,除了占用的存储空间大小不同(因为数据的取值范围不同)以外,字符型数据与整型数据是相似的。为了方便处理,C 语言规定字符类型与整型基本一致,即也分为有符号和无符号两种类型。

由于字符 ASCII 码的取值范围是 0～127,因此,既可以用 char 类型表示,也可以用 unsigned char 类型表示;扩展 ASCII 码字符的取值范围是 0～255,因此在 128～255 范围内的扩展 ASCII 码字符只能用 unsigned char 类型表示。

**注意**:C 语言中各数据类型的存储长度完全由编译器决定,字符型(char)通常被定义成 8 位;基本整型(int)通常被定义成 16 位或 32 位(或更高),它取决于平台,编译器将在这两者间选择最合适的字宽;而短整型(short)通常被定义成 16 位,长整型(long)通常被定义成 32 或 64 位。C 语言对数据类型的规定如下:

long≥int≥short≥char　(这里的“≥”指类型的存储长度大于或等于)。

# 2.2　标识符、常量与变量

对于基本数据类型，按其取值是否可改变又分为常量和变量两种。在程序执行过程中，其值不发生改变的量称为常量，其值可变的量称为变量。它们与数据类型结合起来分类，可分为整型常量、整型变量、实型常量、实型变量、字符常量、字符变量等。在程序中，常量是可以不经说明而直接引用的，而变量则必须先定义后使用。

标识符、常量与变量课件

## 2.2.1　标识符

标识符是指程序中的变量、符号常量、数组、函数、类型、文件等对象的名字。标识符有自己的命名规则，在 C 语言中，标识符只能由字母、数字和下划线组成，且第一个字符必须为字母或下划线。具体命名规则如下：

标识符、变量和常量视频

(1) 只能由下划线、数字 0～9 与大小写字母(a～z,A～Z)构成。不同的系统中标识符的有效位数不同。

(2) 标识符的首字符必须是字母或下划线“_”，而不能是数字或其他符号。

(3) C 语言中大小写字母是敏感的，即在标识符命名时，大写字母和小写字母代表不同的意义。例如：Str 和 str 是两个不同的变量。

(4) 标识符不能使用系统关键字，因为关键字是系统的保留字，它们已有特定的含义。

习惯上，标识符用小写字母表示。另外，在给标识符命名时，还应注意做到“见名知义”，即选有意义的英文单词(或其缩写)作为变量名，如 stu_name，age 等，以增加程序的可读性。

## 2.2.2　变量

变量是指在程序运行过程中其值可以被改变的量。一个变量有 3 个相关的要素：① 变量名；② 变量的数据类型；③ 变量(存储单元存放)的值。

C 语言规定，在程序中用到的每一个变量都要指定它们是属于哪一种数据类型。一个变量应有确定的类型，在一个程序中一个变量只能属于一个类型，不能先后被定义为两个或多个不同类型。

变量名代表该变量的存储单元及其存放的值，系统为不同类型的变量在内存中开辟不同的存储单元，以便存放相应类型的值；不同类型的变量存放数据的方法也不相同。另外，系统还根据变量的类型检查该变量所进行的运算是否合法，例如只有整型变量和整数才能参与求余(%)运算。

1. 变量的定义和赋值

程序中使用的每个变量都必须先定义，然后才能使用。可以在变量的声明语句中同时定义变量和初始化，即赋初值。声明变量语句的形式为：

类型 变量名[=初值][,变量名[=初值],……];

例如,下面有四条变量定义语句:

```
int a;
float f;
int x,y,min;
int m,n=3,w=5;
```

其中第一行定义了一个名字为a的整型变量,第二行定义了一个名字为f的实型变量,第三行定义了三个整型变量x,y和min,第四行定义了三个整型变量m,n和w,并对n和w分别赋予初值3和5。编译器根据定义的语句为这些变量在内存中分配合适的存储空间。

若对定义的多个变量赋相同的初值,不能采用连续赋初值的形式,如:

```
int a=b=c=5;
```

此句为非法定义语句,必须采用如下形式:

```
int a=5,b=5,c=5;
```

但可以连续赋值,如:

```
int a,b,c;
a=b=c=5;
```

总之,变量的声明语句中对变量进行创建,标定存储空间并为其指定初始值。

2. 变量中数据的存储

C语言中无符号整数的存储相对简单,存储单元的每个二进制位存放的0或1均表示数。有符号整数则用补码表示,以解决计算机不能直接表示负数的问题。

与整型数据的存储情况不同,为了扩大表示数的范围,实型数据是按指数形式存储的。例如,float型数据在内存中占据4个字节即32位二进制信息,分别存放符号位、规格化的尾数、阶符位和阶码。

字符类型数据的存储与整型数据的存储十分相似,也分成有符号和无符号两种,只是用一个字节(8位二进制信息)存储字符类型数据。对于无符号字符类型(unsigned char)数据直接存放ASCII码或扩展ASCII码,有符号字符类型(char)的数据是用补码存储的。

所以,可以把字符型数据看成是整型数据。C语言允许对整型变量赋以字符值,也允许对字符变量赋以整型值。在输出时,允许将字符变量按整型量输出,也允许将整型量按字符量输出。

### 2.2.3 常量

相对于变量,常量是指在程序运行中其值不能被改变的量。常量可分为直接常量和符号常量,其中直接常量包括:整型常量、实型常量、字符型常量、字符串常量、符号常量。

C语言中常量一般有如下形式:

1. 整型常量

整型常量有三种表示方法:

(1) 十进制整数:如154、565、−6523。

(2) 八进制整数:以0开头的整数是八进制整数。其数码取值为0~7,如035、0473。

(3) 十六进制整数:以0x开头的整数是十六进制整数。其数码取值为0~9,A~F或

a～f，如 0x39、0x3af。

在上述方法表示的整数后面附一个字母 l 或 L 作为后缀，即可表示该数据的类型是长整型的。如十进制长整型常量 158l、35800L。

2. 实型常量

在 C 语言中，将带小数的数称为实数或浮点数。实型常量只能用十进制形式表示，不能用八进制和十六进制形式表示。实型常量有两种表示方法：

(1) 小数形式：由数字和小数点组成，如 3.1415926、－0.12、.4、3. 等都是实数。

(2) 指数形式：如 1.23e5 或 12.3E4 都代表 $1.23\times10^5$。注意，字母 e(或 E)之前必须有数字，且 e(或 E)后面指数必须为整数，如 e3、2.1E3.2、e 等都是不合法的指数形式。

对于带小数点的常量，C 语言编译器默认其是 double 类型，如果要特别说明其是 float 类型，可以用字母 f 或 F 作为后缀表示。如 123.45f、1.23e2F。

3. 字符型常量

字符型常量是由一对单引号括起来的单个字符构成的，在机器内部以它们的 ASCII 码表示。在 C 语言中，字符常量有以下特点：

(1) 字符常量只能用单引号括起来，不能用双引号或其他括号。

(2) 字符常量只能是单个字符，不能是多个字符。

(3) 字符可以是字符集中任意字符。一个字符型常量的值是该字符集中对应的 ASCII 编码值。显然'5'和 5 是不同的。

C 语言中除了可见字符外，还有一些特殊的控制字符无法直接写出，例如换行字符等。C 语言为它们规定了特殊写法：以反斜杠(\)开头的一个字符或一个数字序列，这类字符称为转义字符。转义字符的作用就是表明反斜杠后面的字符不取原来的意义，转义字符在 C 语言程序中起着特殊作用，如：换行字符'\n'，退格字符'\b'等。

表 2-3 中列出了 C 语言中的常用转义字符及这些字符的含义。

**表 2-3　转义字符表**

| 字符形式 | 功　能 |
|---|---|
| \n | 换行，将光标从当前位置移到下一行开头 |
| \t | 横向跳格，光标跳到下一个水平制表位 |
| \b | 退格 |
| \r | 回车，将光标从当前位置移到本行开头 |
| \f | 换页，将光标从当前位置移到下一页开头 |
| \\ | 反斜杠字符“\” |
| \' | 单引号字符“'” |
| \" | 双引号字符“"” |
| \ddd | 1 到 3 位 8 进制数所代表的字符 |
| \xhh | 1 到 2 位 16 进制数所代表的字符 |

4. 字符串常量

C 语言中没有专门的字符串类型的变量，但可以使用字符串常量。字符串常量是由一对双引号括起来的字符序列组成的,例如"abc"、"a"等都是字符串常量。双引号仅起定界符的作用,并不是字符串中的字符。字符串常量中不能直接包括单引号、双引号和反斜杠“\”,若要使用,可按表 2-3 所列使用转义字符。

字符串常量与字符常量的区别:

(1) 字符常量由单引号括起来,字符串常量由双引号括起来。

(2) 字符常量占一个字节的内存空间。字符串常量在内存中存储时,由系统自动在存储的所有字符尾部添加串结束标记'\0',所以,字符串常量占的内存字节数等于字符串中字符所占的字节数加 1。

**注意:**不要将单个字符组成的字符串常量与字符常量混淆。如'a'为字符常量,而"a"为字符串常量,不能把一个字符串常量赋给一个字符变量。例如下面的使用是错误的:

```
char ch;
ch="a";
```

5. 符号常量

符号常量就是使用符号代表常量。C 语言中允许用标识符定义一个常量,这种常量定义在 C 语言中,被称为“宏定义”,其一般形式为:

```
#define 标识符 字符串
```

其中 #define 是一条预处理命令,称为宏定义命令,其功能是把该标识符定义为其后的字符串。一经定义,以后在程序中所有出现该标识符的地方均用该字符串代替。

习惯上,符号常量的标识符使用大写字母,变量标识符使用小写字母,以示区别。

**【例 2-1】** 符号常量的使用。

```
#include <stdio.h>
#define PI 3.1415926
int main()
{
    float r,l,area;
    r=10;
    l=2 * r * PI;
    area=PI * r * r;
    printf("l=%f,area=%f\n",l,area);
    return 0;
}
```

运行结果如图 2-1 所示。

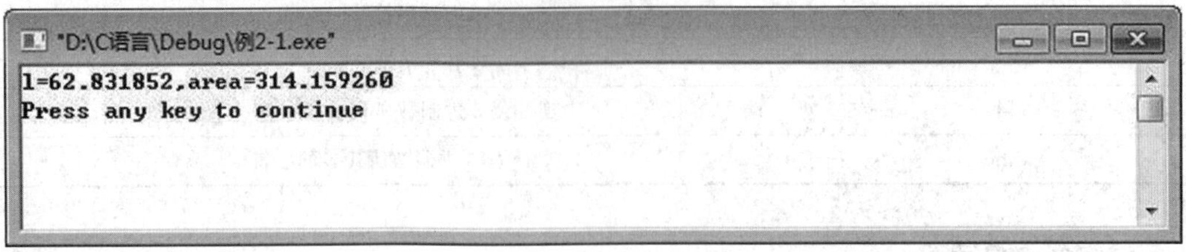


图 2-1　例 2-1 运行结果

**注意**:符号常量不同于变量,它的值在其作用域内不能改变,如果再用以下语句给 PI 赋值是错误的。

PI=3.14;

另外,程序运行时,常量并不占用内存,它作为程序操作的对象直接出现在运算器的各个寄存器中。

## 2.3　运算符和表达式

在计算机中,一种运算就是一种操作,运算的功能由运算符体现。C 语言的运算符非常丰富,使用方法也非常灵活,这是 C 语言的主要特点。C 语言运算符一般可分为以下几类:算术运算符、关系运算符、逻辑运算符、位运算符、赋值运算符、条件运算符、逗号运算符、指针运算符、求字节数运算符以及一些特殊运算符。

运算符和表达式课件

表 2-4 列出了所有运算符的优先级以及结合方向。C 语言中,运算符的运算优先级共分为 15 级,1 级最高,15 级最低。在表达式中,优先级较高的先于优先级较低的进行运算。而当一个运算对象两侧的运算符优先级相同时,则按运算符的结合性所规定的结合方向处理。

运算符和表达式视频

C 语言中各运算符的结合性分为两种,即左结合性(自左至右)和右结合性(自右至左)。例如算术运算符的结合性是自左至右,即先左后右。如有表达式 x-y+z,则 y 应先与"-"号结合,执行 x-y 运算,然后再执行+z 的运算。这种自左至右的结合方向就称为"左结合性"。而自右至左的结合方向称为"右结合性"。最典型的右结合性运算符是赋值运算符。如 x=y=z,由于"="的右结合性,应先执行 y=z 再执行 x=(y=z)运算。C 语言运算符中有不少为右结合性,应注意区别,以避免理解错误。

运算符的结合性只对相同优先级的运算符有效,也就是说,只有表达式中相同优先级的运算符连用时,才按照运算符的结合性所规定的顺序运算。而不同优先级的运算符连用时,先操作优先级高的运算。

每个运算符都有运算目数,即参与运算的操作数(运算对象)个数。只需一个操作数的运算符称为单目运算符,需要两个操作数的运算符称为双目运算符,需要三个操作数的运算符称为三目运算符。

对于表 2-4 所罗列的优先级关系可按照如下方法记忆:

首先记两边,初等运算符( )、[ ]、->、. 的优先级最高,逗号运算符最低,赋值运算符和复合赋值运算符次低。

其次,单目运算符的优先级高于双目运算符,双目运算符的优先级高于三目运算符。

最后,算术运算符优先级高于关系运算符,关系运算符高于逻辑运算符。同一优先级的运算符,运算次序由结合方向所决定。

**表 2-4　C 语言运算符优先级关系**

<table>
<tr><th>优先级</th><th>运算符</th><th>含义</th><th>参与运算的对象数目</th><th>结合方向</th></tr>
<tr><td>1</td><td>( )<br>[ ]<br>-><br>.</td><td>圆括号运算符<br>下标运算符<br>指向运算符<br>成员运算符</td><td><br>双目运算符<br>双目运算符<br>双目运算符</td><td>自左至右</td></tr>
<tr><td>2</td><td>!<br>~<br>++<br>--<br>-<br>(类型)<br>*<br>&<br>sizeof</td><td>逻辑非运算符<br>按位取反运算符<br>自增运算符<br>自减运算符<br>负号运算符<br>类型转换运算符<br>指针运算符<br>取地址运算符<br>求类型长度运算符</td><td>单目运算符</td><td>自右至左</td></tr>
<tr><td>3</td><td>*<br>/<br>%</td><td>乘法运算符<br>除法运算符<br>求余运算符</td><td>双目运算符</td><td>自左至右</td></tr>
<tr><td>4</td><td>+<br>-</td><td>加法运算符<br>减法运算符</td><td>双目运算符</td><td>自左至右</td></tr>
<tr><td>5</td><td><<<br>>></td><td>左移运算符<br>右移运算符</td><td>双目运算符</td><td>自左至右</td></tr>
<tr><td>6</td><td><,<=,> ,>=</td><td>关系运算符</td><td>双目运算符</td><td>自左至右</td></tr>
<tr><td>7</td><td>==<br>! =</td><td>判等运算符<br>判不等运算符</td><td>双目运算符</td><td>自左至右</td></tr>
<tr><td>8</td><td>&</td><td>按位与运算符</td><td>双目运算符</td><td>自左至右</td></tr>
<tr><td>9</td><td>^</td><td>按位异或运算符</td><td>双目运算符</td><td>自左至右</td></tr>
<tr><td>10</td><td>|</td><td>按位或运算符</td><td>双目运算符</td><td>自左至右</td></tr>
<tr><td>11</td><td>&&</td><td>逻辑与运算符</td><td>双目运算符</td><td>自左至右</td></tr>
<tr><td>12</td><td>||</td><td>逻辑或运算符</td><td>双目运算符</td><td>自左至右</td></tr>
<tr><td>13</td><td>?:</td><td>条件运算符</td><td>三目运算符</td><td>自右至左</td></tr>
<tr><td>14</td><td>=<br>+=,-=,*=<br>/=,%=<br>>>=,<<=<br>&=,^=,|=</td><td>赋值运算符</td><td>双目运算符</td><td>自右至左</td></tr>
<tr><td>15</td><td>,</td><td>逗号运算符(顺序求值运算符)</td><td></td><td>自左至右</td></tr>
</table>

本节将重点介绍算术运算符、关系运算符、逻辑运算符、赋值运算符、逗号运算符、条件运算符、sizeof 运算符和位运算符，以及这些运算符与操作数组成的相应表达式。

### 2.3.1　算术运算符和算术表达式

1. 基本的算术运算符

C 语言中基本的算术运算符共有 5 种：

＋(加)，－(减)，＊(乘)，/(除)，％(取模，或称求余运算符)

C 语言规定：

① “％”运算符仅用于整型变量或整型常量的运算，“a％b”的结果为 a 除以 b 的余数。

② “＋”“－”“＊”“/”运算符的两个操作数既可以是整数，也可以是实数。当两个操作数均是整数时，结果仍是整数；若参加运算的两个操作数中有一个是实数，则结果为 double 型，因为所有实数都按 double 型进行运算。

③ 当对两个整型的数据相除时结果为整数，如：7/3，其值为 2，舍去小数部分，相当于整除操作。

2. 算术表达式

表达式是由常量、变量、函数和运算符组合起来的式子。一个表达式有一个值及其类型，它们等于计算表达式所得结果的值和类型。表达式求值按运算符的优先级和结合性规定的顺序进行。单个的常量、变量、函数可以看作是表达式的特例。

算术表达式：用算术运算符和圆括号将运算对象(也称操作数)连接起来的、符合 C 语言语法规则的式子。

以下是算术表达式的例子：

```
a+b
(a*2)/c
(x+r)*8-(a+b)/7
sin(x)+sin(y)
```

**【例 2-2】**　计算并输出一个三位整数的个位、十位和百位数字之和。

```
#include <stdio.h>
int main()
{
    int x=153,b1,b2,b3,sum;
    b3=x/100;
    b2=x/10%10;
    b1=x%10;
    sum=b3+b2+b1;
    printf("b3=%d,b2=%d,b1=%d,sum=%d\n",b3,b2,b1,sum);
    return 0;
}
```

运行结果如图 2-2 所示。

图 2-2　例 2-2 运行结果

3. 自增、自减运算符

自增运算符"++"和自减运算符"--"是 C 语言中两个较为独特的单目运算符,具有右结合性。它们既可以放在操作数前,也可以放在操作数后,并且操作对象只能是变量,不能是常量或表达式。如 5++,++(a+b)等都是错误的。自增自减运算符的作用是将操作对象的值增加 1 或减去 1。如:

```
i++,i--                    /* 表示在使用 i 值之后将 i 的值加(减)1 */
++i,--i                    /* 表示在使用 i 值之前将 i 的值加(减)1 */
```

例如:设 i 的原值为 5,则执行下面的赋值语句:

```
j=i++;/* 先将 i 的值赋给 j,i 再自增 1,赋值语句执行完后 i 的值为 6,j 的值为 5 */
```

也可以理解成先引用后加,就是先引用 i 的值,再将 i 的值增 1。

```
j=++i;/* 先将 i 的值自增 1,再赋给 j,赋值语句执行完后 i 的值为 6,j 的值为 6 */
```

也可以理解成先加后引用,就是先将 i 的增 1,再引用 i 的值。

++和--运算符的结合方向是自右向左,而算术运算符的结合方向为自左向右,例如,表达式-i++,相当于-(i++),设 i 原值为 3,先计算 i++再加上负号,所以表达式值为-3,i 值为 4。如果理解为(-i)++是不对的,因为对表达式-i 不能进行自增自减运算。

**【例 2-3】** 表达式中自增自减运算符是前缀运算符,以下是表达式的求值示例。

```c
#include <stdio.h>
int main()
{
    int i=2,j=3,k;
    k=(++i)+(++j)+4;
    printf("k=%d,i=%d,j=%d\n",k,i,j);
    return 0;
}
```

运行结果如图 2-3 所示。

当自增自减运算符是前缀运算符时,应先完成自增自减运算,然后使用运算后的结果计算整个表达式的值。表达式 k=(++i)+(++j)+4 的运算可理解为:先运算++i 和++j,再计算表达式 k=i+j+4。

图 2-3　例 2-3 运行结果

**【例 2-4】** 表达式中自增自减运算符是后缀运算符，以下是表达式的求值示例。

```
#include <stdio.h>
int main()
{
    int i=2,j=3,k;
    k=(i++)+(j++)+4;
    printf("k=%d,i=%d,j=%d\n",k,i,j);
    return 0;
}
```

运行结果如图 2-4 所示。

图 2-4　例 2-4 运行结果

当自增自减运算符是后缀运算符时，应先使用自增自减运算符的运算对象计算整个表达式的值，然后再自增自减。表达式 k=(i++)+(j++)+4 的运算可理解为：先计算表达式 k=i+j+4，再运算 i++和 j++。

### 2.3.2　关系运算符和关系表达式

关系运算实际上就是比较运算，比较两个量的运算符就称为关系运算符。在 C 语言中提供了 6 种关系运算符：

＜　　小于
＜＝　　小于或等于
＞　　大于
＞＝　　大于或等于
＝＝　　等于
!＝　　不等于

关系表达式:由关系运算符和其他表达式连接起来的式子称为关系表达式。关系运算符都是双目运算符,其结果为逻辑值。即关系成立时,其值为真,按C语言的习惯,用非0值(一般用1)表示;关系不成立时,其值为假,用0表示。

关系运算符具有左结合性。

**注意:**

① 关系运算符的写法与数学上的写法不完全相同,尤其是"＝＝"和"!＝"两种运算符,要注意区分。

② 字符型数据按照其ASCII码值的大小进行比较,但是字符串常量不能直接用关系运算符比较,应使用有关的函数进行比较。

③ 由于关系表达式的值是整数0或1,可以用关系表达式的结果作为整数继续参与其他运算。如表达式2＞3＞4按自左向右的结合方向,先计算2＞3的结果为0,再计算0＞4的结果为0,即整个关系表达式的结果值为0。

④ 要表示x在区间(a,b)内,在数学中使用表达式a＜x＜b,但在C语言中不能这样使用,它会先计算a＜x,再用a＜x的结果(0或1)与b判断大小。因此,为了判别x是否在区间(a,b)内,应写成逻辑表达式:a＜x && x＜b,&& 是逻辑与运算符,将在下一小节介绍。

例如:

有a＝1;b＝2;c＝3;d＝4;下面这些关系表达式的结果为:

a＋b＞c－d　　结果:1
a＞3/2　　结果:0
'a'＋1＜'c'　　结果:1　　/* 字符参与运算时,比较的是其ASCII码的值 */
a＋1＝＝b　　结果:1
a＞b＞c　　结果:0　　/* 先计算a＞b的结果为0,再计算0＞c的结果为0 */
a!＝(c＝＝d)　　结果:1

### 2.3.3 逻辑运算符和逻辑表达式

C语言提供了三种逻辑运算符,分别是:&&(与运算)、||(或运算)、!(非运算)。其中,与运算符 && 和或运算符||均为双目运算符,非运算符!为单目运算符。例如:

a&&b　　当a,b都为真时,结果为真,用1表示
a||b　　当a,b都为假时,结果为假,用0表示
!a　　当a为真时,结果为假;当a为假时,结果为真

表2-5列出了逻辑运算的真值表。

**表 2-5　逻辑运算的真值表**

| a | b | !a | !b | a&&b | a\|\|b |
|---|---|---|---|---|---|
| 真 | 真 | 假 | 假 | 真 | 真 |
| 真 | 假 | 假 | 真 | 假 | 真 |
| 假 | 真 | 真 | 假 | 假 | 真 |
| 假 | 假 | 真 | 真 | 假 | 假 |

为了提高程序的运行速度，根据上述逻辑运算规则，在处理逻辑运算时规定：对于逻辑“与”运算，若 && 左边表达式值为 0(逻辑假)，则无需计算 && 右边表达式的值即可得出逻辑表达式的结果值为 0。对于逻辑“或”运算，若||左边表达式值为非 0 值(逻辑真)，则无需计算 || 右边表达式的值即可得出逻辑表达式的结果值为 1。这就是逻辑运算的“短路”现象。

例如，设有 int a=1,b=2;

表达式 a<0&&++b 中 b 的值仍是 2，而不是 3。表达式 a<2||++b 中 b 的值也保持不变。

由逻辑运算符连接起来的表达式称为逻辑表达式。下列表达式都是合法的逻辑表达式：

```
a<b&&c
a==b||(d+e)
!4<='a'&&2
```

### 2.3.4　赋值运算符和赋值表达式

1. 赋值运算符

C 语言中，赋值被认为是一种运算，由赋值运算符将一个变量和一个表达式连接起来的式子称为赋值表达式。其形式是：

```
<变量>  <赋值运算符>  <表达式>
```

赋值运算符为“=”，它的作用是将赋值运算符右边表达式或常量的值赋给其左边的变量。赋值表达式的值就是被赋值的变量的值。例如：a=6 这个赋值表达式的值是 6(变量 a 的值也是 6)。

赋值运算符具有右结合性，因此：

```
a=b=c=5
```

可理解为

```
a=(b=(c=5))
```

赋值表达式的值也可以再赋给其他变量，如：a=(b=3+5)，括号内的 b=3+5 是一个赋值表达式，其值为 8，所以 a 的值为 8，整个表达式的值也为 8。

**注意**：赋值运算符“=”不同于数学中使用的符号，它没有“相等”的含义。如果赋值运算符两侧的数据类型不同时，在赋值时要进行类型转换。

在 C 语言中也可以组成赋值语句，按照 C 语言规定，任何表达式在其末尾加上分号就构成语句。如：

```
x=8; a=b=c=5;
```

都是赋值语句。

2. 复合赋值运算符

C语言允许在赋值运算符“=”之前加上其他运算符以构成复合的赋值运算符。

例如：

a+=5;　　　　等价于　　a=a+5;

a*=b+5;　　　等价于　　a=a*(b+5);

在C语言中,可以使用的复合赋值运算符有：

+=,-=,*=,/=,%=,<<=,>>=,&=,^=,|=

C语言中采用这种复合运算符,一是为了简化程序,使程序精练;二是为了提高编译效率,产生质量较高的目标代码。

### 2.3.5 条件运算符和条件表达式

条件运算符是C语言中一个特殊的运算符,由“?”和“:”组合而成。条件运算符是三目运算符,要求有3个操作对象,并且三个操作对象都是表达式。我们把由条件运算符组成的表达式称为条件表达式。其一般形式为：

```
表达式1? 表达式2:表达式3
```

条件表达式的求值规则为:计算表达式1的值,若表达式1的值为真(非0),则以表达式2的值作为整个条件表达式的值,否则以表达式3的值作为整个条件表达式的值。

在条件语句中,若只执行单个赋值语句,我们常使用条件运算来表示,这样的写法不但会使程序简洁,也可以提高了运行效率。例如：

```
if (a>b)
  max=a;
else
  max=b;
```

用条件运算可以表示为：

```
max=(a>b)? a:b;
```

执行时,先计算(a>b)的值为真还是假,若为真,则表达式取值为a;否则取值为b。

**注意：**

① 条件表达式中,表达式1通常为关系或逻辑表达式,表达式2、3的类型可以是数值表达式、赋值表达式、函数表达式或条件表达式。

② 条件表达式的结果类型:表达式2和表达式3中的较高者,例如：

```
y<3? -1.0:1
```

若y的值为2,表达式的值为 -1.0;若y值为4,表达式的值为1.0(由整型变成实型)。

③ 条件运算符中的?和:是一对运算符,不能将它们拆开单独使用。

④ 条件运算符的结合方向是自右至左。

例如：

```
a>b? a:c>d? c:d
```

可理解为

```
a>b? a:(c>d? c:d)
```

这也就是条件表达式嵌套的情形，即其中的表达式 3 又是一个条件表达式。

### 2.3.6　逗号运算符和逗号表达式

C 语言提供了一种特殊的运算符——逗号运算符“,”，它在所有运算符中优先级最低。用逗号运算符可以将两个表达式连接起来，所形成的就是逗号表达式，其一般形式为：

```
表达式 1,表达式 2
```

如：

```
4-3,2+7
```

逗号表达式的求值过程是：先求表达式 1 的值，再求表达式 2 的值，表达式 2 的值就是整个逗号表达式的值。如上面的表达式先求 4－3 的值为 1，再求 2＋7 的值为 9，最后整个逗号表达式的值为表达式 2＋7 的值 9。

一个逗号表达式可以与另一个表达式构成一个新的逗号表达式。例如：

```
(a=5-3,a*5),a+15
```

也是一个逗号表达式。

求值时，因为逗号运算符优先级最低，先计算赋值表达式 a＝5－3 得到 a 的值为 2，表达式 a＝5－3 的值为 2；再计算 a＊5＝10；逗号表达式(a＝5－3，a＊5)的值为表达式 a＊5 的值 10；最后计算 a＋15，此时 a 的值为 2，则整个逗号表达式(a＝5－3，a＊5)，a＋15 的值为 a＋15的值 17。

**【例 2-5】**　逗号表达式求值示例。

```
#include <stdio.h>
int main()
{
    int a=2,b=4,c=6,x,y;
    y=(x=a+b),(b+c);
    printf("x=%d,y=%d\n",x,y);
    return 0;
}
```

运行结果如图 2-5 所示。

图 2-5　例 2-5 运行结果

逗号表达式的一般形式可以扩展为:

```
表达式1,表达式2,表达式3,…,表达式n
```

表达式n的值为整个表达式的值。

**注意**:并不是任何地方出现的逗号都可作为逗号运算符。例如函数参数也是用逗号来间隔的。如:

```
printf("%d,%d,%d\n",a,b,c);
```

其中的“a,b,c”并不是一个逗号表达式,它是printf()函数的三个参数,参数间用逗号间隔。

实际上整个逗号表达式的值意义不大,在多数情况下,是要分别得到逗号表达式中各个子表达式的值,经常使用在for循环语句中作为多个变量赋初值等情况。

### 2.3.7 sizeof运算符

sizeof是C语言的一种单目运算符,如C语言的其他操作符++、--等一样都是单目运算符,它并不是函数。sizeof操作符以字节形式给出了其操作数的存储空间大小,操作数的存储空间大小由操作数的类型决定。

sizeof可以用于数据类型、常量和变量,如sizeof(int),sizeof (var_name),sizeof var_name等都是正确形式。关于sizeof的结果有以下几点说明:

① 操作数是char、unsigned char或signed char类型时,其结果等于1。

② 对int、unsigned int、short int、unsigned short、long int、unsigned long、float、double、long double类型进行sizeof( )运算的结果,在C语言中没有具体规定,大小依赖于编译器实现,一般可能分别为4,4,2,2,4,4,4,8,10。

③ 操作数是指针时,sizeof依赖于操作系统,例如32位系统和64位系统中的地址位数是不同的。

④ 操作数具有数组类型时,其结果是数组的总字节数。

⑤ 共用体类型操作数的sizeof是其最大字节成员的字节数,结构体类型操作数的sizeof是这种类型对象的总字节数。

### 2.3.8 位运算符

C语言既具有高级语言的特点,又具有低级语言的特性,如支持位运算就是其具体体现。这是因为,C语言最初是取代汇编语言设计系统软件而设计的,因此C语言必须支持位运算等汇编操作。位运算是指对字节或字内的二进制位进行测试、抽取、设置或移位等操作。其操作对象不能是实数等其他数据类型,只能是整型和字符型。

位运算符是以单独的二进制位为操作对象的运算,也就是说,其操作数是二进制数。这是与其他运算符的主要不同之处。

C语言中提供的位运算符有:按位与(&)、按位或(|)、按位异或(^)、按位取反(~)、左移(<<)、右移(>>),其运算规则如表2-6所列。

**表2-6 位运算符的运算规则**

| x | y | x&y | x\|y | x^y | ~y |
|---|---|---|---|---|---|
| 0 | 0 | 0 | 0 | 0 | 1 |

表2-6(续)

| x | y | x&y | x\|y | x^y | ～y |
|---|---|---|---|---|---|
| 0 | 1 | 0 | 1 | 1 | 0 |
| 1 | 0 | 0 | 1 | 1 | 1 |
| 1 | 1 | 1 | 1 | 0 | 0 |

下面通过一些例子来了解这些位运算符的具体使用方法。

1. 按位与

【格式】 x&y

按位“与”可用于使字节中的某些位保持不变，某些位清零，即两个操作数中的位意一位为0时，运算结果的对应位就会被置0。例如，保留58的高4位不变，而低4位均置为0，可用58&240来实现，即：

```
   00111010
&  11110000
-----------
   00110000 → 48
```

所以，58&240=48。

2. 按位或

【格式】 x | y

与按位“与”相反，按位“或”可用于使字节中的某些位保持不变，某些位置1，即两个操作数中的任意一位为1时，运算结果的对应位就会被置1。例如，保留58的高4位不变，而低4位均置为1，可用58|15来实现，即：

```
   00111010
|  00001111
-----------
   00111111 → 63
```

所以，5|15=63。

3. 按位异或

【格式】 x ^ y

按位“异或”可用于使字节中的某些位保持不变，某些位取反，即两个操作数中的某些对应位不一样时，运算结果的对应位就会被置1；某些对应位一样时，运算结果的对应位就会被置0。例如，保留58的高4位不变，而低4位均取反，可用58^15来实现，即：

```
   00111010
^  00001111
-----------
   00110101 → 53
```

所以，58^240=53。

4. 按位取反

【格式】 ～x

按位取反是对操作数的各位取反,即 1 变成 0,0 变成 1。例如~58 的运算过程可表示为:

~ 00111010

11000101 → 197

所以,~58=197。

5. 左位移

【格式】 x<<n (n 是要左移的位数)

【功能】 把操作对象的二进制数向左移动指定的位,并在右面补上相应的 0,高位溢出。

【示例】 如 x=00001111,y=x<<2,则 y=00111100。

**注意**:左移会引起数据的变化,具体地说,左移一位相当于对原来的数值乘以 2。左移 n 位相当于对原来的数值乘以 $2^n$。但此结论只适用于该数左移被溢出舍弃的高位中不包含 1 的情况。

6. 右位移

【格式】 x>>n (n 是要右移的位数)

【功能】 把操作对象的二进制数向右移动指定的位,移出的低位舍弃;高位则:

(1) 对无符号数和有符号中的正数,补 0;

(2) 有符号数中的负数,取决于所使用的系统:补 0 的称为"逻辑右移",补 1 的称为"算术右移"。多数编译器采用的是算术右移。

如 x=01010001,y=x>>2,则 y=00010100。

**注意**:右移会引起数据的变化,具体说,右移一位相当于对原来的数值除以 2。右移 n 位相当于对原来的数值除以 $2^n$。但此结论只适用于该数右移被溢出舍弃的低位中不包含 1 的情况。

【说明】

除按位取反运算外,其余 5 个位运算符均可与赋值运算符一起,构成复合赋值运算符:&=、|=、^=、<<=、>>=。例如,a&=b 相当于 a=a&b。a<<=2 相当于:a=a << 2。

### 2.3.9 C 语言表达式的书写规则

数学表达式与 C 语言的表达式是不同的,比如 i=10,在程序中表示将 10 赋值给 i,在数学中则是表示 i 等于 10,此时表达式都是正确的。但是 5=3+2 对于程序就是错的,因为 5 是常量,而在数学中是正确的。再比如一个判断语句 1<k<10 这样数学表达式是可以的,但是在程序设计就不行,必须是 k>1&&k<10。对数学上的表达式和 C 语言程序中的表达式做了一个对比,其书写规则如下:

① 乘号用 * 表示,不能省略;

② 表达式从左到右在同一基准上书写,无高低、大小之分,都写在同一行上;

③ 括号必须成对出现,且都用圆括号。

例如将数学表达式 $\frac{-b+\sqrt{b^2-4ac}}{2a}$ 转成 C 语言表达式,则结果是:

```
(-b+sqrt(b*b-4*a*c))/(2*a)
```

# 2.4　数据类型转换

C 语言提供了丰富的数据类型，不同类型数据的存储长度和存储方式不同，一般不能直接运算。为了提高编程效率，增加应用的灵活性，C 语言允许不同数据类型相互转换。由于 C 语言基本数据类型为数值类型，除了实型外，其余类型数据(包括各种整型和字符型数据、逻辑值、枚举值等)均用整数存储，这给类型转换提供了可能。类型转换有三种方式：自动类型转换、赋值类型转换和强制类型转换。

数据类型
转换课件

## 2.4.1　自动类型转换

由于字符型和整型数据之间可以通用，且整型数据与实型可以混合运算，因此各种类型的数据均可混合运算，在进行混合运算时，一般先要进行类型转换，将不同类型的数据转换成同种类型然后进行计算，这种类型转换是系统自动完成的。转换规则如图 2-6 所示。

数据类型
转换视频

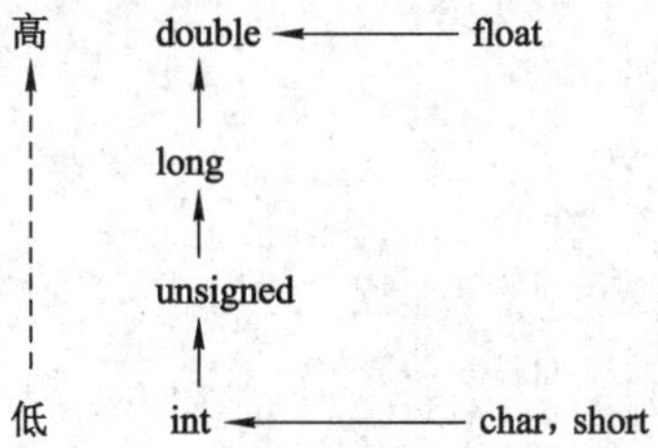


图 2-6　自动类型转换规则

转换规则如下：

① 图中横向向左的箭头表示必定的转换。如字符型(char)和短整型(short)一定转换为整型(int)，单精度实型(float)数据在运算时一律先转换成双精度型(double)，以提高运算精度(即使是两个 float 型数据相加，也先都化成 double 型，然后再相加)。

② 图中纵向的箭头表示当运算对象为不同类型时转换的方向。例如 int 型与 double 型数据进行运算，先将 int 型的数据转换成 double 型，然后进行运算，结果为 double 型。

③ 箭头方向只表示数据类型级别的高低，由低向高转换。不要理解为 int 型先转成 unsigned 型，再转成 long 型，再转成 double 型。如果一个 int 型与一个 long 型数据运算，先将 int 型转换成 long 型。

④ 如果一个运算符两侧的数据类型不同，则先自动进行类型转换，使二者具有同一种类型，然后再进行运算。

例如表达式 10+'a'+2.5*'b'，在运算时，先将所有的字符类型数据'a'和'b'转换成整型，再从左向右进行运算。遇到实型数据时，将整型数据自动转换为实型数据。最后表达式的值为实型数据,并且按照实型数据的运算规则进行运算。

### 2.4.2 赋值类型转换

赋值运算时,如果赋值运算符两侧的基本数据类型不一致,系统自动将赋值号右侧表达式的值转换成左侧变量的类型存到变量的存储单元,转换的结果可能出现以下情况:

(1) 当整型数据赋给实型变量时,数值上不发生任何变化,但有效位增加。如:

```
float f;
f=16;                                  /* 内存中变量 f 的值为 16.000000 */
```

(2) 当单、双精度浮点型数据赋给整型变量时,浮点数的小数部分将被舍弃。如:

```
int a;
a=8.58;                                /* 内存中变量 a 的值为 8 */
```

**【例 2-6】** 不同类型数据赋值转换举例。

```
#include<stdio.h>
int main()
{
    int a,b=322;
    float x,y=8.88;
    char c1='k',c2;
    a=y;                               /* 把实数赋给整型变量 */
    printf("%d\n",a);
    x=b;                               /* 把整数赋给实型变量 */
    a=c1;                              /* 把字符赋给整型变量 */
    c2=b;                              /* 把整数赋给字符型变量 */
    printf("%f,%d,%c\n",x,a,c2);
    return 0;
}
```

运行结果如图 2-7 所示。

图 2-7 例 2-6 运行结果

### 2.4.3　强制类型转换

可以利用强制类型转换运算符将一个表达式的值强制转换成所需类型。例如：

```
(int) a;                      /* 表示将变量 a 值的类型强制转换为整型 */
(float) (a+b);                /* 表示将表达式 a+b 结果的类型强制转换为浮点型 */
```

强制类型转换的一般形式为：

```
(类型名)表达式
```

**注意：**

(1) 类型名必须用括号括起来。注意区别强制类型转换运算的对象，例如：

```
(int)(a+b);                   /* 表示将表达式 a+b 结果的类型强制转换成 int 型 */
(int)a+b;                     /* 表示将变量 a 值的类型强制转换成 int 型后，再进行加法运算 */
```

(2) 经强制类型转换后，得到的是一个所需类型的中间变量，原来变量的类型并没有发生任何变化。

**【例 2-7】**　分析下面程序的运行结果。

```
#include <stdio.h>
int main()
{
   int a;
   float b=3.6;
   a=(int)b;
   printf("a=%d,b=%f\n",a,b);
   return 0;
}
```

运行结果如图 2-8 所示。

图 2-8　例 2-7 运行结果

当自动类型转换不能实现目的时，可以用强制类型转换。如“%”运算符要求其两侧均为整型量，若 x 为 float 型，则“x%3”不合法，必须用“(int)x%3”。此外，在函数调用时，有时为了使实参与形参类型一致，可以用强制类型转换运算符得到一个所需类型的参数。

## 2.5 常用的内部函数

在使用C语言进行编程时,许多很基本和很重要的功能都可以由系统的库函数和类库来实现。C语言提供的函数以库文件的形式存放在系统中,它们不是C语言程序文件中的组成部分。用户在使用函数库时无需定义和说明,只需在程序前包含该函数原型的头文件,就可以在程序中直接使用。

常用的内部函数课件

使用库函数应清楚四个方面的内容:

(1) 函数的功能及所能完成的操作;

(2) 参数的数目和顺序,以及每个参数的意义及类型;

(3) 返回值的意义及类型;

(4) 需要使用的包含文件。

以上是要正确使用库函数的必要条件。

本节介绍一些标准数学函数,如表2-7所示。其他一些函数后面章节中会介绍,另外的一些可以通过查阅文档来获得。

**表2-7 常用的标准数学函数**

| 函数名 | 功能 | 函数名 | 功能 |
|---|---|---|---|
| sqrt(x) | 计算x的平方根,x应大于或等于0 | exp(x) | 计算 $e^x$ 的值 |
| abs(x) | 计算x的绝对值,x为整数 | pow(x,y) | 计算 $x^y$ 的值 |
| fabs(x) | 计算x的绝对值,x为实数 | sin(x) | 计算sin x的值,x为弧度值 |
| log(x) | 计算lnx的值,x应大于0 | cos(x) | 计算cos x的值,x为弧度值 |
| log10(x) | 计算lgx的值,x应大于0 | tan(x) | 计算tan x的值,x为弧度值 |

使用以上这些函数时,应在程序开头写上预处理命令"#include <math.h>"来调用头文件。

## 本章小结

本章主要介绍了C语言中有关数据与数据计算的基本概念和规则。重点讲解了以下几个方面的内容:

(1) 数据类型

C语言的数据类型有四类:基本类型、构造类型、指针类型和空类型。其中基本数据类型包括整型、实型、字符型三种。

(2) 常量和变量

变量是指在程序运行过程中其值可以被改变的量,常量指在程序运行中其值不能被改变的量。

(3) C 语言的运算符和表达式

运算符包括算术运算符、关系运算符、逻辑运算符、条件运算符、位运算符和赋值运算符等。每种运算符运算对象的个数、优先级、结合性也各有不同。一般而言，单目运算符的优先级较高，赋值运算符优先级较低。大多数双目运算符的结合性为左结合，单目、三目及赋值运算符为右结合。

表达式是由运算符连接各种类型的数据组合而成的式子。表达式的求值应按照运算符的优先级和结合性所规定的顺序进行。

(4) 数据类型转换

不同类型的数据在进行混合运算时，需要进行类型转换。类型转换有三种方式：自动类型转换、赋值类型转换和强制类型转换。

(5) 常见程序错误小结

| 常见错误实例 | 常见错误描述 | 错误类型 |
|---|---|---|
| printf("%d",a) | 变量未定义就使用 | 编译错误 |
| ox12 | 将八进制和十六进制的 0 和 0x 误写成 o 和 ox | 编译错误 |
| 089 | 八进制中出现超过“7”的数 | 编译错误 |
| e3、2.1e3.2、e | 字母 e(或 E)之前必须有数字，且 e 后面指数必须为整数 | 编译错误 |
| int newValue;<br>newvalue=5; | 忽略了变量名的大小写，使用的变量名和定义的变量名不同名 | 编译错误 |
| int m=n=0; | 在定义变量时，对多个变量进行连续赋初值 | 编译错误 |
| 5.3%2 | %运算符仅用于整型变量或整型常量的运算 | 编译错误 |
| 5/2 | 结果的值为 2，而不是 2.5，因为两个整数相除，结果只能是整数 | 理解错误 |
| (int)a+b; | 表示将变量 a 值的类型强制转换成 int 型，而不是将表达式 a+b 结果的类型强制转换成 int 型 | 理解错误 |
| 4ac 或者 4×a×c | 将乘法运算符 * 省略或者写成× | 编译错误 |
| j=i++;<br>j=++i; | j=i++;是先将 i 的值赋给 j，i 再自增 1<br>j=++i;是先将 i 的值自增 1，再赋给 j | 理解错误 |
| (a+b)++ | 对一个算术表达式使用增 1 或减 1 运算 | 编译错误 |

# 习题 2

习题 2　参考答案

## 一、选择题

1. 以下不能定义为用户标识符的是(　　)。

　A. Scanf　　B. x_y　　C. int　　D. x12

2. 下列是合法的C语言常量的是(　　)。

A. 028　　B. 2.5e2　　C. 3e2.5　　D. 5A

3. C源程序中不能表示的数制是(　　)。

A. 二进制　　B. 十六进制　　C. 十进制　　D. 八进制

4. 设有 int a;,执行语句 a='A'+1.6;后,则正确的叙述是(　　)。

A. a的值是字符'C'　　B. a的值是浮点型

C. C语言不允许字符型和浮点型相加　　D. a的值是字符'A'的ASCII码值加上1

5. 已知:int a=8,b=5,c;,则执行语句 c=a%b+0.3;后,c的值是(　　)。

A. 1　　B. 1.3　　C. 3　　D. 3.3

6. 设有 int m,n=10;,则执行语句 m=n++;后,m、n的值分别为(　　)。

A. 10,10　　B. 10,11　　C. 11,10　　D. 11,11

7. 设有 int a=3;,执行语句 a+=a-=a*a;后,变量a的值是(　　)。

A. 3　　B. 0　　C. 9　　D. -12

8. 设有 int a;,则不能正确表示数学不等式"10<a<15"的C语言表达式是(　　)。

A. 10<a<15　　B. a==11||a==12||a==13||a==14

C. a>10&&a<15　　D. !(a<=10||a>=15)

9. 设有 int a=1,b=0;,则表达式 a<2||++b 的值是(　　)。

A. 0　　B. 1　　C. T　　D. F

10. 已知 int a=15;,执行语句 a=a<<2;后,变量a的值是(　　)。

A. 3　　B. 15　　C. 30　　D. 60

## 二、填空题

1. 设 int a=6,b=7,c;,执行语句 c=a%5+b/3;后,变量c的值是__________。

2. 已知 int a=10,b=15;,则表达式!a<b 的值是__________。

3. 已知 int a,b,c;,则执行语句 a=5+(b=6,c=4);后,变量a的值__________。

4. 已知 int a=80,b;,则执行语句 b=a>>2;后,变量b的值是__________。

5. 设 int a=1,b=1,c=1;表达式 a-b>c || b==c 的值是__________。

## 三、程序阅读题

1. 以下程序输出的结果是____________________。

```
#include <stdio.h>
int main()
{
    int x=4,y=0,z;
    x*=3+2;
    printf("%d",x);
    x*=y=z=4;
    printf("%d",x);
    return 0;
```

```
}
```

2. 以下程序输出的结果是__________________。

```
#include <stdio.h>
int main()
{
    float x;
    int i;
    x=3.6;
    i=(int)x;
    printf("x=%f,i=%d\n",x,i);
    return 0;
}
```

3. 以下程序输出的结果是__________________。

```
#include <stdio.h>
int main()
{
    int i,j,m,n;
    i=8;
    j=10;
    m=++i;
    n=j++;
    printf("i=%d,j=%d,m=%d,n=%d\n",i,j,m,n);
    m=i--;
    n=--j;
    printf("i=%d,j=%d,m=%d,n=%d\n",i,j,m,n);
    return 0;
}
```

4. 以下程序输出的结果是__________________。

```
#include <stdio.h>
int main()
{
    int a,b;
    a=4|3;
    b=4&3;
    printf("%d %d\n",a,b);
    return 0;
}
```

5. 以下程序输出的结果是__________________。

```
#include <stdio.h>
int main()
{
    int a,b,c;
    a=10;
    b=20;
    c=(a%b<1)||(a/b>1);
    printf("%d %d %d\n",a,b,c);
    return 0;
}
```

### 四、编程题

1. 编写一个简单的 C 程序,输出以下信息:

```
* * * * * * * * * * * * *
C program!
* * * * * * * * * * * * *
```

2. 编写一个程序,输入游泳池的长和宽,求游泳池面积。

3. 输入一个字符,分别输出其前导字符、该字符、后续字符。

实验 2　参考答案

# 实验 2　表达式运算

**【实验目的】**

1. 掌握 C 语言数据类型,熟悉如何定义一个整型、字符型和实型的变量,以及对它们赋值的方法。

2. 学习 C 语言运算符优先级和结合性的概念,掌握不同类型的数据之间运算的规律。

3. 学会使用 C 的有关运算符,以及包含这些运算的表达式,特别是自加(++)和自减(--)运算符的使用。

4. 进一步熟悉 C 程序的编辑、编译、连接和运行的过程。

**【实验内容】**

1. 编写程序,输入整数 1500 和 350,求出它们的商和余数并输出。

2. 编写程序,输入一个华氏温度,要求输出摄氏温度。公式如下,$C=\frac{5}{9}(F-32)$,其中,F 为华氏温度,C 为摄氏温度。

3. 编写一个程序,输入半径,输出其圆周长、圆面积、及圆球体积。

# 第 3 章　顺序控制结构

**【本章学习目标】**

构成结构化程序设计的三种基本结构是:顺序结构、选择结构和循环结构,它们是程序设计的基础。其中顺序结构是最简单的,也是最基本的程序结构,其特点是按语句书写的顺序依次执行。本章的学习目标:理解算法的概念和算法描述的基本方法,掌握 C 语言的基本语句,熟练掌握 C 语言的数据输出与输入语句。

**【本章知识导图】**

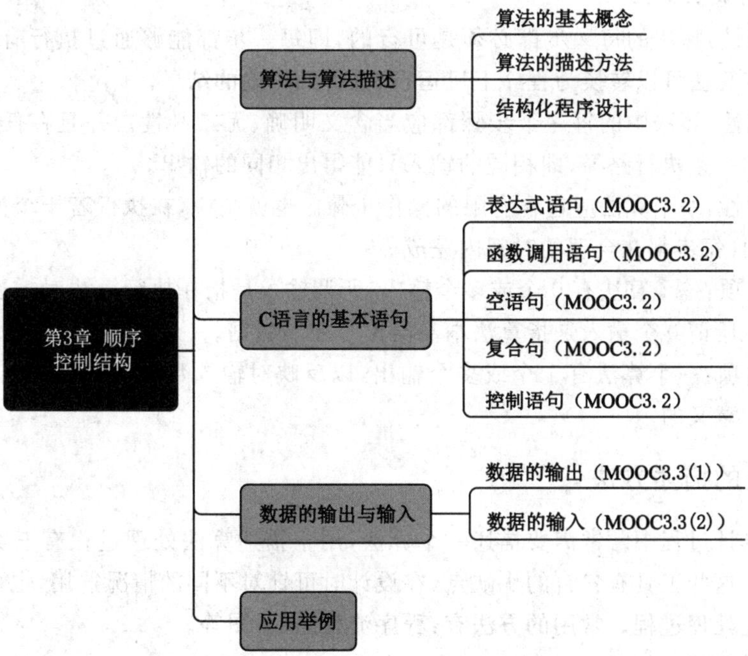

# 3.1 算法与算法描述

学习程序设计语言的目的,是要以程序设计语言为工具,编写出可以在计算机运行的程序。

在拿到一个需要用计算机求解的问题后,为了实现解题要求,一个程序需要包括哪些方面的信息,怎样才能编写出程序呢? Pascal 之父 Nicklaus Wirth 提出了著名的公式:

算法与算法描述课件

程序＝算法＋数据结构

数据是操作的对象,在程序中要加工处理的数据以及这些数据的类型及组织形式构成了数据结构,而算法是对数据操作的描述,即计算机的操作步骤。

## 3.1.1 算法的基本概念

1. 算法

算法是在有限步骤内求解某一问题所使用的一组定义明确的规则。通俗点说,就是计算机解题的过程。有了一个好的算法,就可以用任何一种程序设计语言把算法转换为程序。

2. 算法的基本特征

(1) 可行性:算法的每一步都必须是可行的,即每一步都能够通过执行有限次数完成。可行性意味着算法可以转换为程序上机运行,并得到正确的结果。

(2) 确定性:算法中的每一个步骤都应当含义明确、无二义性。并且在任何条件下,算法只有唯一的一条执行路径,即相同的输入只能得出相同的输出。

(3) 有穷性:一个算法应包含有限的操作步骤。也就是说,在执行若干个操作步骤后算法将结束,而且每步都在合理的时间内完成。

(4) 输入项:一个算法有 0 个或多个输入,所谓输入是指在执行算法时需要从外界获取必需的数据。所谓 0 个输入是指算法本身给出了初始数据。

(5) 输出项:一个算法有 1 个或多个输出,以反映对输入数据加工后的结果,没有输出的算法是毫无意义的。

## 3.1.2 算法的描述方法

在程序设计过程中常常需要描述一个算法,用于描述算法处理过程有三类工具:图形、表格和语言。这些工具有各自的优缺点,在设计时可针对不同的情况选用,也可同时采用多种工具来描述处理过程。常用的方法有:程序流程图、盒图等。

1. 程序流程图

程序流程图又称程序框图,它是历史最悠久、使用最广泛的一种描述程序逻辑结构的方法,也是软件开发者最熟悉的一种算法表达工具。它独立于任何一种程序设计语言,能比较直观和清晰地描述过程的控制流程,易于学习掌握,是软件开发者最普遍采用的一种工具。图 3-1 所示为程序流程图中使用的基本符号。

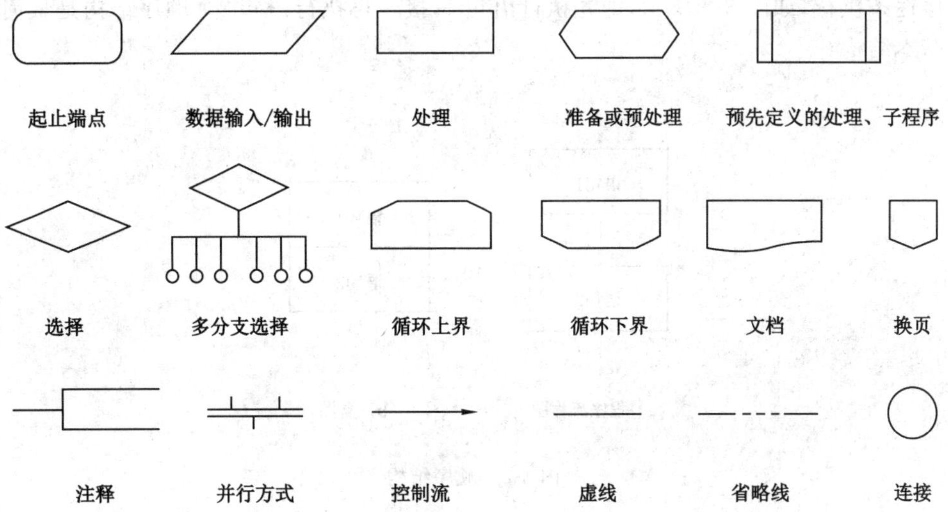


图 3-1　程序流程图的基本符号

程序流程图虽然直观清晰、容易掌握、使用广泛，但程序流程图也存在以下缺陷：

① 在实际使用中程序流程图本质上并不具备逐步求精的特点，往往反映的是最后的结果，对于提高大型系统的可理解性作用甚微。

② 由于程序流程图中可随心所欲地画流程线的流向，容易造成非结构化的程序结构。编码时造成不加限制使用 GOTO 语句，会使软件质量受到影响。

2. 盒图

随着结构化程序设计方法的出现，盒图最早由 Nassi 和 Shneiderman 在 1973 年发表的《结构化程序的流程图技术》的一文中提出，因此也称为 N-S 图。盒图含有三种基本控制结构来构造程序逻辑，符合结构化程序设计原则，如图 3-2(b)所示。每个处理步骤都用一个盒子表示，这些处理步骤可以是语句或语句序列，必要时还可以嵌套另一个盒子。盒图具有如下优点：

① 只能从上边进入盒子，从下面走出盒子，没有其他入口和出口，限制了随意的控制转移，保证了程序有良好的结构。

② 由于取消了控制流符号，不允许随意转移控制，必须遵守结构化程序设计原则。

③ 易于表达嵌套关系和模块的层次结构。

因此，坚持使用盒图可以使程序员逐步养成结构化的方式进行思考和解决问题的习惯。

### 3.1.3　结构化程序设计

1. 结构化程序

结构化程序设计的定义为：如果一个程序的代码仅仅通过顺序、选择和循环这三种基本控制结构进行连接，并且每个代码块只有一个入口和一个出口，则称这个程序是结构化的。

(1) 顺序结构

顺序结构表示程序中的各操作语句是按照它们出现的先后顺序执行的。在本章将要介绍的由赋值语句、输入及输出语句构成的顺序结构程序中，将按这些语句在程序中出现的先后顺序逐条执行,如图 3-2 所示,即先执行语句 1,接着再执行语句 2。顺序结构是最简单的一个基本结构。

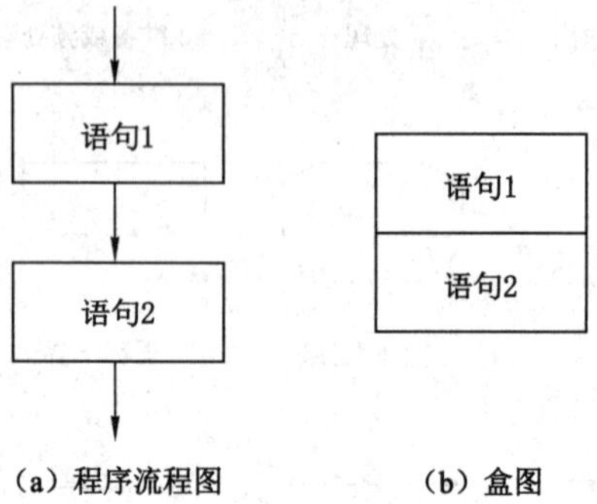


图 3-2 顺序结构

(2) 选择结构

选择结构又称分支结构,表示程序的处理步骤出现了分支,需要根据某一特定的条件选择其中的一个分支执行,如图 3-3 所示。此结构中有一个判断框,根据判断表达式是否成立而选择执行语句 1 或语句 2。选择结构有单选择、双选择和多选择三种形式。

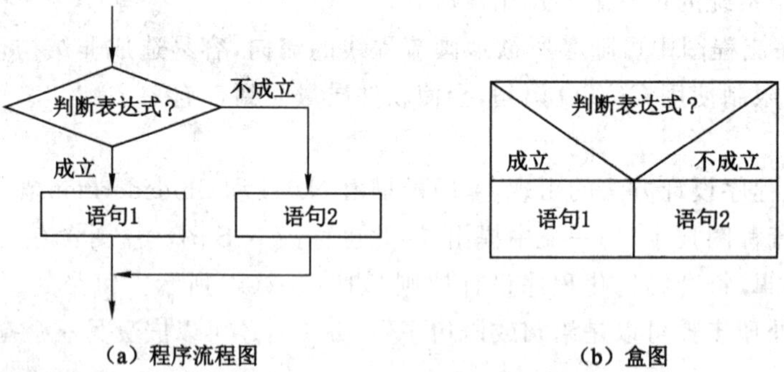


图 3-3 选择结构

**注意**:无论选择结构中的判断表达式是否成立,只能执行语句 1 或语句 2 中的一条,不可能既执行语句 1 又执行语句 2。无论走哪一条路径,在执行语句 1 或语句 2 后,结束本选择语句。如果语句 2 是空的,在判断表达式不成立时,分支语句不执行任何语句,此时称单分支语句。

(3) 循环结构

循环结构又称重复结构,循环结构表示程序反复执行某个或某些语句,直到某条件为假(或为真)时才可终止循环。程序根据判断表达式的结果,使同一组语句(也称循环体)重复执行多次或一次也不执行。在循环结构中最主要的是:什么情况下执行循环?哪些操作需要循环执行?循环结构的基本形式有两种:当型循环和直到型循环。

① 当型循环结构:如图 3-4 所示,表示先判断条件,当满足给定的条件时执行循环体,并且在循环终端处流程自动返回到循环入口;如果条件不满足,则退出循环体直接到达流程

出口处。因为是“当条件满足时执行循环”，即先判断后执行，所以称为当型循环。

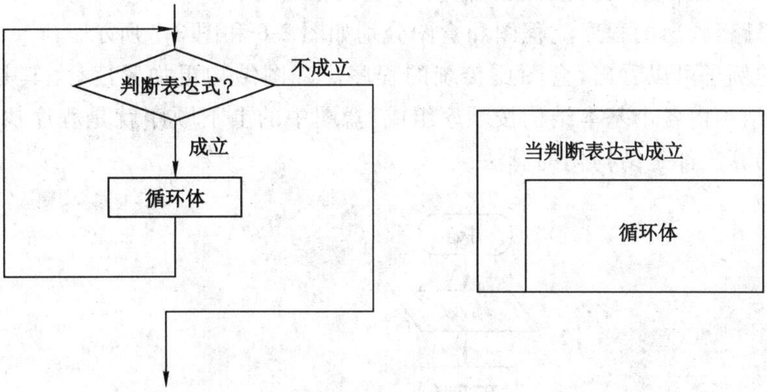


（a）程序流程图　　　（b）盒图

图 3-4　当型循环

② 直到型循环：如图 3-5 所示，表示从结构入口处直接执行循环体，在循环终端处判断条件，如果条件满足，返回入口处继续执行循环体，直到条件为假时再退出循环到达流程出口处，是先执行后判断。因为是“直到条件为假时为止”，所以称为直到型循环。

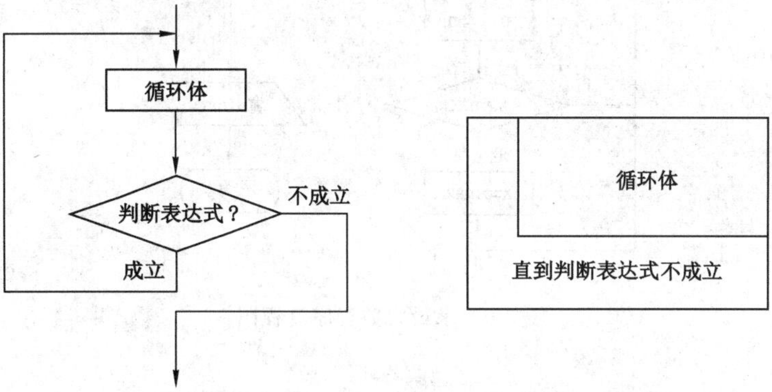


（a）程序流程图　　　（b）盒图

图 3-5　直到型循环

这三种基本结构可以任意组合和互相嵌套，可以构造出任何复杂的程序。而且采用结构化程序设计方法，可使程序的逻辑结构清晰，层次分明，提高了程序的可读性，保证了程序的质量，提高了程序的开发效率。由三种基本结构构成的算法称为结构化算法；由三种基本结构构成的程序称为结构化程序。

**【例 3-1】**　分别输入 10 个整数，要求打印出其中最大的数，分别用程序流程图和盒图描述其算法。

解题思路：先输入第一个数放在变量 x 中，在没有其他数参与比较前，显然 x 暂时是最大的数，将 x 的值放在变量 max 中。设置一个统计输入数据个数的变量 n，将其初值置为 1。接着输入第二个数放到变量 x 中，变量 n 中的值增加 1，用 x 与 max 中的数比较。如果

x 中的数大于 max，则用 x 的数值替换 max 中原来的值。这样的过程重复执行 9 次后，max 中的值就是 10 个数中最大的数，最后输出 max 的值即可。

根据其思路，画出的程序流程图和盒图分别如图 3-6 和图 3-7 所示。

从上面的例子可以看出，盒图比传统的程序流程图结构更加紧凑，尤其是取消了流程线，整个算法结构由各个基本结构按顺序组成，盒图中的上下顺序就是程序执行时的顺序，用盒图描述的算法都是结构化的算法。

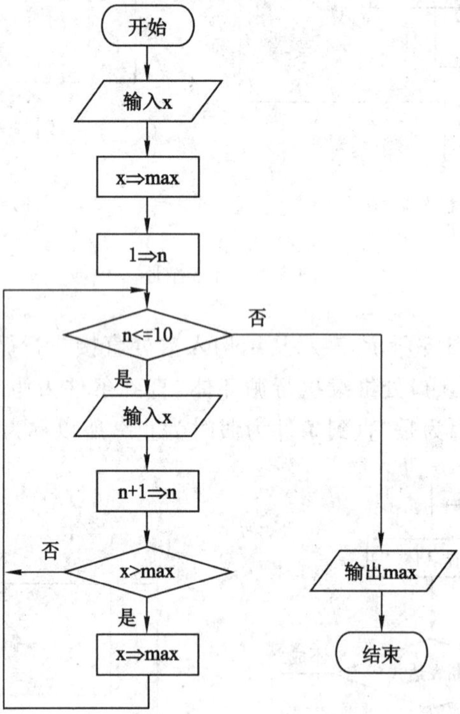


图 3-6　求最大数程序流程图

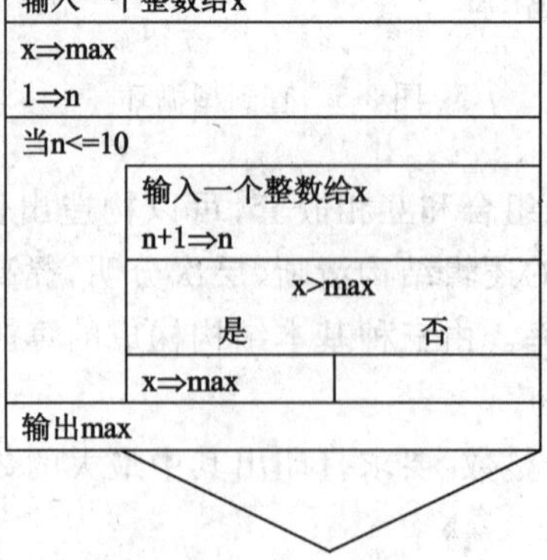


图 3-7　求最大数盒图

2. 结构化程序设计方法

结构化程序设计的基本原则是以模块功能和处理过程设计为主进行详细设计的。该方法的要点是：

(1) 自顶向下：结构化程序设计的基本思想是采用“自顶向下，逐步求精”的程序设计方法和“单入口单出口”的控制结构。自顶向下、逐步求精的程序设计方法从问题本身开始，应该先考虑总体，后考虑细节；先考虑全局目标，后考虑局部目标。不要一开始就过多追求众多的细节，先从最上层总目标开始设计，逐步使问题具体化，经过逐步细化，将解决问题的步骤分解为由基本程序结构模块组成的结构化程序框图。

“单入口单出口”的思想认为一个复杂的程序，如果它仅是由顺序、选择和循环三种基本程序结构通过组合、嵌套构成，那么这个新构造的程序一定是一个单入口单出口的程序。据此就很容易编写出结构良好、易于调试的程序来。

(2) 逐步细化：对复杂问题，应设计一些子目标作为过渡，逐步细化。

(3) 模块化：模块在程序中是数据说明、可执行语句等程序对象的集合，或是单独命名和编址的元素，如高级语言中的过程、函数、子程序等。在软件的体系结构中，模块是可组合、分解和更换的单元。一个复杂问题可以由若干简单的问题构成。模块化是把程序要解决的总目标分解为子目标，再进一步分解为具体的小目标，把每一个小目标称为一个模块。

由于模块相互独立，因此在设计其中一个模块时，不会受到其他模块的牵连，因而可将较为复杂的问题化简为一系列简单模块的设计。模块的独立性还为扩充已有的系统、建立新系统带来了不少的方便，因为开发人员可以充分利用现有的模块作积木式的扩展。

(4) 结构化编码：所谓编码就是把已经设计好的算法用计算机语言表示，即根据已经细化的算法正确写出计算机程序。结构化的语言(如 C 语言)都有与三种基本结构对应的语句。

C 语言是一种结构化程序设计语言。它直接提供了三种基本结构语句，还提供了定义“函数”的功能。在 C 语言中没有子程序的概念，C 语言中的函数可以实现子程序的所有功能。C 语言允许对函数进行单独编译，从而实现模块化；此外 C 语言还提供了丰富的数据类型，这些都为结构化程序设计提供了有力的工具。

C 语言的基本语句课件

## 3.2　C 语言的基本语句

C 语言的语句是用来向计算机系统发出操作指令的，一个语句经过编译后产生若干条机器指令。C 语言程序结构如图 3-8 所示，即一个 C 语言程序由若干个源程序文件组成，一个源程序文件可以由编译预处理命令和函数组成，一个函数由数据定义部分和执行语句部分组成。

C 语言的基本语句视频

C 语言程序由若干条语句组成，每条语句以分号结束。C 语句可以分为表达式语句、函数调用语句、空语句、复合语句和控制语句等。

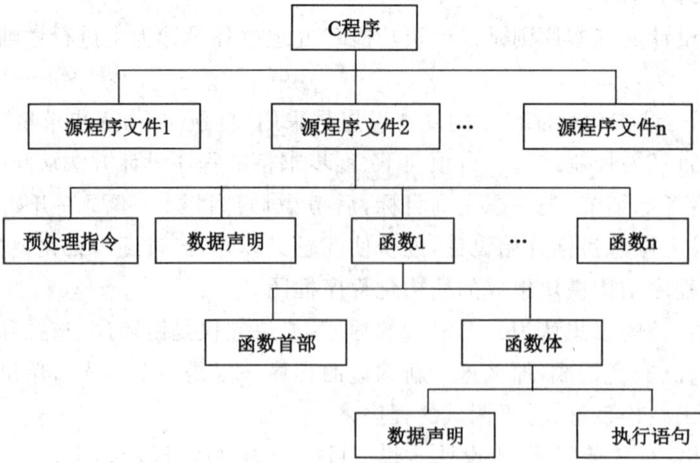


图 3-8 C 语言程序结构

### 3.2.1 表达式语句

在一般程序设计语言中,表达式只是一个运算式,通过表达式运算得到一个运算结果,表达式通常作为语句的一部分,用来组成语句。而在 C 语言中,表达式却可以单独构成语句,从而使这类语句的构成更加简洁。表达式语句是 C 语言语句中最基本的语句,在表达式后面加一个分号,就构成了表达式语句,其一般形式为:

```
表达式;
```

最典型的例子是由赋值表达式构成的赋值语句。如:

```
x=3                                    /*是赋值表达式*/
x=3;                                   /*是一个赋值语句*/
```

此外要注意区分赋值表达式和赋值语句在使用上的差别,作为赋值表达式可以被包括在其他表达式中,如 if((a=b)>0)t=a; 是合法的;而如果写成 if((a=b;)>0)t=a;就错了,在 if 语句的条件中不能包括赋值语句。

**注意**:分号是语句中必不可少的部分,有没有分号是表达式与表达式语句的主要区别。另外也有些表达式语句没有什么实际意义,例如有如下语句:

```
x>y;
```

虽然该语句可以完成 x 是否大于 y 的判断,但没有将运算结果保存下来或用作它用,这样的语句在程序中没有意义,可以删除。

### 3.2.2 函数调用语句

由一个函数调用加一个分号构成的语句,例如:

```
scanf("%d",&a);
```

利用 scanf()函数加上分号构成输入语句,实现数据的输入。又如:

```
printf("Hello World!");
```

利用 printf()函数加上分号构成输出语句,实现数据的输出。

函数调用语句也属于表达式语句。

### 3.2.3　空语句

空语句是一个只由分号组成的语句，其形式为：

```
;
```

空语句表示什么都不做，当程序中某个位置在语法上需要一条语句，但在语义上又不要求执行任何操作时，可在此处使用一条空语句，有时也用作被转向点。常用于循环语句中的循环体，表示循环体什么都不做，如：

```
for(i=1;i<=1000;i++)
        ;                                  /* 表示循环空转 1000 次，起到延时作用 */
```

### 3.2.4　复合语句

复合语句是用花括号括起来的，由若干条语句组成的语句块，又称为分程序。例如：

```
{
    sum=sum+i;
    printf("Sum=%d\n",sum);
}
```

在语法上复合语句等价于一条语句，凡是单一语句可以出现的位置都可以使用复合语句。

复合语句的用途是：当程序中某个位置在语法上只允许一条语句，但实际上要执行多条语句才能完成某个操作时，可使用复合语句。复合语句常出现在选择、循环语句中作为被控制的内嵌语句。

花括号内的语句组可以由任何合法的 C 语言语句组成，可以是说明语句、表达式语句，也可以是复合语句，若有说明语句，应该写在可执行语句的前面。复合语句形式为：

```
{
    [说明语句]
    语句组;
}
```

其中最后一个语句中最后一个分号不能忽略不写。

在复合语句内部说明的变量称为局部变量。复合语句有如下特点：

(1) 复合语句可以嵌套；

(2) 复合语句中可以包含数据说明，在复合语句内部说明的变量仅在复合语句内有效；

(3) 复合语句中的数据说明必须放在可执行语句之前。

**【例 3-2】** 在嵌套的多层复合语句中使用同名局部变量，通过这些同名局部变量值的变化观察其作用域。

```
#include <stdio.h>
int main()
{
  int x=1,y=11,z=111;
```

```
{
    int x=2,y=22,z=222;
    {
        int x=3,y=33,z=333;
        y++;
        z++;
        printf("第三层变量的值:x=%d y=%d z=%d\n",x,y,z);
    }
        y++;
        z++;
        printf("第二层变量的值:x=%d y=%d z=%d\n",x,y,z);
}
{
        int x=2,y=23,z=233;
        y++;
        z++;
        printf("并列第二层变量的值:x=%d y=%d z=%d\n",x,y,z);
}
y++;
z++;
printf("第一层变量的值:x=%d y=%d z=%d\n",x,y,z);
return 0;
}
```

程序运行结果如图 3-9 所示。

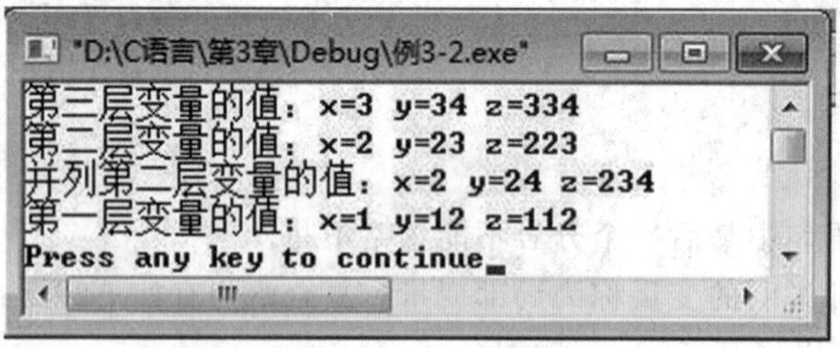


图 3-9　例 3-2 运行结果

**注意**:在编程时一定要特别注意花括号的配对使用,若左、右花括号符的数目不匹配,会出现编译错误。

### 3.2.5　控制语句

控制语句主要用来完成程序流程的控制功能,有以下几种控制语句:

| | |
|---|---|
| if() ～ else ～ | 选择语句 |
| switch | 多分支语句 |
| for() ～ | 循环语句 |
| while()～ | 循环语句 |
| do ～ while() | 循环语句 |
| break | 中止 switch 和循环语句 |
| continue | 结束本次循环语句 |
| goto | 转向语句 |
| return | 从函数返回语句 |

上面语句中括号()表示其中是一个条件,～表示内嵌的语句。以上语句具体使用方法将在后面章节中介绍,在此不作详细介绍。

## 3.3　数据的输出与输入

一个完整的程序应具备输入输出的功能。C 语言本身不提供输入输出语句,而是在标准函数中定义了一些输入输出函数,C 语言的输入输出操作就是通过调用这些函数实现的。

数据的输入与输出课件

C 语言提供的函数以库的形式存放在系统中,标准的 I/O(输入/输出)函数库中有一些公用信息写在文件“stdio.h”中。stdio.h 是 standard input & output 的缩写,是标准的输入输出函数库头文件,包括 putchar(输出字符),getchar(输入字符),printf(格式输出),scanf(格式输入),puts(输出字符串),gets(输入字符串)等函数。要使用标准 I/O 函数库中的 I/O 函数,要用预编译命令 include 将 stdio.h 文件包含到用户的源文件中,因此一般要在程序开头写出下面命令:

```
#include<stdio.h>
```

以便把 I/O 函数要用的信息包含到程序中,考虑到 printf( )、scanf( )使用频繁,系统允许在使用这两个函数时可省略 # include 命令。而使用其他函数必须使用预编译命令“#include”,将有关的“头文件”包含到用户源文件中,#include 命令一般放在程序的开头。

### 3.3.1　数据的输出

数据的输出视频

1. 格式输出函数 printf( )

printf( )函数的功能是向系统指定的设备输出若干个任意类型的数据。

(1) printf( )函数调用形式

printf( )函数是一个标准库函数,其调用形式有两种:

```
printf(格式控制字符串);
printf(格式控制字符串,输出列表);
```

括号里格式控制字符串和输出列表实际上都是函数的参数。其中:

① “格式控制字符串”是用双引号括起来的字符串,它包括两个信息:

·一般字符(非格式字符)。即按原样输出的字符,在显示时起提示作用。它由普通字符和转义字符构成。如:

```
printf("\na=%d\n",a);/* 双引号内换行符\n、字符 a=都是原样输出字符 */
```

·格式说明部分。由"%"开头和格式字符结尾,如%d、%c、%f 等,它的作用是将要输出的数据转化成指定的格式输出。格式说明都是由"%"字符开始的,以一个 printf( )函数的格式字符结束的字符串,中间是一些可选的附加说明项。执行时按照"格式说明"规定的格式,顺序对各输出项经过转换后输出。

② 输出列表需要输出一些数据,如变量、函数、表达式。输出列表的个数与格式说明符的个数一般应保持一致。如:

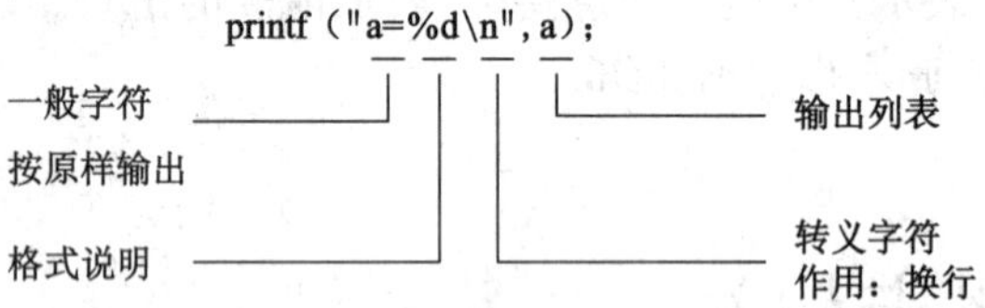


若 a 为 5,则该语句输出的是:a=5,然后换行。

由于 printf( )是函数,所以格式控制和输出列表实际上都是参数,可以表示为:printf(参数1,参数 2,…,参数 n);printf( )函数的功能是将参数 2～参数 n 按参数 1 给定的格式输出。

(2) 格式说明

格式说明符由"%"开头,以一个英文字母结束,它表明输出数据的类型;其间还可以有一些附加说明项,用以说明数据输出的长度、位数、对齐方式等。格式说明符的一般形式为:

%[-][+][0][#][输出数据最小宽度 m][.精度 n][长度修饰符]格式字符

其中,[ ]表示可选项。

格式控制字符-、+、0、#的具体含义如表 3-1 所示。

**表 3-1 printf( )函数附加说明符含义**

| 字符形式 | 字 符 含 义 |
|---|---|
| + | 表示输出时输出数值的符号(+或-)且数值右对齐,左边补空格,缺省时表示若输出正值,则前面是空格,若是负数,则在数值前面输出负号(-) |
| - | 表示输出时,数值左对齐,右边补空格 |
| 0 | 表示输出时,在数值的前面多余的空格用 0 来代替 |
| # | 对格式字符 O(八进制)数字前加 0,对格式字符 x 或 X(十六进制)数字前加 0x 或 0X |

[输出数据最小宽度 m]:m 是十进制整数,它表示用十进制输出的最小位数,当需要输出的数据长度超过该数时,该选项不起作用,数据按实际位数进行输出;当需要输出的数据长度小于该数时,则在该数的左边补空格或 0。

[.精度 n]:是"."加上十进制整数 n。其含义是:如果输出的是实数,则该数表示小数位数,若实际位数大于所定义的精度,则四舍五入;如果输出的是字符串,则表示输出字符的个数。

[长度修饰符]:有 h 和 l 两种字符。其中 h 对整型表示按 short 型输出;l 对整型按 long 型输出,对实型按 double 型输出。

格式字符：是格式说明符中必须要有的，它表示输出列表里要输出的数据类型。表 3-2 给出了常用的类型格式符及含义。

**表 3-2　printf( )函数格式字符含义**

| 格式字符 | 含义 |
|---|---|
| d(或 i) | 表示以十进制形式输出一个整数(正数不输出符号) |
| o | 表示以八进制形式输出一个无符号的整数(不输出前导符 0) |
| x(或 X) | 表示以十六进制形式输出一个无符号的整数，用 x 则输出十六进制数的 a～f 时以小写形式输出，用 X 则以大写形式输出(不输出前导符 0x 或 0X) |
| u | 表示以十进制形式输出一个无符号的整数 |
| f | 表示以小数形式输出带符号的实数(包括单、双精度)，默认输出 6 位小数 |
| e(或 E) | 表示以指数形式输出，默认小数点前 1 位非 0 整数，6 位小数 |
| g(或 G) | 表示选择%f 或%e 格式输出实数(选择占宽度较小的一种格式，不输出无意义的 0) |
| c | 表示只输出一个字符 |
| s | 表示输出一个字符串 |
| % | 表示输出百分号本身 |

**【例 3-3】** 分析下面程序运行结果。

```
#include <stdio.h>
int main()
{
    int a,b,c;
    a=123;b=456;
    c=a+b;
    printf("\na+b=%d+%d=%d",a,b,c);
    printf("\na+b=%hd+%hd=%hd",a,b,c);              /*用%hd格式输出*/
    printf("\na+b=%2d+%2d=%5d",a,b,c);              /*用%md格式输出*/
    printf("\na+b=%02d+%02d=%05d",a,b,c);           /*用%0md格式输出*/
    return 0;
}
```

程序运行结果如图 3-10 所示。

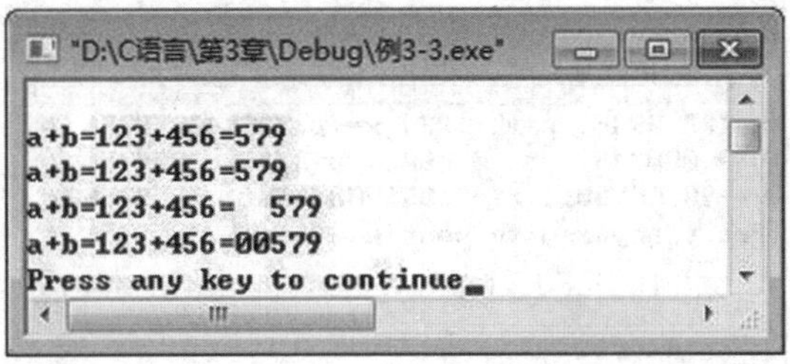


图 3-10　例 3-3 运行结果

**【例 3-4】** 无符号数据的输出。

```
#include <stdio.h>
int main()
{
    unsigned int a=65535;
    int b=-2;
    printf("a=%d,%o,%x,%u\n",a,a,a,a);
    printf("a=%d,%o,%x,%u\n",b,b,b,b);
    return 0;
}
```

程序运行结果如图 3-11 所示。

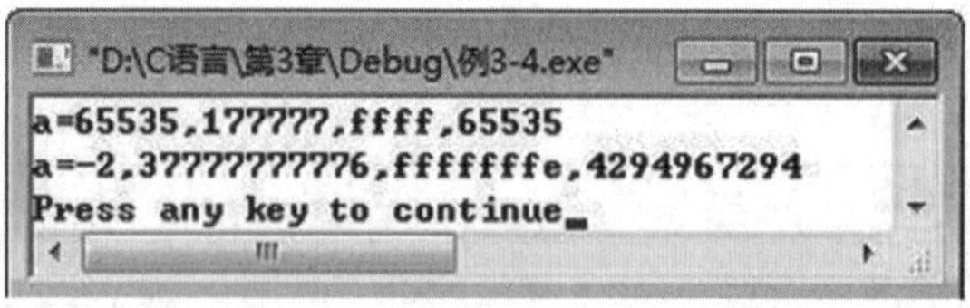


图 3-11 例 3-4 运行结果

**【例 3-5】** 分析下面程序运行结果。

```
#include <stdio.h>
int main()
{
    float x,y,z;
    x=123.234;y=0.000345;z=-98.567;
    printf("x=%.4f, x=%.2f, x=%+e\n",x,x,x);   /*用%.nf、%+e格式输出*/
    printf("y=%f, y=%8.4f, y=%10.3e\n",y,y,y);
                                   /*用%f、%m.nf、%m.ne格式输出*/
    printf("z=%+f, z=%+e, z=%+g\n",z,z,z);     /*注意g格式的使用*/
    return 0 ;
}
```

程序运行结果如图 3-12 所示。

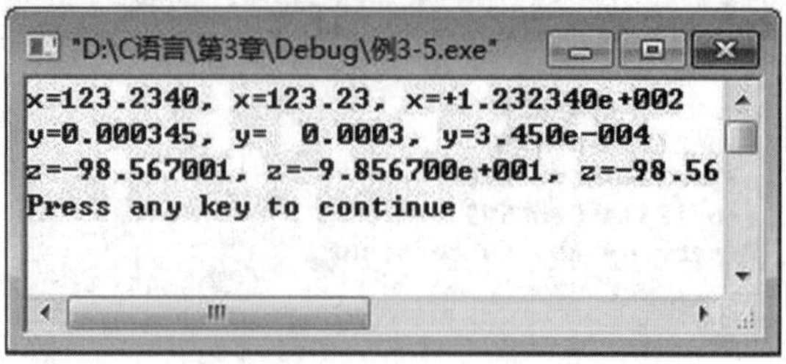


图 3-12 例 3-5 运行结果

**注意**：由于变量 x、y、z 均是单精度实型变量，因此按 f 格式输出 7 位有效数字，所以运行结果中第三行第一个 z 的值中小数点后第六位的数值是无效的。

**【例 3-6】** 分析下面程序运行结果。

```
#include <stdio.h>
int main()
{
    double x,y,z;
    x=123.234;y=-0.000345;z=-98.567;
    printf("x=%lf, x=%.4lf, x=%2lf, x=%+e \n",x,x,x,x);
    printf("y=%lf, y=%+lf, y=%le\n",y,y,y);
    printf("z=%f, z=%lf \n",z,z);
    return 0 ;
}
```

程序运行结果如图 3-13 所示。

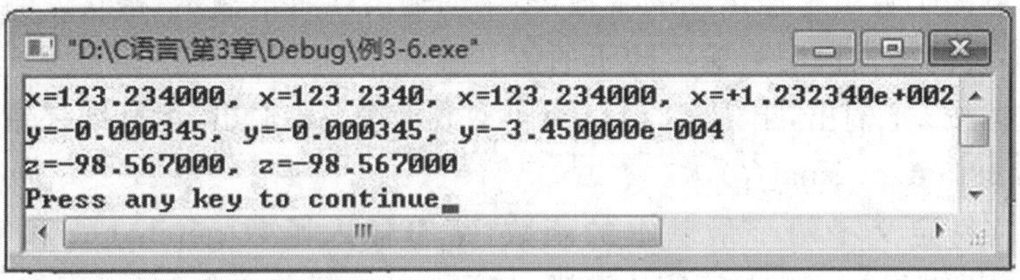


图 3-13　例 3-6 运行结果

**注意**：运行结果中的第三行为什么与【例 3-5】的第三行第一个结果不一样？因为这里的 x、y、z 均定义为双精度类型。对于 double 型数据按%f 或%lf 输出效果是一样的。

**【例 3-7】** 分析下面程序运行结果。

```
#include <stdio.h>
int main()
{
    printf("\n %c",'a');                    /* 输出单个字符 */
    printf("\n %s","abc");                  /* 输出一个字符串 */
    return 0 ;
}
```

程序运行结果如图 3-14 所示。

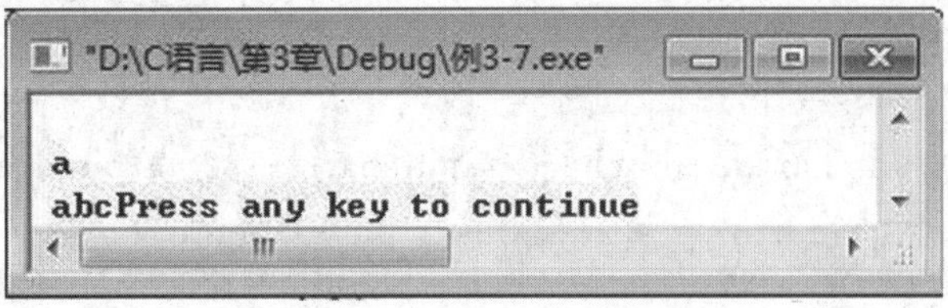


图 3-14　例 3-7 运行结果

**注意**:在C语言中,字符与字符串的表示是不同的。单个字符用单引号括起来,而字符串要用双引号括起来,若单个字符用双引号括起来,则表示的是字符串。

**思考**:将该例中第一个printf()函数语句写成printf("\n %c \n","a");,则结果会如何?

在使用printf()函数时,要注意以下几个问题:

① 在格式控制字符串中可包括"转义字符",如'\n'、'\t'、'\r'、'\b'、'\377'等。

② 格式字符除X(表示输出的十六进制数用大写字母输出)、E(表示输出的指数e用大写字母E输出)、G(表示若选用指数形式输出,则用大写字母E输出)外,其余必须是小写字母,如%d不能写成%D。

③ 若想输出字符"%",则在格式字符串中用连续两个%表示。如:

```
printf("%f%%",1.0/4);
```

则输出:0.250000%。

④ 输出项按格式说明的顺序对应输出。一般格式说明和输出项的个数和类型应相同,如不匹配系统并不报错,系统将按以下操作。

· 格式说明的个数少于输出项的个数,多余的输出项将不输出;格式说明的个数多于输出项的个数,多余的格式说明将输出随机的值。

· 整型数据按%f输出,出现运行错误;实型数据按%d输出,运行结果错。

2. 字符输出函数 putchar( )

C语言为字符定义了两个最基本的函数:字符输入函数getchar()和字符输出函数putchar()。在使用这两个函数时,程序的头部一定要加上文件包含命令"#include <stdio.h>"。

函数putchar()的功能是向标准输出设备(显示器)输出一个字符,其调用形式如下:

```
putchar(c);
```

其中c是参数,它可以是整型或字符型变量,也可以是整型或字符型常量及表达式。当是整型量时,输出以该数值作为ASCII码所对应的字符;当是字符型量时,直接输出字符。其功能和printf("%c",c)等价。

例如:

```
putchar('a');                          /*输出字符a*/
putchar(65);                           /*输出65所对应的字符A*/
putchar('\n');                         /*输出换行符*/
```

**【例3-8】** 字符输出函数的使用。

```
#include <stdio.h>
int main()
{
    char x,y,z;
    x='a';y='+';z='b';
    putchar(x);putchar(y);putchar(z);putchar('\132'); putchar('\n');
    printf("%c%c%c \132\n",x,y,z);
    return 0 ;
}
```

程序运行结果如图 3-15 所示。

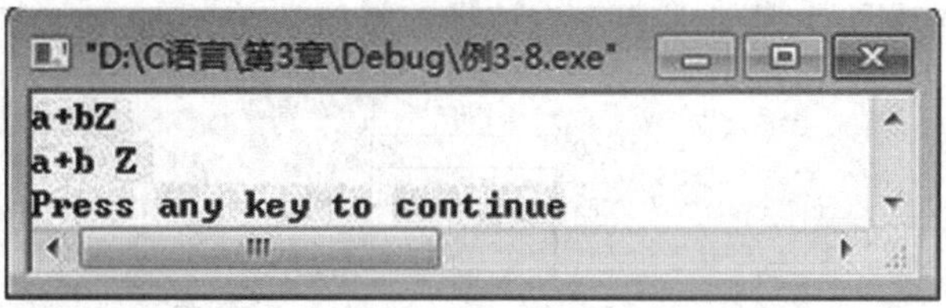


图 3-15　例 3-8 运行结果

### 3.3.2　数据的输入

1. 格式输出函数 scanf( )

(1) scanf( )函数调用形式

scanf( )函数是一个标准库函数，可用来输入任何类型的多个数据，从输入的数据流中接收非空白字符，再转换成格式字符描述的格式传送到与格式字符对应的地址中去。其调用形式如下：

数据的输入视频

```
scanf(格式控制字符串,地址列表);
```

其中格式控制字符串的定义与使用方法和 printf( )函数大致相同，但不能显示非格式字符串，即不能显示提示字符串。

地址列表是要赋值的各变量地址。地址是由地址运算符“&”后跟变量名组成，如：

```
scanf("%d",&a);
```

其中 &a 前的“&”是“取地址运算符”，&a 是变量 a 在内存中的地址，scanf( )函数把 a 的值存入 a 在内存中的地址中，a 的地址是在程序开始定义 a 后就确定了的(在编译阶段分配的)。

**【例 3-9】**　scanf 函数的使用。

```
#include <stdio.h>
int main()
{
    int a,b;
    scanf("%d,%d",&a,&b);
    printf("a=%d,b=%d\n",a,b);
    return 0;
}
```

运行时按以下方式输入 a、b 的值：25，−34↙

运行结果如图 3-16 所示。

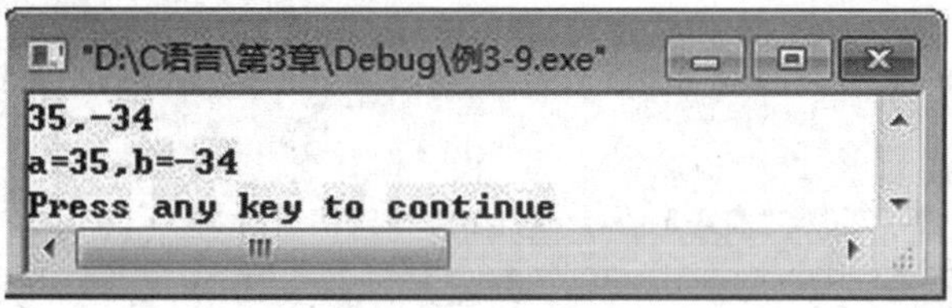


图 3-16　例 3-9 运行结果

例 3-9 中 scanf( )函数的作用是:将接收的值按照 a、b 在内存的地址保存到 a、b 变量中去,如图 3-17 所示,变量 a、b 地址是程序在编译连接阶段分配的。

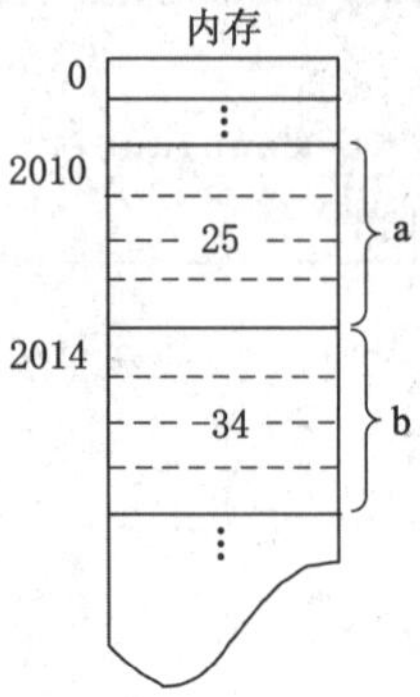


图 3-17　变量 a、b 地址示意图

“%d,%d”表示将接收两个十进制整数,输入两个整数时,数据间必须用逗号分隔,用空格分隔、回车键、tab(跳格)键都是不正确的。若将 scanf( )函数改写成:

```
scanf("%d%d",&a,&b);
```

则输入时,数据间不能用逗号“,”分隔,必须用一个或多个空格分隔,也可以用回车键、Tab 键。即下述几种方式输入均是合法的:

① 25□□－34↙(数据间用空格作为分隔,□代表空格)

② 25↙(数据间用回车键作为分隔)

－34↙

③ 25(按 Tab 键)－34↙ (数据间用 Tab 键作为分隔)

(2) 格式说明符

与 printf( )函数中的格式说明符相似,以%开始,后面跟一个格式符,中间可以有若干个附加字符,格式字符串的一般形式为:

```
%[*][输入数据宽度 m][长度修饰符] 格式字符
```

其中:

[ ]:表示可选项;

*:占位符,表示输入的数值不赋给相应的变量,即跳过该数据不读。

[输入数据宽度 m]:m 是十进制正整数,表示按 m 的宽度输入数据。

[长度修饰符]:长度格式符为 l 和 h,l 表示输入长整型数据或双精度实型数据;h 表示输入短整型数据。

类型:是格式说明符中必须要有的,其格式符的意义与 printf( )函数基本相同,具体如表 3-3所示。

**表 3-3　scanf( )函数格式字符含义**

| 格式字符 | 含义 |
| --- | --- |
| d,i | 表示以十进制形式输入一个整数 |

表3-3(续)

| 格式字符 | 含义 |
| --- | --- |
| o | 表示以八进制形式输入一个整数 |
| x(X) | 表示以十六进制形式输入一个整数 |
| u | 表示以十进制形式输入一个无符号的整数 |
| f 或 e(E) | 表示输入一个实数,可以是小数形式或指数形式 |
| g(G) | 与 f 或 e 的作用相同 |
| c | 表示输入一个字符 |
| s | 用来输入字符串,在输入时以非空白字符开始,以一个空白字符结束,将字符串送到一个字符数组中,字符串以结束标志'\0'作为最后一个字符 |

**说明:**

① 对 unsigned 型变量所需的数据,可以用%u,%d,%o,或%x 格式输入;

② 可以指定输入数据所占列数,系统自动按它截取所需数据。

③ 如果在一个%后有一个 * 附加说明符,表示跳过它指定的列数。

④ 输入数据时不能规定数据的精度。例如 scanf("%8.2f ",&a);是不合法的。

**【例 3-10】** 分析下面程序。

```
#include <stdio.h>
int main()
{
    int a,b,c;
    scanf("%3d%3d%4d",&a,&b,&c );                /* 按长度 m 进行输入 */
    printf("\na=%d,b=%d,c=%d\n",a,b,c);
    return 0;
}
```

程序运行时,若输入 1122334455↙(正好输入 10 位数字)

则运行结果如图 3-18 所示。

图 3-18　例 3-10 运行结果

**思考:**若输入的数据不足 10 位,或超过 10 位,或数据间用空格分隔,则 a,b,c 可获得什么值?

**【例 3-11】** 分析下面程序。

```c
#include <stdio.h>
int main()
{
    double a,b,c;
    scanf("%lf,%lf",&a,&b );                    /* 按双精度进行输入 */
    c=a*b;
    printf("a*b=%lf*%lf=%le\n",a,b,c);
    return 0;
}
```

程序运行时，若输入 12345.23456,223344.55667788↙

则运行结果如图 3-19 所示。

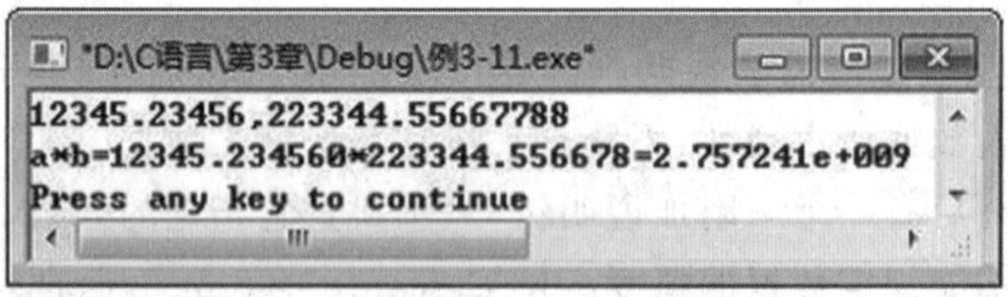


图 3-19　例 3-11 运行结果

**注意**：输出时%f 默认 6 位小数，不足补 0；%e 尾数有 1 位整数，5 位小数（实际机器内部按整数为 0，小数点后 6 位）。输入时对 double 型数据要用%lf 格式，不能用%f。

**【例 3-12】** 分析下面程序。

```c
#include <stdio.h>
int main()
{
    char ch1,ch2;
    scanf("%c%c",&ch1,&ch2);                    /* 给字符变量输入数据 */
    printf("\n%c %c\n",ch1,ch2);                /* 输出字符变量的值 */
    return 0;
}
```

程序运行时，若输入 abc↙

则运行结果如图 3-20 所示。

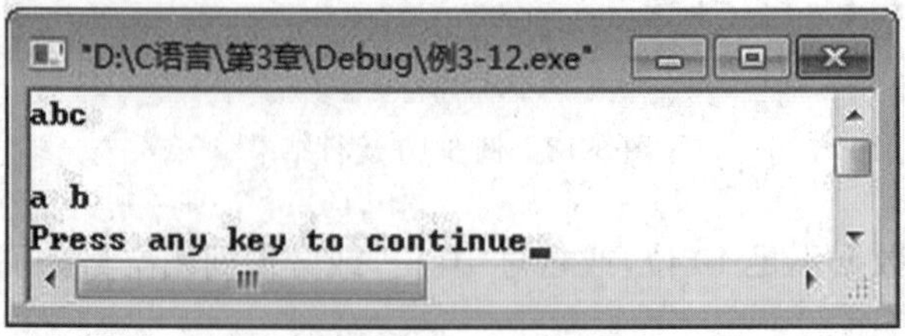


图 3-20　例 3-12 运行结果

【例 3-13】 分析下面程序。

```
#include <stdio.h>
int main()
{
    int x,y;
    scanf("%2d% * 3d%4d",&x,&y );                    /* 注意% * 3d 的作用 */
    printf("\nx=%d,y=%d \n",x,y);
    return 0;
}
```

程序运行时,若输入 123456789↙

则运行结果如图 3-21 所示。

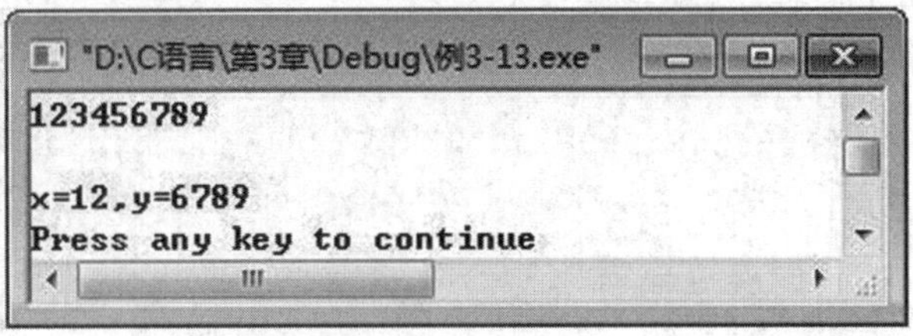


图 3-21　例 3-13 运行结果

"% * 3d"的作用是对 3 个数字 345 进行虚读(即读 3 个数字,但不把值赋给变量),而将后面的 4 个数字 6789 作为数值赋给变量 y。

在使用 scanf( )函数时,要注意以下几个问题:

① scanf( )函数中的"格式控制字符串"后面应该是变量的地址,而不应是变量名,这是 C 语言与其他高级语言不同的地方。例如不能将语句 scanf("%d,%d",&a,&b); 写成 scanf("%d,%d",a,b);,这是初学者容易出错的地方。

② 在"格式控制字符串"中除了格式说明符外,还有其他字符,则在输入数据时在对应位置上应输入与这些字符相同的字符。例如

```
scanf ("a=%d,b=%d",&a,&b);
```

则输入时应输入:

a=12,b=−2↙

其他任何输入形式都不正确。

③ 输入数据时,遇到以下情况认为该数据输入结束:

- 按指定的宽度结束
- 遇空格,或"回车"键,或"Tab"键
- 遇到非法输入

如:

```
scanf ("%3d%d%c%f",&a,&b,&str,&c);
```

若输入:12345a234o.78↙

第一个数据取 3 位,即将 123 赋给变量 a。45 后面遇字母'a',表示 45 后没有数值数据了,因

此将 45 赋给第二个变量 b。字符'a'赋给第三个变量 str。由于%c 要求只能输入一个字符,因此输入字符'a'之后不需要加空格,直接将后面的数据赋给第四个变量 c。由于将数据 2340.78 错输入成 234o.78,即在 234 后面出现了字母'o',因此就认为该数据到此结束,所以将 234 赋给变量 c。

④ 在用"%c"格式输入字符时,所有输入的字符(包括空格字符和"转义字符")都作为有效字符。例如:

```
scanf("%c%c%c",&a,&b,&c);
```

若输入为:x□y□z↙

则把字符 x 赋给变量 a,把字符空格赋给变量 b,把字符 y 赋给变量 c。

⑤ 当输出的格式字符与数据的类型不一致时,虽然编译没有提示出错,但结果有可能不正确。

**【例 3-14】** 分析下面程序。

```
#include <stdio.h>
int main()
{
    int a;
    scanf("%d",&a );
    printf("a=%f\n",a);
    return 0;
}
```

程序运行时,若输入 234↙

则运行结果如图 3-22 所示。

图 3-22 例 3-14 运行结果

从程序运行结果中看到:变量 a 的输入数值与输出数值不一样,或者会出现错误,这是因为输入数据类型为整型,而输出数据类型为长整型,所以两个数据不同。

2. 字符输出函数 getchar()

字符输入函数 getchar()的功能是从标准设备(键盘)上读入一个字符。其一般调用形式:

```
getchar();
```

该函数没有参数,但一对圆括号不能省略。getchar()只能从键盘上接收一个字符,其常用形式:ch=getchar();与 scanf("%c",&ch);等价。

**【例 3-15】** 字符输入函数的使用。

```
#include <stdio.h>
int main()
{
    char c1,c2;
    c1=getchar();                    /* 从键盘上接收一个字符赋给字符变量 c1 */
    c2=getchar();                    /* 和 scanf("%c",&c2)等价 */
    printf("\n%c,%c\n",c1,c2);
    return 0;
}
```

程序运行时,若输入 ab↙

则运行结果如图 3-23 所示。

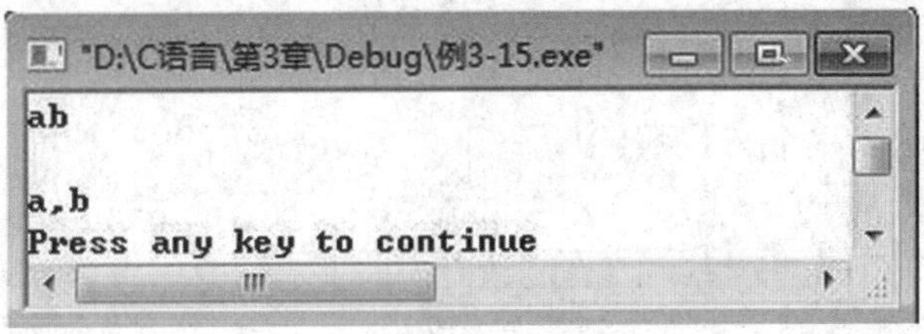


图 3-23　例 3-15 运行结果

**注意**:此时输入的两个字符必须在一行上,否则变量 str2 的值将为空(实际上其值为回车符'\012')。

## 3.4　应用举例

应用举例课件

**【例 3-16】** 从键盘上输入一个小写字母,在屏幕上显示对应的大写字母。

```
#include <stdio.h>
int main()
{
    char c1,c2;
    c1=getchar();                    /* 从键盘上接收一个字符赋给字符变量 c1 */
```

```
    c2=c1-32;                    /*求对应大写字母的ASCII,并放在变量c2中*/
    putchar(c2);
    putchar('\n');
    return 0;
}
```

运行结果如图 3-24 所示。

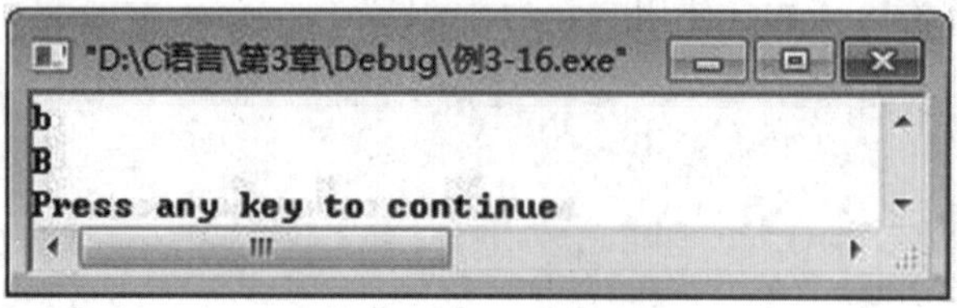


图 3-24　例 3-16 运行结果

**【例 3-17】** 输入一个三位整数,依次输出该数的正(负)号和百位、十位、个位数字。

```
#include <stdio.h>
#include <math.h>
int main()
{
    char ch;
    int x,a,b,c;
    printf("请输入一个三位数:");
    scanf("%d",&x);
    ch=x>=0?'+':'-';                              /*x的符号存入变量c*/
    x=abs(x);                                     /*求整型数x的绝对值*/
    a=x/100;                                      /*a中存放百位数*/
    b=x/10%10;                                    /*b中存放十位数*/
    c=x%10;                                       /*c中存放个位数*/
    printf("数符\t百位\t十位\t个数\n");
    printf("%c\t%d\t%d\t%d\n",ch,a,b,c);
    return 0;
}
```

运行结果如图 3-25 所示。

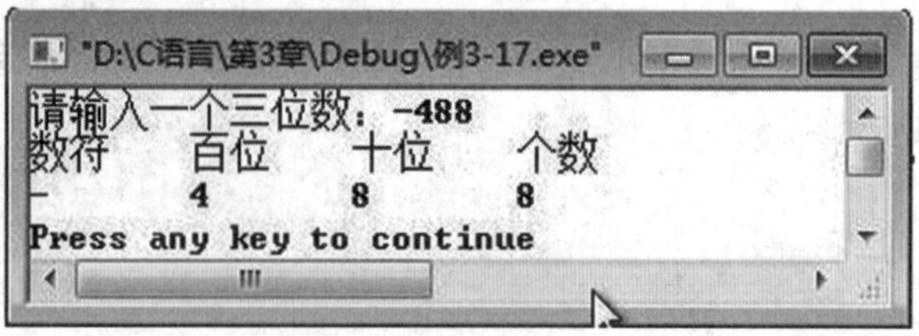


图 3-25　例 3-17 运行结果

**【例 3-18】** 输入直角三角形的斜边和一条直角边，编写程序，求另外一条直角边、周长和面积。

```
#include <stdio.h>
#include <math.h>
int main()
{
    float a,b,c;
    double l,s;
    printf("请输入斜边、直角边的长：");
    scanf("%f %f",&c,&a);
    b=sqrt(c*c-a*a);
    l=a+b+c;
    s=a*b/2;                                    /*c中存放个位数*/
    printf("计算结果:\n");
    printf("另一直角边长=%.2f\n",b);
    printf("周长=%.2lf\n",l);
    printf("面积=%.2lf\n",s);
    return 0;
}
```

运行结果如图 3-26 所示。

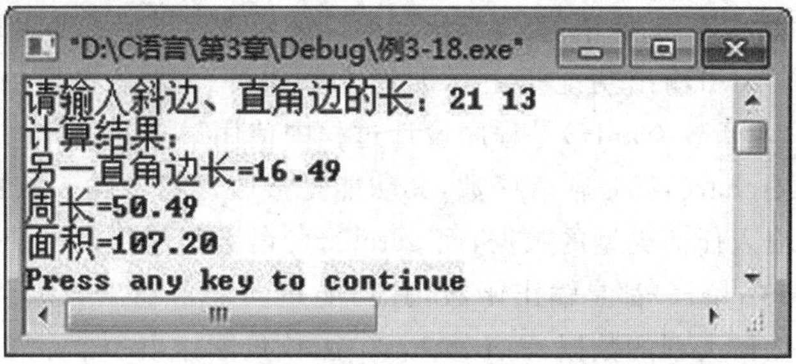


图 3-26　例 3-18 运行结果

**【例 3-19】** 已知一只笼子里关了若干只鸡和兔子，从键盘输入鸡和兔子的总头数 h、总脚数 f，编写程序求笼子里鸡和兔子各多少只？

**解析**：假设鸡为 x 只、兔子为 y 只，可列方程 $\begin{cases} x+y=h \\ 2x+4y=f \end{cases}$，解此方程组。

```
#include <stdio.h>
int main()
{
    int h,f,x,y;
    printf("请输入鸡和兔子的总头数和脚数：");
```

```
    scanf("%d,%d",&h,&f);
    x=(4*h-f)/2;
    y=(f-2*h)/2;
    printf("鸡:%d 只\t 兔子:%d 只\n", x , y);
    return 0;
}
```

运行结果如图 3-27 所示。

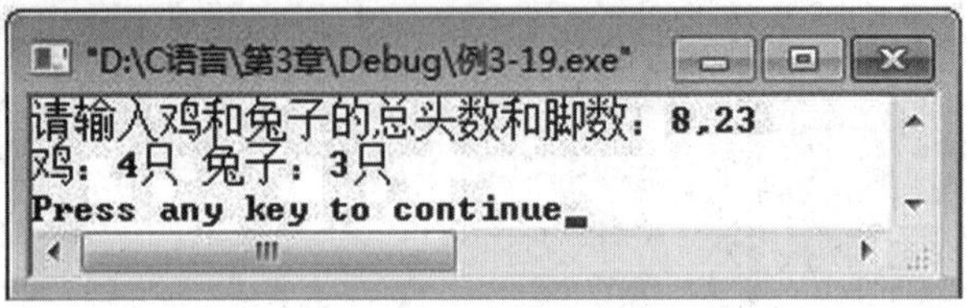


图 3-27　例 3-19 运行结果

# 本章小结

1. 本章知识小结

本章介绍了算法的概念及描述方法、结构化程序设计的思想，在此基础上介绍 C 程序中的几种基本语句，如表达式语句、空语句、复合语句等。最后重点讲解了基本的输入/输出函数：

(1) C 语言的输入和输出功能是由标准输入输出库函数来实现的，格式化输出函数 printf()和格式化输入函数 scanf()是程序设计过程中使用最多的函数：

① scanf()和 getchar()都是输入函数，其功能是接收键盘上输入的数据。scanf()函数可以按指定的格式输入任何类型的数据，而 getchar()函数只能接收一个字符。

② printf()和 putchar()都是输出函数，其功能是向屏幕输出数据。printf()函数可以按指定的格式输出任何类型的数据，而 putchar()函数只能输出一个字符。

(2) 使用非格式化输入输出函数时需要在程序的头部加上文件包含命令：＃include ＜stdio.h＞。

2. 常见程序错误

| 常见错误实例 | 常见错误描述 | 错误类型 |
| --- | --- | --- |
| print("hello");<br>Printf("hello"); | 将 printf()误写为 print()或者 Printf()。由于 C 编译器在目标程序中为库函数调用留出空间，并不能识别函数名中的拼写错误，更不知道库函数在哪里，寻找库函数并将其插入到目标程序中是链接程序负责的工作，所以函数名拼写错误只能在链接时发现 | 链接错误 |

| 常见错误实例 | 常见错误描述 | 错误类型 |
|---|---|---|
| printf("hello)；<br>scanf(%c",&a)； | 忘记给 printf()或者 scanf()函数中的格式控制字符串加上双引号 | 编译错误 |
| scanf("%c，"&a)；<br>printf("a=%d\n，"a)； | 将分隔格式控制字符串和表达式的逗号写到了格式控制字符串内 | 编译错误 |
| scanf("%c",a)； | 忘记给 scanf()中的变量加上取地址运算符 | 提示警告 |
| printf("a=\n",a)； | printf()函数要输出一个表达式的值,但是格式控制字符串却没有与其对应的格式转换字符 | 运行错误 |
| printf("a=%d\n") | printf()函数中的格式控制字符串想要输出一个数值,但是这个数值对应的表示式却忘记写在函数中 | 运行错误 |
| int a；<br>scanf("%f",&a)；<br>printf("a=%f\n",a)； | scanf()函数或者 printf()函数的格式控制字符串中的格式转换字符与要输入/输出的数值类型不一致 | 运行错误 |
| scanf("%d%d",&a,&b)；<br>用户输入 5,6 | 用户从键盘输入的数据格式与 scanf()函数中格式控制字符串要求的格式不一致。例如,相邻数据项之间应该用逗号分隔,但是用户没有输入逗号,或者不应该用逗号分隔,但是用户输入了逗号,如本例 | 运行错误 |
| scanf("%d\n",&a) | scanf()函数中格式控制字符串中包含了"\n"等转义字符 | 运行错误 |
| scanf("%8.2f",&c)； | 用 scanf()函数输入实型数据时在格式控制字符串中规定了精度 | 运行错误 |

# 习题 3

习题 3　参考答案

## 一、选择题

1. 下面不是 C 语言语句的是(　　)。

A. ；　　B. double s=0；　　C. x=1,y=5　　D. { ；}

2. 已知:int x=10, y=3, z;则下列语句的输出结果是(　　)。

printf("z=%d",z=(x%y,x/y))；

A. z=1　　B. z=0　　C. z=4　　D. z=3

3. 已知:int a, b;用语句 scanf("%d%d",& a ,&b);输入 a、b 的值时,不能作为输入数据分隔符是(　　)。

A. ,　　B. 空格　　C. 回车　　D. Tab 键

4. 以下说法正确的是(　　)。

A. 输入项可以为一个实型常量,如 scanf("%f",3.5)；

B. 只有格式控制,没有输入项,也能进行正确输入,如 scanf("a=%d,b=%d")；

C. 当输入一个实型数据时,格式控制部分应规定小数点后的位数,如 scanf("%4.2f",&f);

D. 当输入数据时,必须指明变量的地址,如 scanf("%f",&f);

5. 以下语句:temp=x; x=y; y=temp;的功能是(　　)。

A. 把 x,y,temp 从小到大排列　　B. 把 x,y,temp 从大到小排列

C. 交换 x,y　　D. 无确定的结果

6. 以下程序段输出结果是(　　)。

```
int x=97;
printf("%c",x+1);
```

A. A　　B. a　　C. B　　D. b

7. 已知:char a,b;,用语句 scanf("%c%c",&a,&b);输入变量 a、b 的值分别为'1'、'2',正确的输入是(　　)。

A. 1 2　　B. 12　　C. 1,2　　D. 1.2

8. 设变量 x 为 float 型且已赋值,则以下语句中能将 x 中的数值保留到小数点后两位,并将第三位四舍五入的是(　　)。

A. x=x*100+0.5/100.0;　　B. x=(x*100+0.5)/100.0;

C. x=(int)(x*100+0.5)/100.0;　　D. x=(x/100+0.5)*100.0;

9.以下程序段的输出结果是(　　)。

```
int a=1234;
printf("%2d\n",a);
```

A. 12　　B. 34　　C. 1234　　D. 提示出错、无结果

10.有以下程序

```
int main()
{
    int a=666,b=888;
    printf("%d\n",a,b);
    return 0;
}
```

程序运行后的输出结果是(　　)。

A. 错误信息　　B. 666　　C. 888　　D. 666,888

## 二、填空题

1.下面的程序实现两个整型变量 a 和 b 值的互换操作,请填空将程序补充完整。

```
#include <stdio.h>
int main()
{
    int a=5,b=6,t;
    printf("before change:a=%d,b=%d\n",a,b);
    t=a;
```

```
        __________;
        b=t;
        printf("after change:a=%d,b=%d\n",a,b);
        return 0;
    }
```

2. 下列程序的功能是输出 a、b、c 这 3 个变量中的最小值，请填空将程序补充完整。

```
    #include <stdio.h>
    int main()
    {
        int a,b,c,t1,t2;
        scanf("%d%d%d",&a,&b,&c);
        t1=a<b? __________;
        t2=c<t1? __________;
        printf("%d\n",t2);
        return 0;
    }
```

3. 从键盘输入一个浮点数，输出其整数部分和小数部分，请填空将程序补充完整。

```
    #include <stdio.h>
    int main()
    {
        int a;
        float x,y;/*变量 x 和 y 定义*/
        printf("输入一个浮点数 x:");
        scanf("%f",&x);
        a=__________;/*取 x 的整数部分*/
        y=__________;/*取 x 的小数部分*/
        printf("%g=%d+%g\n",x,a,y);
        return 0;
    }
```

4. 以下程序将依次输出“12345654321”，请填空将程序补充完整。

```
    #include <stdio.h>
    int main()
    {
        int a=12345,b=54321,__________;
        char ch='A';
        c=a/__________;
        printf("%4d%d",c,5);/*输出 12345*/
        printf("%d",ch);
        c=b%__________;
```

```
    printf("%4d",c);/* 输出 4321 */
    return 0;
}
```

5. 以下程序是输入一个数字字符('0'~'9')存入变量 c,把 c 转换成它所对应的整数存入 n,如:字符'5'所对应的整数就是 5。请填空将程序补充完整。

```
#include <stdio.h>
int main()
{
    char c;
    int n;
    printf("please input a char:\n");
    c=__________;
    n=__________;
    printf("%c,%d\n",c,n);
    return 0;
}
```

## 三、程序阅读题

1. 有如下程序,运行时从键盘输入 3 和 4,则输出的结果是__________。

```
#include <stdio.h>
int main()
{
    int a,b;
    scanf("%d%d",&a,&b);
    a=a+b;
    b=a-b;
    a=a-b;
    printf("a=%d,b=%d\n",a,b);
    return 0;
}
```

2. 以下程序输出的结果是__________。

```
#include <stdio.h>
int main()
{
    int x=023,y=0x23;
    printf("%d\t",x/=4);
    printf("%d\n",y%=3);
    return 0;
}
```

3. 以下程序输出的结果是＿＿＿＿＿＿。

```
#include <stdio.h>
int main()
{
    float d=3.2;
    int x,y;
    x=6.8;
    y=(x+5.8)/5;
    printf("%d,%d,%f\n",x,y,d/y);
    return 0;
}
```

4. 以下程序输出的结果是＿＿＿＿＿＿。

```
#include <stdio.h>
int main()
{
    char a,b,c1,c2;
    float x,y;
    a=3;
    b=7;
    x=8.5;
    y=71.82;
    c1='A';
    c2='a';
    printf("a=%d b=%d\n",a,b);
    printf("x=%f y=%f\n",x,y);
    printf("c1=%c,c2=%c\n",c1,c2);
    return 0;
}
```

5. 有如下程序，若运行时从键盘上输入 9876543210<CR>(<CR>表示回车)，则程序的输出结果是＿＿＿＿＿＿。

```
#include <stdio.h>
int main()
{
    int a;
    float b, c;
    scanf("%2d%3f%4f",&a,&b,&c);
    printf("a=%d, b=%f, c=%f\n", a, b, c);
    return 0;
}
```

### 四、程序设计题

1. 编写程序求半径为r、高为h的圆柱体的体积,并将结果保留2位小数输出。

2. 输入3个双精度实数,分别求出它们的和、平均值、平方和以及平方和的开方,并输出所求的各个值。

3. 输入一个3位整数,求出该数每个位上的数字之和。如123,输出结果为:result=1+2+3=6。

实验3 参考答案

## 实验3 数据的输入输出

**【实验目的】**

1. 熟悉字符串与字符的ASCII码值的输入输出方法。

2. 掌握scanf()和printf()函数的使用方法。

**【实验内容】**

1. 编程从键盘输入一个大写字母,将其转换为小写英文字母后,再将其转后的小写字母和对应的ASCII码值显示到屏幕上。

2. 编程实现从键盘输入圆的半径,计算并输出圆的周长和面积。要求输出的数据保留四位小数点。

3. 从键盘输入两个整数,计算并输出它们的和、差、积、商和余数。

# 第 4 章　选择控制结构

**【本章学习目标】**

选择结构是结构化程序中基本结构之一。选择结构是根据所给判定条件的值来决定程序的流向。本章的学习目标：理解选择结构程序设计的概念，掌握 if 语句、switch 语句的基本结构及执行过程，理解 if 语句的嵌套概念，能正确利用选择结构进行程序设计。

**【本章知识导图】**

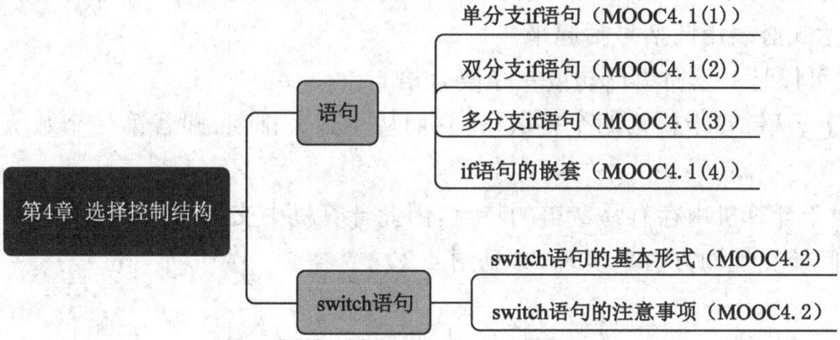


## 4.1　if 语句

if 语句课件

C 语言的 if 语句有三种形式：单分支 if 语句、双分支 if-else 语句和多分支 if-else if 语句。

### 4.1.1　单分支 if 语句

单分支 if 结构视频

语句的基本形式为：

```
If（条件表达式）
语句
```

这种 if 语句的流程图如图 4-1 所示。

其执行流程为：先判断条件表达式是否为真，若表达式结果为真

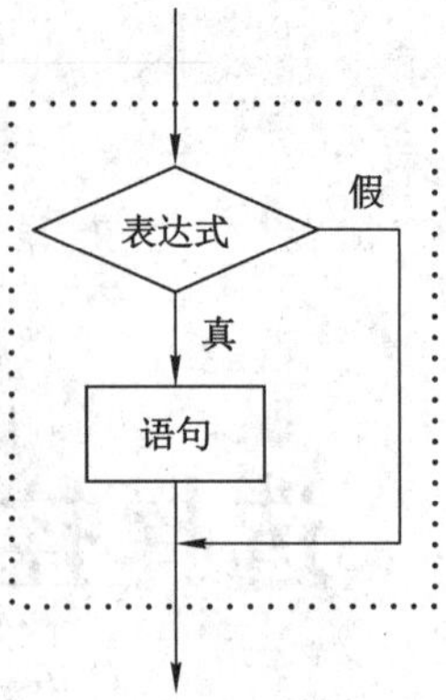


图 4-1　单分支 if 语句流程图

(非 0),则执行 if 中的语句;为假(为 0)则不执行 if 中的语句,而执行 if 语句后面的其他语句。

这种 if 语句只有条件为真时执行 if 中的语句,又称单分支结构的 if 语句。

其中:

① 条件表达式可以是任意的数值、字符、关系表达式或逻辑表达式,非 0 表示真,0 表示假。条件表达式必须用圆括号括起来。

② 语句可以是一条简单语句或一条复合语句。

**【例 4-1】** 从键盘上输入两个整数,将它们从小到大排列,即若第一个数大于第二个数则交换。

分析:由于计算机内存有易覆盖的特点,因此计算机中交换两个变量的值一般采取通过第三个变量间接交换的方法来实现,参见图 4-2。

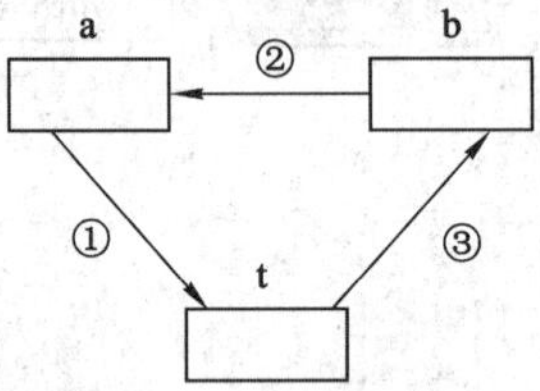


图 4-2　两个数交换的过程

程序代码如下:

```
#include <stdio.h>
int main()
{
    int a,b,t;
    printf("请输入 a 和 b 的值:");
    scanf("%d%d",&a,&b);
    if (a>b)
```

```
    {t=a;a=b;b=t;}
    printf("%d<%d\n",a,b);
    return 0;
}
```

程序运行结果如图 4-3 所示。

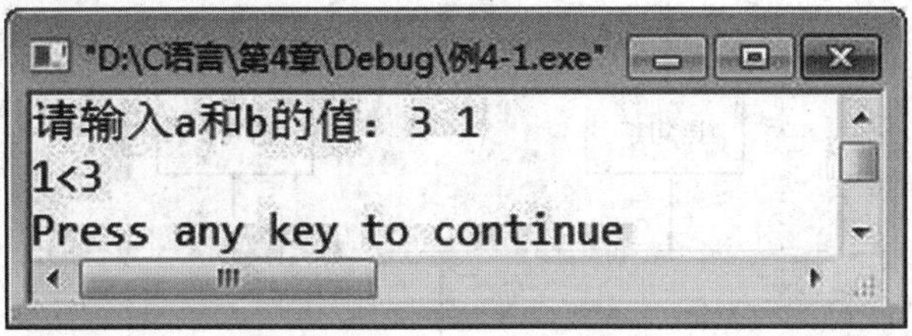


图 4-3　例 4-1 运行结果

**【例 4-2】** 从键盘输入学生成绩并判断是否及格，若及格输出“pass”。

```
#include <stdio.h>
int main()
{
    float a;
    printf("please input the score: ");
    scanf("%f",&a);
    if(a>=60) printf("pass\n");
    return 0;
}
```

程序运行结果如图 4-4 所示。

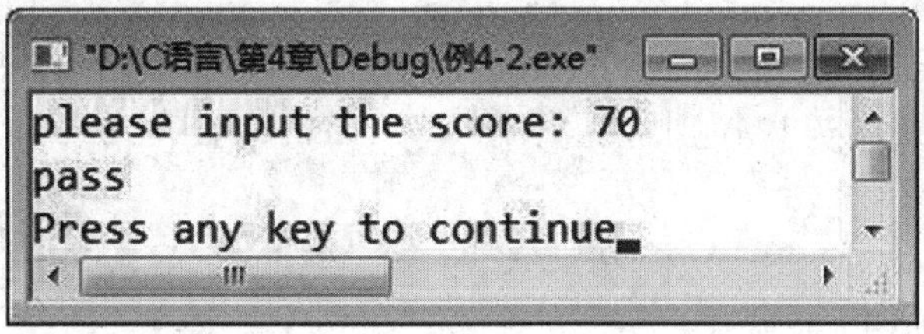


图 4-4　例 4-2 运行结果

### 4.1.2　双分支 if 语句

语句的基本形式为：

```
if (条件表达式)
    语句 1
else
    语句 2
```

双分支 if 语句视频

双分支 if 语句的执行流程是:先判断条件表达式是否成立,若表达式结果为真(非 0),执行语句 1;表达式结果为假,就执行语句 2。其流程图如图 4-5 所示。

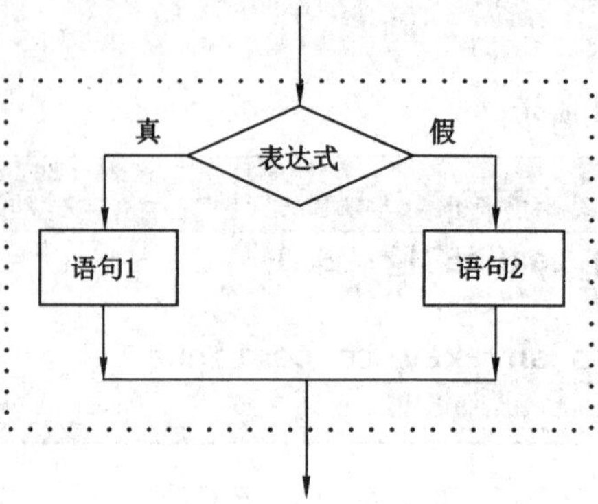


图 4-5　双分支 if 语句流程图

**【例 4-3】** 从键盘上输入两个整数,求最大值。

程序代码如下:

```
#include <stdio.h>
int main()
{
    intx,y,max;
    printf("请输入两个数:");
    scanf("%d%d",&x,&y);
    if(x>y)
        max=x;
    else
        max=y;
    printf("最大值为%d\n",max);
    return 0;
}
```

程序运行结果如图 4-6 所示。

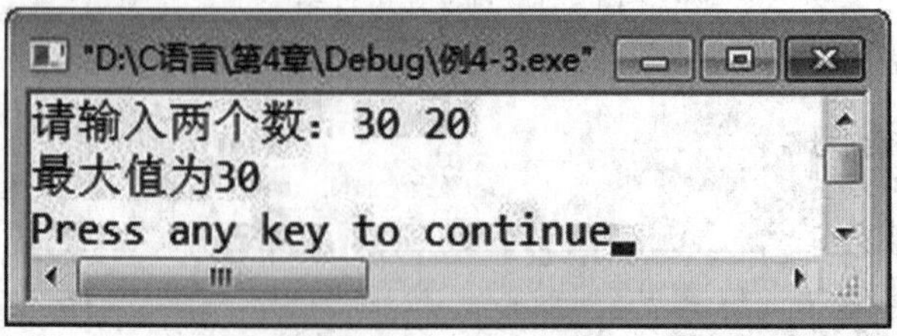


图 4-6　例 4-3 运行结果

**思考：**

若要使变量 max 存放 x、y 中的大者，变量 min 存放 x、y 中的小者，分析下面程序段是否正确？为什么？

```
if (x>y)
  max = x; min = y;
else
  max = y; min = x;
```

**【例 4-4】** 计算分段函数

$$y=\begin{cases}\sin x+100 & x\neq 0\\ \cos x-10x+3 & x=0\end{cases}$$

用双分支 if 语句实现：

```
if(x)                                       /* if(x)与 if(x!=0)含义相同 */
    y=sin(x)+100;
else
    y=cos(x)-10*x+3;
```

用单分支 if 语句也可实现：

```
y=cos(x)-10*x+3;                  /* 不管 x 取值为多少,先进行表达式计算 */
if(x)                             /* 判断若 x 不等于 0,则再覆盖先前计算的值 */
    y=sin(x)+100;
```

**思考：**

如果将上述两个语句次序调换一下，是否也能实现题目要求？为什么？

```
if(x)
    y=sin(x)+100;
y=cos(x)-10*x+3;
```

### 4.1.3　多分支 if 语句

多分支 if

语句视频

语句的基本形式为：

```
if(条件表达式 1)
    语句 1
else if(条件表达式 2)
    语句 2
……
else if(条件表达式 n)
    语句 n
else
    语句 n+1
```

多分支 if 语句的执行流程是：先判断条件表达式 1 是否成立，若条件表达式 1 为真(非 0)则执行语句 1；否则判断条件表达式 2 是否成立，若条件表达式 2 为真(非 0)，就执行语句 2；依此类推，若各条件表达式的值都为假(0)，则执行语句 n+1。其流程图如图 4-7 所示。

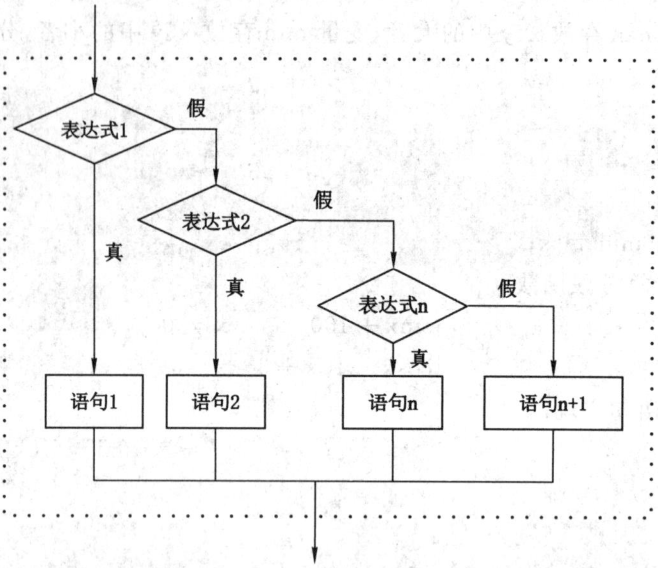


图 4-7　多分支 if 语句流程图

**注意：**

(1) 对于选择分支结构，不管有几个分支，程序只执行第一个满足条件的分支，其余分支不再执行。

(2) else 与 if 之间要有空格，不能写成 elseif。

(3) 条件表达式应该写在 if 后面，else 后面不能直接写条件。

**【例 4-5】** 根据百分制成绩 score，决定对应的五级制评定：大于等于 90 为 A 级，80 分及以上且 90 分以下为 B 级，70 分及以上且 80 分以下为 C 级，60 分及以上且 70 分以下为 D 级，60 分以下为 E 级。

程序代码如下：

```
#include <stdio.h>
int main()
{
    int score;
    printf("请输入成绩:");
    scanf("%d",&score);
    if(score>=90)
        printf("%d is A!\n",score);
    else if(score>=80 && score<90)
        printf("%d is B!\n",score);
    else if(score>=70 && score<80)
        printf("%d is C!\n",score);
    else if(score>=60 && score<70)
```

```
        printf("%d is D!\n",score);
    else
        printf("%d is E!\n",score);
    return 0;
}
```

程序运行结果如图 4-8 所示。

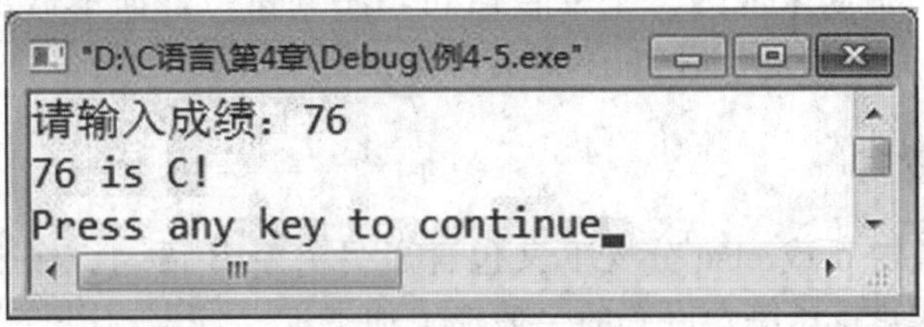


图 4-8　例 4-5 运行结果

**思考**:下列两种方法是否也能实现上述题目要求?为什么?

**方法一:**

```
if(score>=90)
    printf("%d is A!\n",score);
else if(score>=80)
    printf("%d is B!\n",score);
else if(score>=70)
    printf("%d is C!\n",score);
else if(score>=60)
    printf("%d is D!\n",score);
else
    printf("%d is E!\n",score);
```

**方法二:**

```
if(score>=60)
    printf("%d is D!\n",score);
else if(score>=70)
    printf("%d is C!\n",score);
else if(score>=80)
    printf("%d is B!\n",score);
else if(score>=90)
    printf("%d is A!\n",score);
else
    printf("%d is E!\n",score);
```

**说明:**

(1) 三种形式 if 语句的 if 后面都有"表达式",一般为逻辑表达式或关系表达式。系统对表达式的值进行判断,若为 0 按"假"处理;若为非 0 按"真"处理。例如有如下语句:

```
if(3) printf("%s ", "OK ");
```

是合法的。因此表达式的类型不限于逻辑表达式,可以是任意的数值类型(包括整型、实型、字符型数据)。

初学者经常会将赋值运算符"="和关系运算符中的相等运算符"= ="混淆。例如:判断 a 的值是否等于 2,应写为:a == 2,而初学者经常会写成如下语句:

```
if(a=2)printf("%d\n",a);
```

而条件写成 a = 2 后,不管 a 的值原来为多少,现在是将 2 赋给 a,表达式的值为 2,条件永远为真。这样的写法可能会造成程序的执行错误,特别是后面编写循环结构程序时,这种错误写法常会造成程序陷入死循环,使程序没有正确的运行结果。为避免此类错误的发生,大家可以将常量或表达式放在==的左侧,而将变量放在==的右侧,即将 a==2 写成 2==a,如果少写了一个＝，那么表达式就变成了 2＝a，就会出现语法错误，从而迫使你去查找其中的错误原因。

(2) 双分支和多分支的 if 语句中，在每个 else 前面有一分号，整个语句结束处有一分号。这是由于分号是 C 语句不可缺少的部分，这个分号是 if 语句中内嵌语句所要求的。但要注意 else 子句不能作为语句单独使用，它是 if 语句的一部分，必须与 if 配对使用。

(3) 在 if 和 else 后面可以只含一个内嵌的操作语句，也可有多条操作语句，此时要用花括号“{}”将几条语句括起来成为一个复合语句。注意在{}外面不需加分号，因为{}内是一个完整的复合语句，不需另外附加分号。

if 语句的嵌套视频

### 4.1.4 if 语句的嵌套

if 语句的嵌套是指 if 或 else 分支下又包含了另一个 if 语句。嵌套的层次原则上是任意深度。if 语句嵌套的一般形式如下：

```
if (条件表达式 1)
     if (条件表达式 11)  ┐
          语句 11         │
     else                 ├内嵌 if
          语句 12         ┘
else
     if (条件表达式 2)   ┐
          语句 21         │
     else                 ├内嵌 if
          语句 22         ┘
```

上面嵌套的 if 语句执行过程为：若条件表达式 1 和条件表达式 11 同时为真，执行语句 11，条件表达式 1 为真而条件表达式 11 为假，执行语句 12；若条件表达式 1 为假而条件表达式 2 为真，执行语句 21，条件表达式 1 和条件表达式 2 同时为假，执行语句 22。

**注意：**

(1) 对于嵌套的 if 语句，由于 else 是可选的，为避免歧义，C 语言规定了 if 与 else 的配对关系，从最内层开始，else 总是与它上面最近的且未曾配对的 if 配对。

(2) 在 if 语句的嵌套中，为了增强程序的可读性，建议采用锯齿状的书写形式。

假如有如下语句：

```
if()
     if()       ┐
          语句 1 ┘内嵌 if
else
     if()       ┐
          语句 2 │
     else       ├内嵌 if
          语句 3 ┘
```

第 1 个 else 与第 1 个 if(外层 if)写在同一列上，试图使该 else 与第 1 个 if 配对，但实际上该 else 是与第 2 个 if 配对，因为它们相距最近。为避免出错，最好使内嵌 if 语句也包含 else 部分，这样 if 的数目和 else 的数目相同，从内层到外层一一对应，不致出错。

如果 if 与 else 数目不一致，为实现程序的目的，可加花括号来确定配对关系。如：

```
if ()
{
    if ()语句 1内嵌 if
}
else
    语句 2
```

这时{}限定了内嵌 if 语句的范围，因此 else 与第一个 if 配对。

也可以把内嵌的 if 语句放在外层的 else 子句中，由于有外层的 else 相隔，内嵌的 else 不会和外层的 if 配对，只能与内嵌的 if 配对，从而不致搞混。

**【例 4-6】** 计算分段函数：

$$y=\begin{cases}1 & x>0\\0 & x=0\\-1 & x<0\end{cases}$$

程序代码如下：

```
#include <stdio.h>
int main()
{
    int x,y ;
    scanf("%d",&x);
    if(x<0)
        y=-1;
    else
        if(!x)                                  /*if(!x)与 if(x==0)含义相同*/
            y=0;
        else
            y=1;
    printf("x=%d,y=%d\n",x,y);
    return 0;
}
```

程序运行结果如图 4-9 所示。

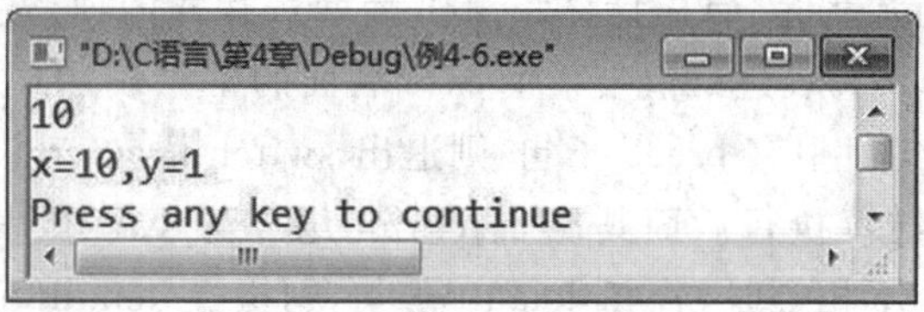


图 4-9　例 4-6 运行结果

**思考**：下面几个程序段，是否能实现上述题目要求？为什么？

程序段 1：

```
if(x>=0)
   if(x>0)
      y=1 ;
   else
      y=0;
else
   y=-1;
```

程序段 2：

```
y=-1 ;
if(x!=0)
      if(x>0)
         y=1;
      else
         y=0;
```

程序段 3：

```
y=-1 ;
if(x!=0)
{  /* 此处加花括号，使得下面的 else 与第一个 if 匹配 */
      if(x>0)
         y=1;
}
else
      y=0;
```

# 4.2 switch 语句

虽然用 if-else 语句可以实现多分支选择，但当分支较多时，程序结构会过于复杂且可读性降低。C 语言还提供了另外一种结构的多分支选择语句(即 switch 语句)，又称为开关语句。

switch 语句课件

## 4.2.1 switch 语句的基本形式

switch 结构视频

switch 语句的基本形式为：

```
switch(表达式)
{
    case 常量表达式 1：语句组 1；[break;]
    case 常量表达式 2：语句组 2；[break;]
    …
    …
    case 常量表达式 n：语句组 n；[break;]
    [default:语句组 n+1;]
}
```

switch 语句的执行流程是：首先计算 switch 后面表达式的值，逐个和 case 子句中的常量表达式相比较，当 switch 表达式值与某个 case 后面的常量表达式的值相等时，即执行其后的语句组，如果该语句组中有 break 子句，则退出 switch 语句，若没有则不再判断其他常量表达式值是否匹配，继续执行后面其他 case 语句组。若 switch 表达式的值与所有 case 后面的常量表达式值均不相等时，若有 default 子句，则执行 default 后的语句组。其流程图如图 4-10 所示。

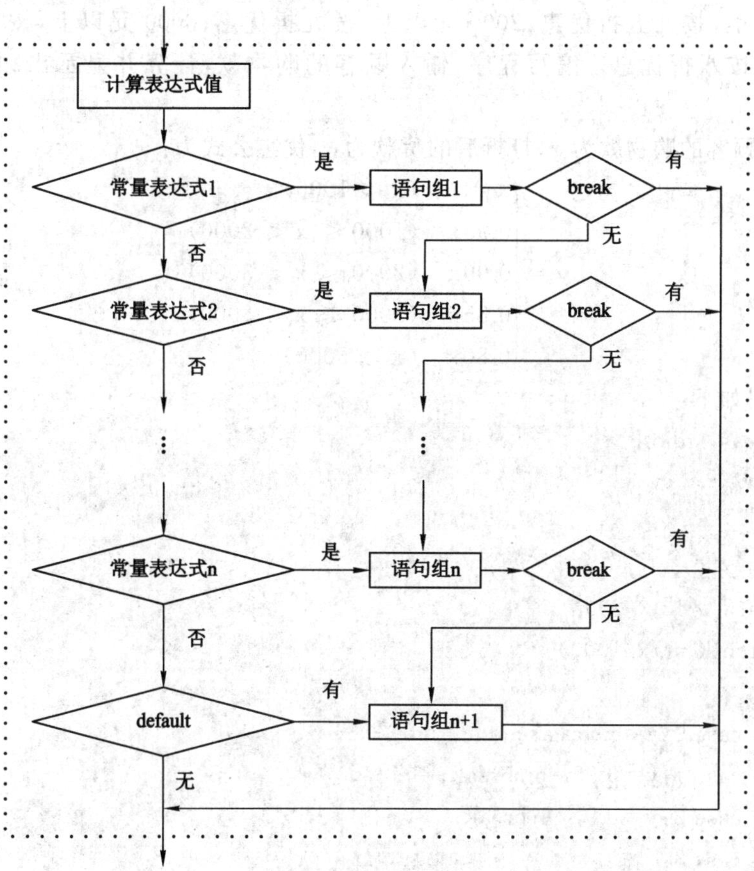


图 4-10　switch 语句流程图

### 4.2.2　switch 语句的注意事项

(1) switch 后的表达式要用圆括号括起来，内部所有语句整个用花括号括起来，case 和其后的常量表达式之间必须有空格隔开，case 和 default 子句的冒号后允许有多条语句，可以不使用花括号。

(2) switch 后的表达式值与 case 后的常量表达式值类型要一致，只能为整数或字符，若是实型数据，系统会自动将其转换成整型或字符型。

(3) 同一个 switch 语句中，任意两个 case 的常量表达式值不能相同，但不同的 case 常量表达式可以共用同一个语句组。例如：

```
case  'A':
case  'B':
case  'C': printf(">60\n");break;
```

(4) default 子句是可选项，可以没有；各 case 子句与 default 子句的先后次序没有要求。

**【例 4-7】** 某商场采用购物打折的优惠办法促销，每位顾客一次购物：1000 元以下不优惠；1000 元以上，按九五折优惠；2000 元以上，按九折优惠；3000 元以上，按八五折优惠；5000 元以上，按八折优惠。编写程序，输入顾客的购物款，计算并显示出顾客的实际应付款。

**分析**：设顾客的购物款为 x，打折后的货款为 y，优惠公式为：

$$y=\begin{cases} x & (x<1000) \\ 0.95x & (1000\leqslant x<2000) \\ 0.90x & (2000\leqslant x<3000) \\ 0.85x & (3000\leqslant x<5000) \\ 0.80x & (x\geqslant 5000) \end{cases}$$

程序代码如下：

```
#include <stdio.h>
int main()
{
    float x,y ;
    scanf("%f",&x);
    switch((int)x/1000)
    {
        case 0:y=x;break;
        case 1:y=0.95 * x;break;
        case 2:y=0.9 * x;break;
        case 3:
        case 4:y=0.85 * x;break;
        default:y=0.8 * x;
    }
    printf("该顾客实际应付款为:%.2f\n",y) ;
    return 0;
}
```

程序运行结果如图 4-11 所示。

图 4-11　例 4-7 运行结果

因为 case 后面的常量表达式不能写成一个表示范围的逻辑表达式，因此可以将 switch

表达式设为(int)x/1000,则结果正好是一个整数;当 3000⩽x＜5000 时,则表达式(int)x/1000 值可能为 3,也可能为 4,这时两个 case 子句可以共用同一个语句组。

**思考**:若省去程序中的所有 break,程序运行结果正确吗?

## 4.3　应用举例

应用举例课件

**【例 4-8】**　输入一个十进制数,根据输入的数输出所对应的英文星期单词,若所输入的数小于 1 或大于 7,则输出“Error”。

```
#include <stdio.h>
int main()
{
    int a;
    scanf("%d",&a);
    switch(a)
    {
        case 1:printf("Monday\n"); break;
        case 2:printf("Tuesday\n"); break;
        case 3:printf("Wednesday\n"); break;
        case 4:printf("Thursday\n"); break;
        case 5:printf("Friday\n"); break;
        case 6:printf("Saturday\n"); break;
        case 7:printf("Sunday\n"); break;
        default: printf("Error\n");
    }
    return 0;
}
```

程序运行结果如图 4-12 所示。

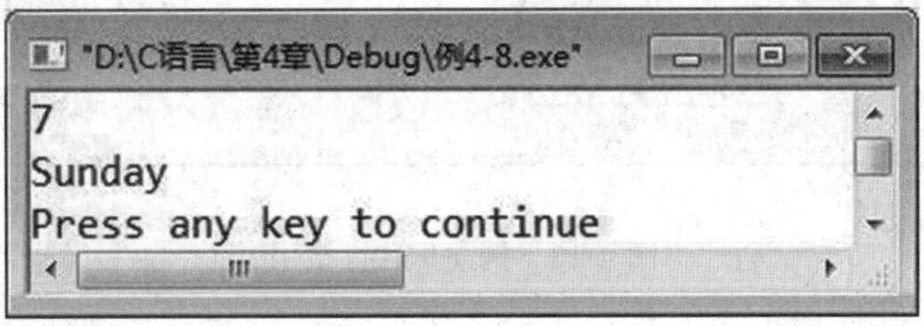


图 4-12　例 4-8 运行结果

**【例 4-9】**　输入 2016 年(2016 年为闰年)的一个月份,输出这个月应对的天数。

```
#include <stdio.h>
int main()
{
    int month,days;
    printf("input the month number: ");
    scanf("%d",&month);
    switch(month)
    {
        case 1:
        case 3:
        case 5:
        case 7:
        case 8:
        case 10:
        case 12:days=31;break;
        case 4:
        case 6:
        case 9:
        case 11:days=30;break;
        case 2:days=29;break;
        default:days=-1;
    }
    if(days==-1)   printf("input error!");
    else printf("2016years %d month has %d days\n",month,days);
    return 0;
}
```

程序运行结果如图 4-13 所示。

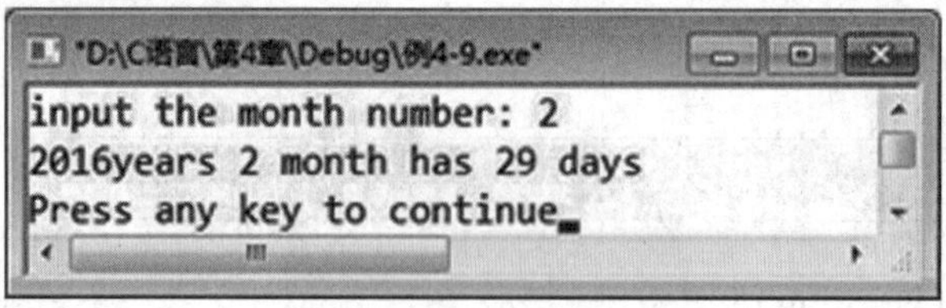


图 4-13　例 4-9 运行结果

**【例 4-10】** 求方程 $ax^2+bx+c=0$ 的解。

解析:一元二次方程的求解过程中有以下几种可能。

① a=0,不是二次方程。

② $b^2-4ac=0$，有两个相等实根，即 $x=\frac{-b}{2a}$。

③ $b^2-4ac>0$，有两个不等实根，即 $x=\frac{-b\pm\sqrt{b^2-4ac}}{2a}$

④ $b^2-4ac<0$，有两个共轭复根，应当以 $p+qi$ 和 $p-qi$ 的形式输出复根其中，$p=\frac{-b}{2a}$，$q=\frac{\sqrt{b^2-4ac}}{2a}$。

因为程序中有多处地方要用到 $b^2-4ac$ 这个式子，为了减少程序代码输入量和重复计算，所以首先用赋值语句将 $b^2-4ac$ 的结果赋给了变量 disc。由于 disc 的计算结果是实数，而实数在计算时存在一些误差，可能会存在计算结果本来是零的值由于误差而被计算为不等于零的情况。因此不能直接进行 if(disc==0)的比较，改进的方法是判断 disc 的绝对值(fabs(disc))是否小于一个很小的数(例如 $10^{-6}$)，如果小于该数，就认为 disc 等于零。

```
#include <stdio.h>
#include <math.h>
int main()
{
    double a,b,c,disc,x1,x2,realpart,imagpart;
    scanf("%lf,%lf,%lf",&a,&b,&c);
    printf("The equation ");
    if(fabs(a)<=1e-6)
        printf("is not a quadratic\n");
    else
    {
        disc=b*b-4*a*c;
        if(fabs(disc)<=1e-6)
            printf("has two equal roots:%8.4f\n",-b/(2*a));
        else
            if(disc>1e-6)
            {
                x1=(-b+sqrt(disc))/(2*a);
                x2=(-b-sqrt(disc))/(2*a);
                printf("has distinct real roots:%8.4f and %8.4f\n",x1,x2);
            }
        else
        {
            realpart=-b/(2*a);
            imagpart=sqrt(-disc)/(2*a);
            printf(" has complex roots:\n");
```

```
            printf("%8.4f+%8.4fi\n",realpart,imagpart);
            printf("%8.4f-%8.4fi\n",realpart,imagpart);
        }
    }
    return 0;
}
```

程序运行结果如图 4-14 所示。

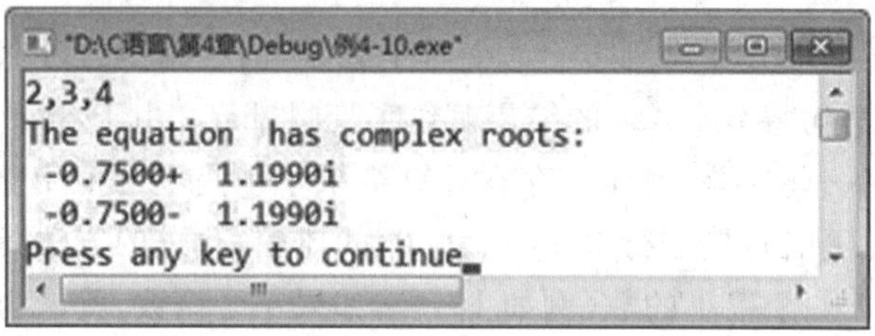


图 4-14　例 4-10 运行结果

**【例 4-11】** 编程输入三角形的三条边长 a、b、c,判断它们能否构成三角形。若能构成三角形,指出是何种三角形:等腰三角形、等边三角形、直角三角形,还是一般三角形?

解析:在编写程序之前,先看一下各种三角形之间的关系,如图 4-15 所示。

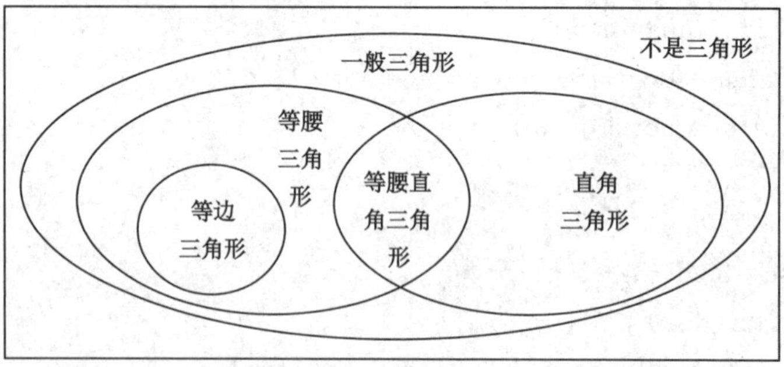


图 4-15　各种三角形之间的关系

一般情况下,当有非此即彼的关系时采用 if-else 语句,而对于有交叉的关系时,应使用两个并列的 if 语句。本例中由于等腰三角形、直角三角形不是非此即彼的关系,而是存在交叉关系,相交的部分是等腰直角三角形,因此不能采用 if-else 语句来依次判断是否是等腰三角形和直角三角形,应该采用并列的 if 语句来判断。

```
#include <stdio.h>
#include <math.h>
#define EPS  1e-1
int main()
{
    float a, b, c;
```

```
    int flag = 1;
    printf("Input a,b,c:");
    scanf("%f,%f,%f", &a, &b, &c);
    if (a+b>c &&b+c>a &&a+c>b)
    {
        if (fabs(a-b)<=EPS &&fabs(b-c)<=EPS &&fabs(c-a)<=EPS)
        {
            printf("等边");                                  /* 等边 */
            flag = 0;                         /* 置标志变量 flag 为 0 值 */
        }
        else if (fabs(a-b)<=EPS || fabs(b-c)<=EPS|| fabs(c-a)<=EPS)
        {
            printf("等腰");                                  /* 等腰 */
            flag = 0;                         /* 置标志变量 flag 为 0 值 */
        }
        if (fabs(a*a+b*b-c*c)<=EPS|| fabs(a*a+c*c-b*b)<=EPS
            || fabs(c*c+b*b-a*a)<=EPS)
        {
            printf("直角");
            flag = 0;
        }
        if (flag)
        {
            printf("一般");
        }
        printf("三角形\n");
    }
    else
    {
        printf("不是三角形\n");
    }
    return 0;
}
```

程序运行结果如图 4-16 所示。

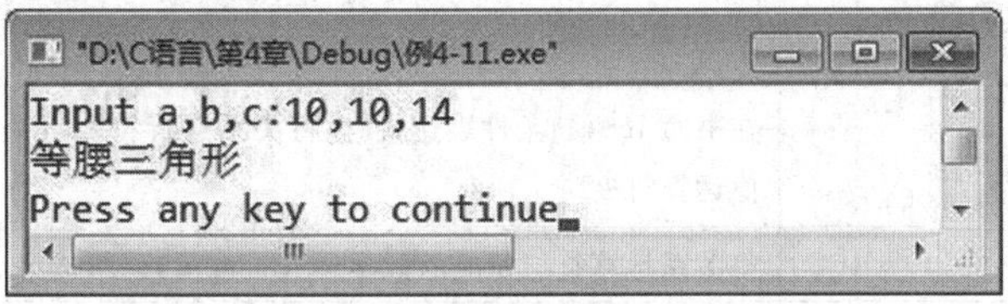


图 4-16　例 4-11 运行结果

# 本章小结

根据某个条件是否满足,从给定的两种或多种操作中选择一种来执行称为选择结构。选择结构体现了程序的逻辑判断能力。

1. 本章知识点小结

(1) 选择结构的控制条件通常用关系表达式或逻辑表达式构造,也可以用一般表达式表示。因为表达式的值非0即为“真”,0即为“假”,所以具有值的表达式均可作为if语句的控制条件。

(2) C语言利用if语句来实现选择结构,if语句主要有四种句式,分别是:单分支的if语句、双分支的if语句、多分支的if语句和嵌套的if语句。在嵌套if语句中,一定要搞清楚else与哪个if结合的问题。

(3) switch语句专门用于解决多分支选择问题。switch语句只有与break语句相结合,才能设计出正确的多分支结构的程序。break语句通常出现在switch语句或循环语句中,它能终止执行它所在的switch语句或循环语句。

2. 常见程序错误小结

| 常见错误实例 | 常见错误描述 | 错误类型 |
|---|---|---|
| `if(x>y);`<br>`    max=x;` | 在单分支if语句的条件表达式的圆括号后面写了一个分号 | 运行错误 |
| `if(x>y);`<br>`    max=x;`<br>`else`<br>`    max=y;` | error C2181: illegal else without matching if<br>在双分支if-else语句的条件表达式的圆括号后面写了一个分号 | 编译错误 |
| `if(x>y)`<br>`    max=x;`<br>`    printf("max=%d\n",max);` | 当单分支if语句条件成立需要执行多条语句构成的复合语句时,忘记了花括号 | 运行错误 |
| `if(x>y)`<br>`    max=x;`<br>`    printf("max=%d\n",max);`<br>`    else`<br>`    max=y;`<br>`    printf("max=%d\n",max);` | error C2181: illegal else without matching if<br>当双分支if-else语句每个分支需要执行多条语句构成的复合语句时,忘记了花括号。由于if和else子句中只允许有一条语句,因此需要用一对花括号把多条语句括起来 | 编译错误 |
| `if(x=y)`<br>`    printf("x=y\n");` | 在书写If语句条件表达式时,将关系运行符相等==误写成赋值运算符= | 运行错误 |
|  | 将关系运算符与相应的数学运算符混淆,误写成≠、≤、≥ | 无法输入 |

（续）

| 常见错误实例 | 常见错误描述 | 错误类型 |
| --- | --- | --- |
| if(x= =y)<br>    printf("x=y\n"); | 在关系运算符<=、>=、==和!=中间加入空格 | 编译错误 |
| if(x=>y)<br>    printf("max=%d\n",x); | error C2059: syntax error : '>'<br>将关系运算符<=、>=的两个符号写反，写成=<、=> | 编译错误 |
| if(x=!y)<br>    printf("x!=y\n"); | 将关系运算符!=的两个符号写反，写成=!，即先进行逻辑非运算，再进行赋值运算 | 运行错误 |
| if(x==1.2) | 用关系运算符==或!=判断两个浮点数是否相等，或者判断一个浮点数是否等于 0 | 运行错误 |
| if(1<=x<=10) | 认为语法上合法的关系表达式在逻辑上一定是正确的 | 运行错误 |
| switch(x/10)<br>{<br>    case 10:<br>    case 9:printf("A\n");<br>    case 8:printf("B\n");<br>    ……<br>} | switch 语句中，如果需要每个 case 分支单独执行时，缺少 break 语句 | 运行错误 |
| switch(x/10)<br>{<br>    case10:<br>    case9:printf("A\n");break;<br>    case8:printf("B\n");break;<br>    ……<br>} | switch 语句中，case 和其后的常量中间缺少空格 | 运行错误 |
| switch(x)<br>{<br>    case 100:<br>    case 90～99:printf("A\n");<br>        break;<br>    case x>80:printf("B\n");<br>        break;<br>    ……<br>} | error C2143: syntax error : missing ':' before '～'<br>switch 语句中，case 后的常量表达式用区间表示，或者出现了运算符 | 编译错误 |

（续）

| 常见错误实例 | 常见错误描述 | 错误类型 |
|---|---|---|
| switch(x/10)<br>{<br>    case "10":<br>    case "9":printf("A\n");<br>        break;<br>    case "8":printf("B\n");<br>        break;<br>    ……<br>} | error C2051: case expression not constant<br>switch 语句中,case 后出现了字符串常量 | 编译错误 |

# 习题 4

习题 4　参考答案

## 一、选择题

1. 运行下面程序,输出结果是(　　)。

```
#include <stdio.h>
int main()
{
    int n=0,m=1,x=2;
    if(!n)   x-=1;
    if(m)    x-=2;
    if(x)    x-=3;
    printf ("%d\n",x);
    return 0;
}
```

A. 1　　B. −4　　C. 0　　D. −1

2. 有如下程序:

```
#include <stdio.h>
int main()
{
    int a=5,b=4,c=3,d=2;
    if(a>b>c)
        printf("%d\n",d);
    else if((c-1>=d) ==1)
        printf ("%d\n",d+1);
    else printf ("%d\n",d+2);
```

```
        return 0;
    }
```

该程序的输出结果是(　　)。

A. 2　　B. 3　　C. 4　　D. 编译出错

3. 有如下程序：

```
#include <stdio.h>
int main()
{
    int x=1,a=0,b=0;
    switch(x)
    {
        case 0: b++;
        case 1: a++;
        case 2: a++;b++;
    }
    printf("a=%d,b=%d\n",a,b);
    return 0;
}
```

该程序的输出结果是(　　)。

A. a=2,b=1　B. a=1,b=1　C. a=1,b=0　D. a=2,b=2

4. 当把以下四个表达式用作 if 语句的控制表达式时，有一个选项与其他三个选项含义不同，这个选项是(　　)。

A. k%2　B. k%2==1　C. (k%2)!=0　D. !k%2==1

5. 以下 4 个选项中，不能看作一条语句的是(　　)。

A. {;}　B. a=0,b=0,c=0;

C. if(a>0);　D. if(b==0) m=1;n=2;

6. 下面的程序：(　　)。

```
#include <stdio.h>
int main()
{
    int x=3,y=0,z=0;
    if(x=y+z)printf("* * * *");
    else printf("# # # #");
    return 0;
}
```

A. 有语法错误不能通过编译

B. 输出* * * *

C. 可以通过编译，但是不能通过连接，因而不能运行

D. 输出# # # #

7. 假定所有变量均已正确说明,下列程序段运行后 x 的值是(　　)。

```
a=b=c=0;x=35;
if(!a)x--;
else if(b);
if(c)x=3;
else x=4;
```

A. 34　　B. 4　　C. 35　　D. 3

8. 执行以下程序段后,输出的结果是(　　)。

```
int a=1;
switch(a)
{
    case 1: printf("你好");
    case 2: printf("再见"); break;
    default : printf("晚安");
}
```

A. 你好　　B. 再见　　C. 晚安　　D. 你好再见

9. 有定义 int x=1,y=2,z=3;,执行下列程序段后,输出的结果是(　　)。

```
if(x>y) z=x;x=y;y=z;
printf("%d,%d,%d",x,y,z);
```

A. 1,2,3　　B. 2,3,3　　C. 2,3,1　　D. 2,3,2

10. 将变量 x 和 y 中的较小值赋值给 z 的正确语句是(　　)。

A. if(x>y) z=y;　　B. if(x>y) z=x;else z=y;

C. z=y;if(x>y) z=x;　　D. z=x;if(x>y) z=y;

## 二、填空题

1. 以下程序输出的结果是____________________。

```
#include <stdio.h>
int main()
{
    int a=5,b=4,c=3,d;
    d=(a>b>c);
    printf("%d\n",d);
    return 0;
}
```

2. 以下程序输出的结果是____________________。

```
#include <stdio.h>
int main()
{
    int p,a=5;
    if(p=a!=0)
```

```
        printf("%d\n",p);
    else
        printf("%d\n",p+2);
    return 0;
}
```

3. 输入一个学生的数学成绩(0～100),将它转换为五级记分制成绩后输出。如果输入不正确的成绩,显示“Invalid input”。请填空将程序补充完整。

```
#include <stdio.h>
int main()
{
    int mark;
    ____________________;
    scanf("%d",&mark);
    if(____________________){
        if(mark>=90) grade='A';
        else if(mark>=80) grade='B';
        else if(mark>=70) grade='C';
        else if(mark>=60) grade='D';
        else grade='E';
        putchar(grade);
        putchar('\n');
    }
    else
        printf("Invalid input\n");
    return 0;
}
```

4. 以下程序输出的结果是____________________。

```
int main()
{
    int x=10,y=20,t=0;
    if(x==y)t=x;x=y;y=t;
    printf("%d,%d \n",x,y);
    return 0;
}
```

5. 若从键盘输入 58,则以下程序输出的结果是____________________。

```
intmain()
{
    int a;
    scanf("%d",&a);
    if(a>50)  printf("%d",a);
    if(a>40)  printf("%d",a);
    if(a>30)  printf("%d",a);
```

```
    return 0;
}
```

## 三、程序阅读题

1. 以下程序输出的结果是______________。

```
#include <stdio.h>
int main()
{
    int a=1,b=2,c=3;
    if(a>b)c=1;
    else if(a==b)c=0;
    else c=-1;
    printf("c=%d",c);
    return 0;
}
```

2. 以下程序输出的结果是______________。

```
#include <stdio.h>
int main()
{
    int x,y;
    x=-1;
    if(x++<0) y=-1;
    else if(x==0) y=0;
    else y=1;
    printf("x=%d,y=%d\n",x,y);
    return 0;
}
```

3. 以下程序输出的结果是______________。

```
#include <stdio.h>
int main()
{
    int x=1,y=0,a=1,b=0;
    switch(x)
    {
        case 1:  switch(y)
                {
                    case 0: a++;
                    case 1: b++; break;
                }
        case 2: a++; b++; break;
    }
```

```
    printf("a=%d,b=%d\n",a,b);
    return 0;
}
```

4. 以下程序输出的结果是＿＿＿＿＿＿＿＿＿＿。

```
#include <stdio.h>
int main()
{
    int x=1,y=0,a=6,b=0;
    switch(x)
    {
        case 1: switch(y)
        {
            case 0: a++;break;
            case 1: b++;break;
        }
        case 2: a++;b++;break;
    }
    printf("a=%d,b=%d\n",a,b);
    return 0;
}
```

5. 以下程序运行后输入 2,程序的输出结果是＿＿＿＿＿＿＿＿＿＿。

```
#include<stdio.h>
int main()
{
    int color;
    printf("Pleaseintput color:");
    scanf("%d",&color);
    switch(color)
    {
        case 0: printf("black");
        case 1: printf("blue");
        case 2: printf("green");
        case 3: printf("red");break;
        default: printf("othercolor");
    }
    return 0;
}
```

## 四、程序设计题

1. 从键盘输入一个正整数作为年份,编程判断该年是不是闰年,若是则输出“Yes”,否则输出“No”(闰年是能被 4 整除而不能被 100 整除的年份,或者是能被 400 整除的年份)。

2. 编程从键盘输入一个正整数 a,判断该数的奇偶性,若为奇数输出“odd”,若为偶数输出“even”。

3. 某城市出租车收费标准如下:

起步里程 3 公里,起步费 10 元;超过起步里程后 10 公里内,每公里租费 2 元;超过 10 公里以上的部分加收 50%的回空补贴费,即每公里租费 3 元。营运过程中,因道路阻塞及乘客要求临时停车的,每 5 分钟按 1 公里租费计收。运价计费尾数四舍五入,保留到元。

请编写程序,输入行驶里程(公里)与等待时间(分钟),计算并输出乘客应支付的车费(元)。

# 实验 4　选择控制结构

实验 4　参考答案

【实验目的】

1. 熟练掌握关系及逻辑表达式在程序设计中的灵活运用。

2. 熟悉利用 if 语句的各种形式实现不同分支选择的方法。

3. 掌握使用 switch 语句实现多分支选择的方法。

【实验内容】

1. 编一程序输入上网的时间计算上网费用,计算的方法如下:

$$费用=\begin{cases}30\text{ 元基数} & <10\text{ 小时}\\ \text{每小时 }2.5\text{ 元} & 10\sim50\text{ 小时}\\ \text{每小时 }2\text{ 元} & \geqslant 50\text{ 小时}\end{cases}$$

同时为了鼓励多上网,每月收费最多不超过 180 元。

提示:先按照上述公式求,然后判断求得的费用是否超过 180 元,如超过就按 180 元计算。

2. 输入 x、y、z 三个数,按从小到大的次序显示,显示形式:×× < ×× < ××。

提示:3 个数排序方法参见教材例 4-1,用 3 条单分支的 if 语句来实现,也可用嵌套的 if 语句完成。

3. 编写一个模拟袖珍计算器的完整程序,运行结果见图 4-17。要求:输入两个操作数和一个操作符,根据操作符决定所做的运算。

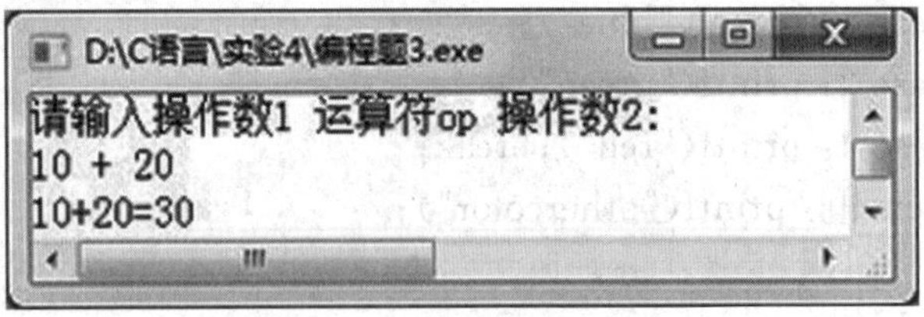


图 4-17　实验 3 运行界面

提示:根据存放运算符的字符变量,利用 switch 语句实现。

4. 输入年、月、日,计算出该日是该年的第几天。例如输入 2018、3、1,输出 60。

# 第 5 章　循环控制结构

**【本章学习目标】**

循环结构是结构化程序中最重要的一种结构。其特点是，在给定条件成立时，反复执行某程序段，直到条件不成立为止。使用循环结构编程时，一定要明确两个问题：第一、哪些操作需要重复执行？第二、在什么情况下重复执行这些操作？这两个问题分别对应循环结构的循环体和循环条件。本章的学习目标：熟练掌握三种循环结构语句：while 语句、do-while 语句和 for 语句的使用，掌握 break 和 continue 语句在循环中的辅助控制作用。

**【本章知识导图】**

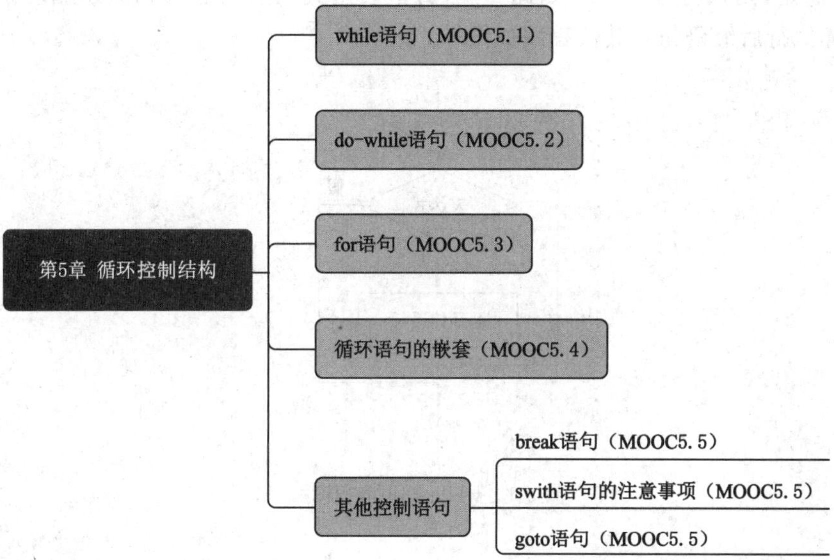

# 5.1 while语句

由while语句构成的循环也称为“当型”循环,while语句的基本形式为:

```
while(表达式)
    循环体语句
```

例如:

```
while(i<=100)
{
    printf("*");
    i++;
}
```

while 语句课件

while 语句视频

其中:

(1) 表达式称为循环条件,其作用是确定是继续循环还是结束循环。表达式可以是任何表达式,非0表示真,0表示假;条件表达式必须用圆括号括起来。

(2) 循环体语句可以是一条简单语句或一条复合语句。

while语句的执行流程是:先计算表达式的值,判断其是否为真(非0),若为真(非0),表示循环条件满足,则执行循环体。如此重复,直至表达式的值为假(0),表示循环条件不满足,退出循环执行后继语句。其流程图如图5-1所示。

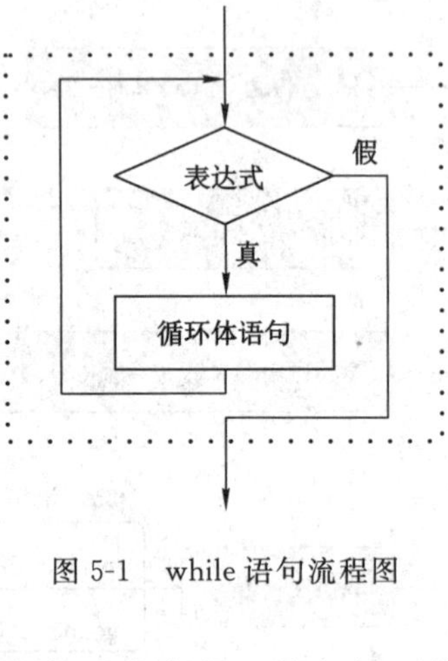


图5-1 while语句流程图

**注意:**

(1) while语句先判断循环条件再决定是否执行循环体,若表达式的值一开始就为假(0),则循环体一次也不执行。

(2) 循环体语句中应该有改变条件表达式值的语句,否则易成为无限循环。

(3) 如果while语句中的表达式仅用来表示等于0或不等于0,则表达式可简化。如while(a!=0)可写成while(a),while(x==0)可写成while(!x)。

(4)当事先不知道循环的次数而根据条件来决定是否循环,一般用 while 语句。

**【例 5-1】**　编写程序,求 1+2+3+……+100 的值。

**解析:**这是一个求累加和的问题。加数从 1 开始有规律地变化到 100,每次递增 1,可以设置一个整型变量 i 来表示加数,每循环一次将当前加数累加后,该整型变量增 1,表示下一个加数,用变量 sum 存放每次累加的和,sum 的初始值赋 0。

程序代码如下:

```
#include <stdio.h>
int main()
{
    int i=1,sum=0 ;
    while(i<=100)
    {
        sum=sum+i;
        i++;
    }
    printf("1+2+3+……100=%d\n",sum);
    return 0;
}
```

程序运行结果如图 5-2 所示。

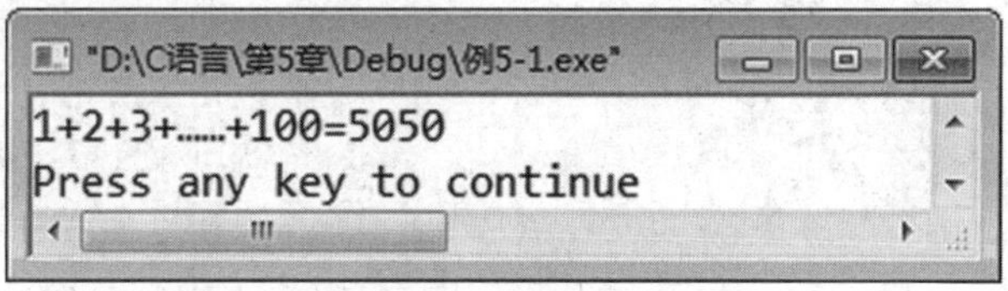


图 5-2　例 5-1 运行结果

**注意:**如果只有一个循环变量,而且循环变量每次固定地增加和减少,则循环的次数可以用以下公式计算:

循环次数=(终值-初值)/步长+1

步长为循环变量每次增加或减少的值,例如上例循环次数为:(100-1)/1 + 1,即 100 次。

步长可以为负数,例如以下程序语句:

```
int i=100,s=0;
while(i>=1)
{   s=s+i;
    i=i-1;
}
```

**思考:**

(1) 若循环体内无语句 i++;则会出现什么情况?

(2) 若将循环体内语句 sum=sum+i;与 i++;调换一下次序,结果会如何?

(3) 若循环体不用复合语句(即去掉循环体的花括号),程序是否正确?

(4) 循环执行结束后,循环变量 i 的值为多少?

(5) 如果编写一个求 5 的阶乘的程序,例 5-1 中的程序代码应如何修改?

**【例 5-2】** 输入两个自然数,求最大公约数。

解析:通常采用辗转相除法求两个自然数的最大公约数。步骤描述如下:

(1) 对于已知的两个数 m、n,使得 m>n;

(2) m 除以 n 得余数 r;

(3) 若 r=0,则 n 即为最大公约数,算法结束;否则继续进行下一步;

(4) 令 n→m,r→n,转到第(2)步继续执行。

从步骤描述可以看出,求最大公约数需要通过循环实现,终止循环的条件是两数相除的余数为 0。程序代码如下:

```
#include <stdio.h>
int main()
{
    int m,n,t,r;
    printf("请输入两个自然数:");
    scanf("%d%d",&m,&n);
    if(m<n)
    {
      t=m;
      m=n;
      n=t;
    }
    r=m%n;
    while(r!=0)
    {
      m=n;
      n=r;
      r=m%n;
    }
    printf("最大公约数为:%d\n",n);
    return 0;
}
```

程序运行结果如图 5-3 所示。

图 5-3　例 5-2 运行结果

**思考**：若程序中 m＜n 时，不将两个数交换，会影响程序结果吗？

**【例 5-3】** 编写程序将一正整数按逆序形式输出。

解析：逆序输出是指先输出个位数，再输出十位数、百位数……可以先通过 n%10 求出个位，然后将 n 缩小 10 倍(n=n/10)后求出新的个位，即原来的十位数，再缩小 10 倍求得百位数，依此类推，直到 n 等于 0 时为止。

程序代码如下：

```
#include <stdio.h>
int main()
{
    int n,t;
    printf("请输入一个正整数:");
    scanf("%d",&n);
    while(n!=0)
    {
        t=n%10;
        printf("%d",t);
        n=n/10;
    }
    return 0;
}
```

程序运行结果如图 5-4 所示。

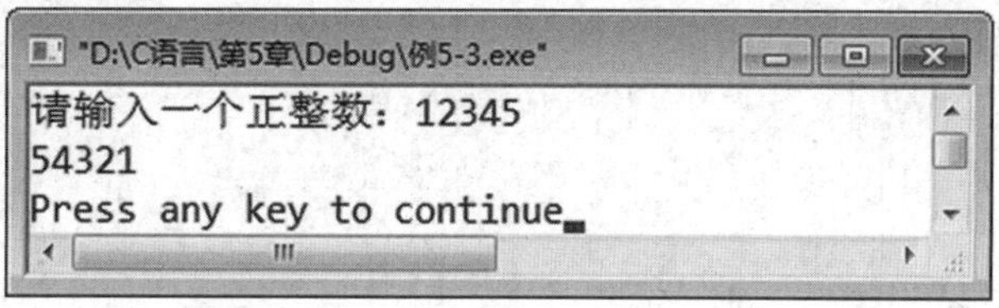


图 5-4　例 5-3 运行结果

## 5.2　do-while 语句

do-while 语句 pdf

do-while 语句 mp4

do-while 循环语句的基本形式为：

```
do
    循环体
while(表达式);
```

do-while 语句的执行流程是：先执行循环体语句一次，然后判断条件表达式是否成立，若为真(非 0)，表示循环条件满足，继续执行循环体语句，如此重复，直至表达式的值为假(0)，退出循环执行后继语句。其流程图如

图 5-5所示。

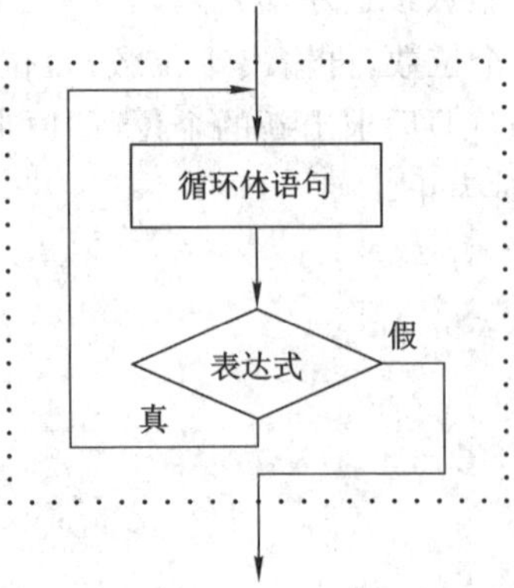


图 5-5　do-while 语句流程图

**注意:**

(1) do 是 C 语言的关键字,必须与 while 联合使用。

(2) 与 while 语句不同,do-while 语句是从 do 开始,到 while 结束,因此 while(表达式)后的分号";"不能少! 而 while 语句中 while(表达式)后面若加分号,表示循环体为空语句。

**【例 5-4】** 编写程序,求 1＋3＋5＋……＋99 的值。

程序代码如下:

```
#include <stdio.h>
int main()
{
    int i=1,sum=0 ;
    do
    {
        sum=sum+i;
        i=i+2;
    } while(i<=99);
    printf("1+3+5+……+99=%d\n",sum);
    return 0;
}
```

程序运行结果如图 5-6 所示。

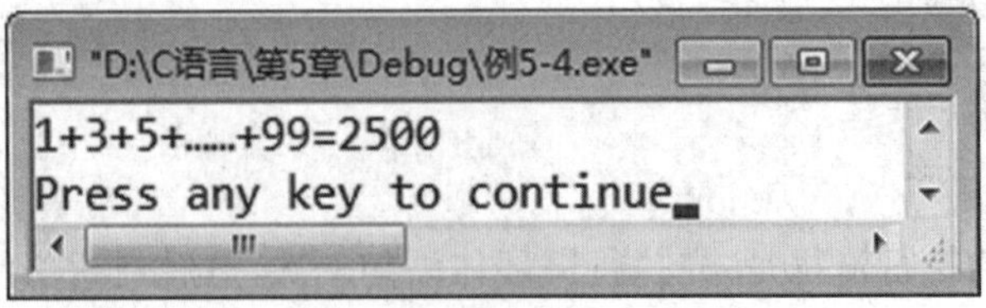


图 5-6　例 5-4 运行结果

**思考：**如何利用 while 语句或 do-while 语句实现求 n!，即计算 1＊2＊3＊…＊n 的值。

**【例 5-5】**　使用格雷戈里公式求 π 的近似值，直到最后一项的绝对值小于 $10^{-6}$ 为止。

$$\frac{\pi}{4}=1-\frac{1}{3}+\frac{1}{5}-\frac{1}{7}+\cdots\cdots$$

**解析：**本题也是求累加和的问题，因此循环体中可用 sum＝sum＋t 这样的求和表达式，其中 sum 表示累加的和，t 是公式的某一项。关键问题是如何求出每一项 t？首先考虑 1－1/3＋1/5－1/7＋……相邻两项之间的关系，不难看出它们的分子都是 1，分母是依次 1、3、5、7、9……的奇数序列，若用变量 i 来存放分母的值，则每求和一次后 i 应增加 2，另外每次累加项不是整数，而是实数，因此应写成 t＝1.0/i，其中 i＝i＋2。

接着再考虑每加一项后下一项符号的变化，可用单独一个变量表示符号，每次求下一项时，原来项的符号乘－1 来实现符号变化。

最后确定循环条件：从上面格雷戈里公式来看，根据题目要求可用每一项 t 的绝对值大于 $10^{-6}$ 来作为循环的条件。

程序代码如下：

```
#include <stdio.h>
#include <math.h>                    /*调用fabs()函数时要求包含math.h头文件*/
int main()
{
    int sign,i=1;
    double sum=0,t;
    sign=1;                          /*公式中每一项符号交替变化，初始为正号*/
    t=1;                             /*t存放每一项的值，初始值为1*/
    do
    {
        sum=sum+t;
        i=i+2;
        sign=-sign;                  /*符号交替变化*/
        t=sign*1.0/i;
    } while(fabs(t)>=1e-6);
    sum=sum*4;
    printf("pi=%f\n",sum);
    return 0;
}
```

程序运行结果如图 5-7 所示。

图 5-7　例 5-5 运行结果

**说明:**

(1) do-while 与 while 不同之处:do-while 是先执行后判断,因此循环体至少执行一次;而 while 语句是先判断后执行,所以循环体有可能一次也不执行(当第一次判断表达式的值就为零时)。例如下面两个程序:

```
int i=1;s=0;
while(i<1)
{   s=s+i;
    i=i+1;
}
printf("s=%d\n",s);
int i=1,s=0;
do
{   s=s+i;
    i=i+1;
} while(i<1);
printf("s=%d\n",s);
```

上面例子左边的程序结果为:s=0,而右边的程序结果为:s=1。

(2) do-while 循环和 while 循环可以完成相同的任务。

## 5.3 for 语句

for 语句是功能更强、使用更广泛的一种循环语句。C 语言中通常用 for 语句来实现已知循环次数的循环结构,当然它也可以替代 while 语句或 do-while 语句实现循环次数不确定的情况。

for 语句的基本形式为:

```
for(表达式 1;表达式 2;表达式 3)
    循环体语句
```

for 语句的执行流程是:

(1) 先计算"表达式 1"的值;

(2) 再计算"表达式 2"的值,并判断其是否为真,若为真(非 0),则执行循环体语句;若为假(0)则跳出循环,执行 for 语句的后续语句;

(3) 循环体语句执行后,计算"表达式 3"的值,然后转到步骤(2)重复执行。

for 语句课件

for 语句视频

其流程图如图 5-8 所示。

**注意:**

(1) for 循环和 while 循环一样是当性循环,即先判断后循环,若循环条件一开始不满足,循环体一次都不执行。从 for 语句的流程图和执行流

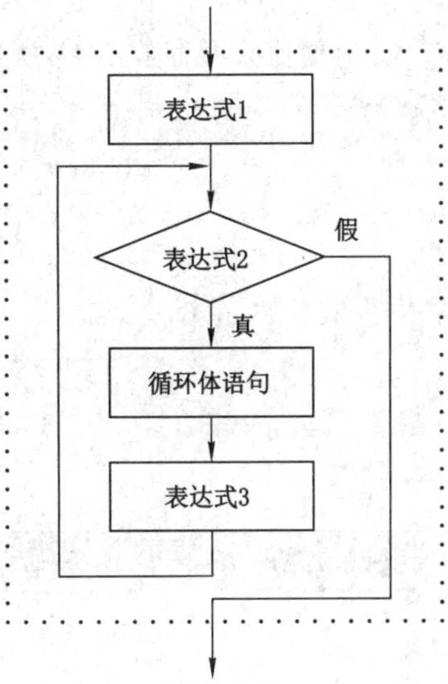


图 5-8　for 语句流程图

程可以看到，它与如下的 while 语句是等价的。

```
表达式 1;
while(表达式 2)
{
    循环体语句;
    表达式 3;
}
```

(2) for 后面的一对圆括号中通常含有 3 个表达式，各表达式之间用分号“;”分隔。

表达式 1 通常是循环结构中的循环变量初始化部分，可以是一个简单的表达式，也可以是多个变量同时赋初值的逗号表达式。

表达式 2 通常是条件表达式，是循环的控制条件。

表达式 3 通常是循环结构中的循环变量变化部分，使程序达到一定条件时能结束循环，可以是一个简单的表达式，也可以是逗号表达式。

(3) for 语句中三个表达式可以部分或全部省略，但两个分号“;”不可省略。若表达式 2 省略，等价于 while(1)，循环条件始终满足即无限循环，此时循环体内必须有满足条件跳出循环的语句。

**【例 5-6】** 求 n!，即计算 1 * 2 * 3 * … * n 的值。

**解析**：求多个数累积与累加和的算法思想类似，只是要注意存放累积数的变量初值应该为 1。

程序代码如下：

```
#include <stdio.h>
int main()
{
```

```
    int i,n;
    double p;/* 当n值较大,n!的值整型存放不下,所以将p定义为double类型*/
    printf("请输入n的值:");
    scanf("%d",&n);
    for(i=1,p=1;i<=n;i++)                        /*p的初值设为1,不能设为0*/
        p=p*i;
    printf("1*2*…*%d=%.0f\n",n,p);
    return 0;
}
```

程序运行结果如图 5-9 所示。

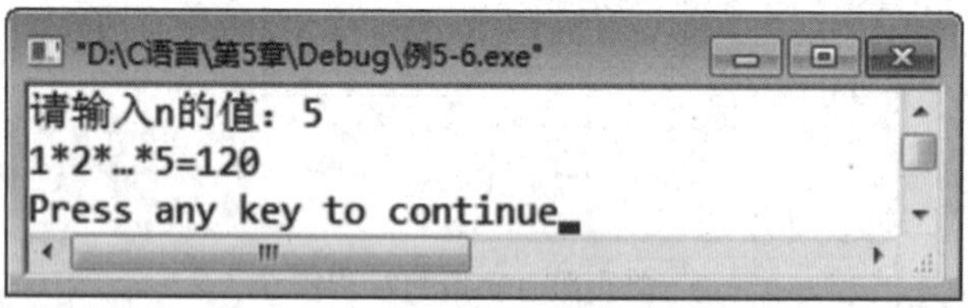


图 5-9 例 5-6 运行结果

**【例 5-7】** 输出所有的水仙花数。水仙花数是指一个三位数,其各位数字的立方和等于该数本身,如 153 是一个水仙花数,$153=1^3+5^3+3^3$。

**解析:**从 100 到 999 每个三位数依次判断是否为水仙花数,用一个循环变量表示该三位数,每个三位数都拆分为个位、十位和百位三个数字,再比较三个数字的立方和是否等于该数本身。

程序代码如下:

```
#include <stdio.h>
int main()
{
    int i,a,b,c;
    for(i=100;i<1000;i++)
    {
        a=i%10;                                        /*个位*/
        b=i/10%10;                                     /*十位*/
        c=i/100;                                       /*百位*/
        if(i==a*a*a+b*b*b+c*c*c)
            printf("%d\n",i);
    }
    return 0;
}
```

程序运行结果如图 5-10 所示。

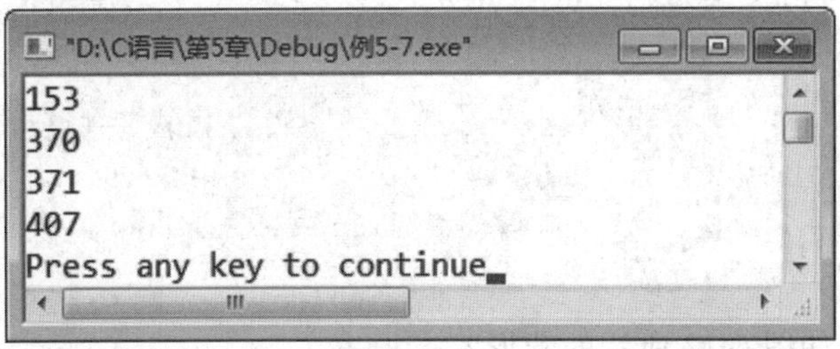


图 5-10　例 5-7 运行结果

## 5.4　循环语句的嵌套

循环语句的嵌套课件

循环语句的嵌套是指在一个循环体语句内又包含了一个完整的循环语句，内嵌的循环体还可以再嵌套循环，形成多重循环。在实际应用中，三种循环语句可以自身嵌套，也可相互嵌套，但无论哪种嵌套形式，都要层次清楚，不能出现交叉，在编程或阅读程序时要注意各层的循环变量的变化。

**【例 5-8】**　编写程序，打印如图 5-11 所示的图形。

循环语句的嵌套视频

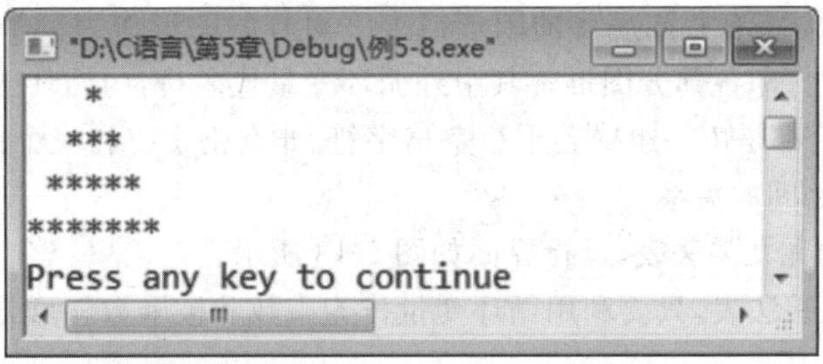


图 5-11　例 5-8 运行结果图

**解析**：这是一个按照规则变化的字符图形，一共有 4 行，每行由空格和星号构成，空格和星号的个数与行有关：每行前面的空格数按行减少，每行后面的星号按行增加。

程序代码如下：

```
#include <stdio.h>
int main()
{
    int i,j;
    for(i=1;i<5;i++)
    {
        for(j=4;j>i;j--)                                /* 输出每行前面的空格 */
            printf(" ");
```

```
        for(j=1;j<=2*i-1;j++)                    /*输出每行后面的星号*/
            printf("*");
        printf("\n");                            /*每行输出结束后要换行*/
    }
    return 0;
}
```

**思考**:如何输出如图5-12所示的菱形?

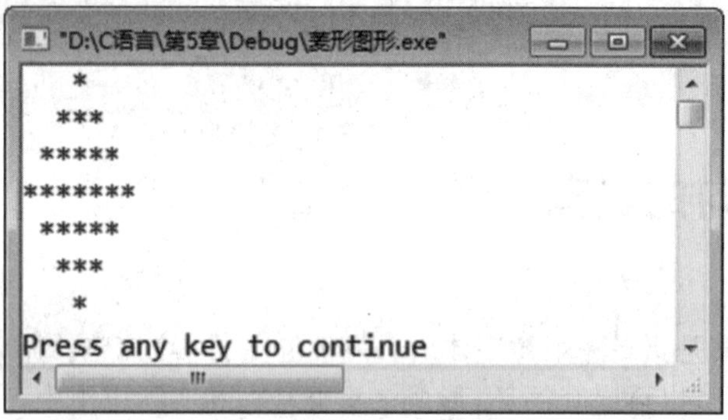


图5-12 菱形的字符图形

用字符打印图形的一般方法是:

(1) 先分割图形,将有共同规律的图形或上下对称的图形作为一个两重循环可打印的部分,从上到下依次打印各部分图形。其中外循环变量代表行,内循环变量代表列。

(2) 图形的每行都是由一组或若干组空格字符、非空格字符和一个回车组成,重要的是找出字符数与行号之间的关系。

**【例5-9】** 打印九九乘法表,运行界面如图5-13所示。

解析:打印九九乘法表,只要利用循环变量作为乘数和被乘数就可方便地解决。

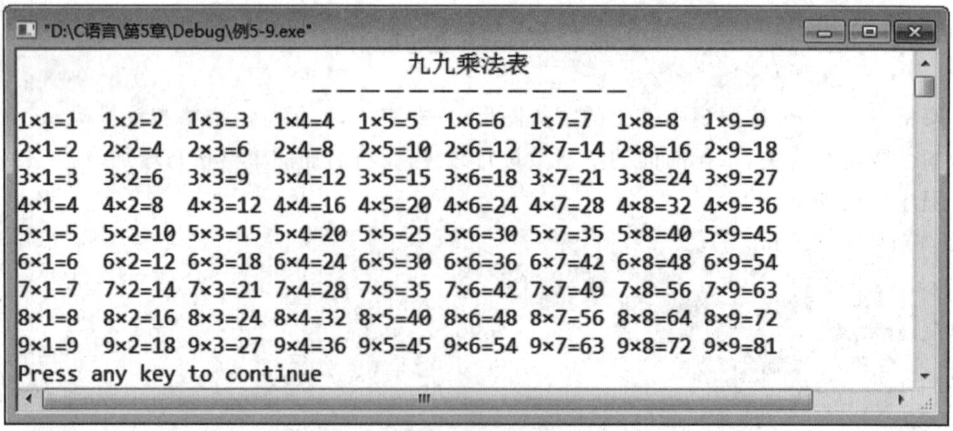


图5-13 九九乘法表运行界面

程序代码如下：

```
#include <stdio.h>
int main()
{
    int i,j;
    printf("\t\t\t 九九乘法表\n");
    printf("\t\t\t---------------\n");
    for(i=1;i<10;i++)
    {
        for(j=1;j<10;j++)
            printf("%d×%d=%-3d", i,j,i*j);
        printf("\n");
    }
    return 0;
}
```

多重循环的循环体执行次数等于每一重循环次数的乘积。对于多重循环的每一个循环控制变量变化规律的理解，可以用生活中常见的钟表上时针、分针和秒针构成的三重循环的变化来模拟。当内循环秒针走完一圈时，分针加一，秒针又重新开始循环；当分针走完一圈时，时针加一，分针、秒针又重新开始循环；以此类推，时针走完一圈，即 12 小时，循环结束。整个循环执行的次数为：12×60×60。

**注意：**

(1) 内循环控制变量与外循环控制变量不能同名。

(2) 外循环必须完全包含内循环，不能交叉。

(3) 若循环体内有 if 语句，或 if 语句内有循环语句，也不能交叉。

(4) 嵌套循环程序代码的书写要采用缩进形式，内循环中的语句应该比外循环中的语句向右缩进 2～4 列，这样的程序层次分明，易于阅读。

**思考：**若要分别打印出图 5-14 和图 5-15 所示下三角九九乘法表和上三角九九乘法表，程序应该怎样修改？

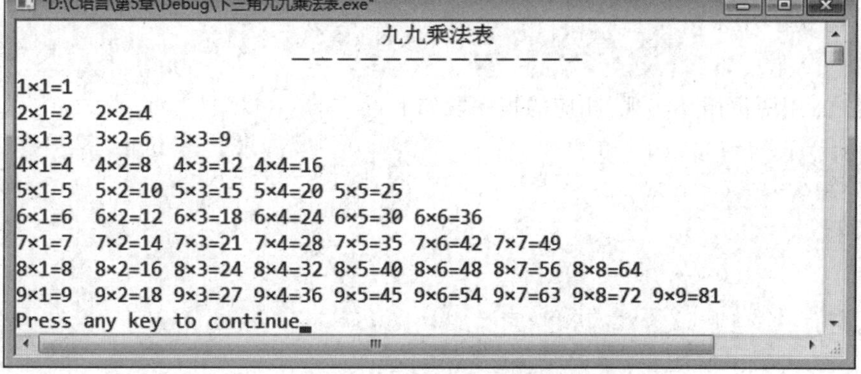


图 5-14　下三角九九乘法表

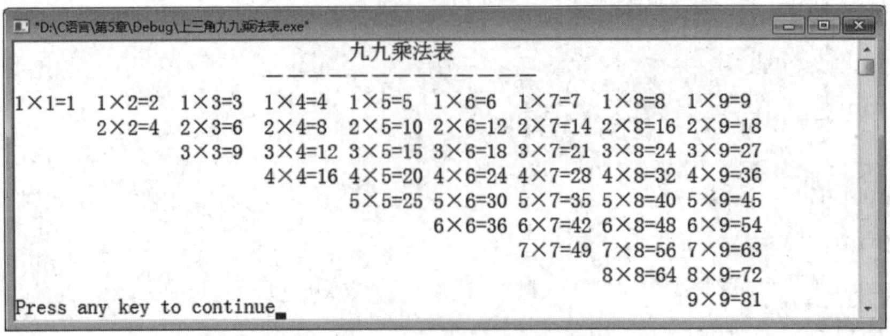


图 5-15　上三角九九乘法表

**【例 5-10】** 百元买百鸡问题:现有 100 元,要求买 100 只鸡。假定母鸡每只 3 元,公鸡每只 2 元,小鸡每只 5 角。编程列出所有可能的购鸡方案。

**解析**:设母鸡、公鸡、小鸡的数量分别为 x、y、z,根据题目要求,列出方程组:

$$\begin{cases} x+y+z=100 \\ 3x+2y+0.5z=100 \end{cases}$$

其中包括 3 个未知数,2 个方程,此题有若干个解,可采用试凑法(也称为穷举法)来实现,将可能出现的各种情况一一罗列测试,判断是否满足条件。可用如下两种方法实现。

方法一:用三重循环实现。

```
#include <stdio.h>
int main()
{
    int x,y,z;
    printf("母鸡\t 公鸡\t 小鸡\n");
    for(x=0;x<=100;x++)
        for(y=0;y<=100;y++)
            for(z=0;z<=100;z++)
            {
                if((3*x+2*y+0.5*z==100)&&(x+y+z==100))
                    printf("  %d\t%d\t%d\n",x,y,z);
            }
    return 0;
}
```

方法二:用两重循环实现,相应的程序段如下:

```
for(x=0;x<=33;x++)
    for(y=0;y<=50;y++)
    {
        z=100-x-y;
        if(3*x+2*y+0.5*z==100)
            printf("  %d\t%d\t%d\n",x,y,z);
    }
```

方法一利用了三重循环分别表示三只鸡的数量，考虑了所有的购鸡情况，最内层的循环体一共执行了 1030301 次；而方法二进行了优化，因为三只鸡总数为 100 只，若已知母鸡和公鸡的数量就可以通过 100－x－y 获得小鸡的数量，同时根据总共价格只有 100 元，可以得到母鸡的数量不会超过 33 只，公鸡的数量也不会超过 50 只，这样最内层循环体只需执行 1734 次。运行结果如图 5-16 所示。

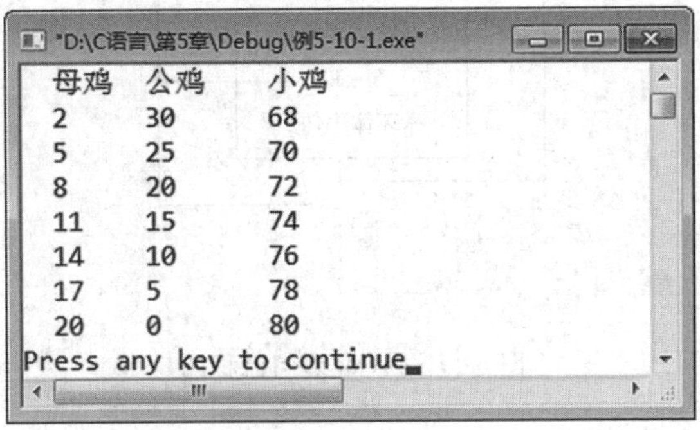


图 5-16　例 5-10 运行结果图

因此，在多重循环中，为了提高运行的速度，对程序要考虑优化，尽量利用已经给出的条件，减少多重循环的重数。

# 5.5　其他控制语句

在程序编写过程中，有时需要从某一个程序段跳转到另一个程序段，这就需要有转向控制语句。C 语言提供了 goto、break 和 continue 三种用来控制程序的转向有语句。

其他控制语句课件

## 5.5.1　break 语句和 continue 语句

程序中有时需要在满足某种条件时改变循环的正常流程，因此，C 语言提供了 break 和 continue 两种循环转移语句。

1. break 语句

break 语句的基本形式为：

```
break;
```

break 语句有两个作用：

(1) 用在 switch 语句中，出现在 case 子句后，强制终止 switch 语句的执行，退出 switch 结构，保证多分支情况的正确执行。

(2) 用在 for、while 和 do-while 三种循环中，表示强制终止本层循环，即提前退出循环，接着执行循环下面的语句。其流程图如图 5-17 所示。

其他控制语句视频

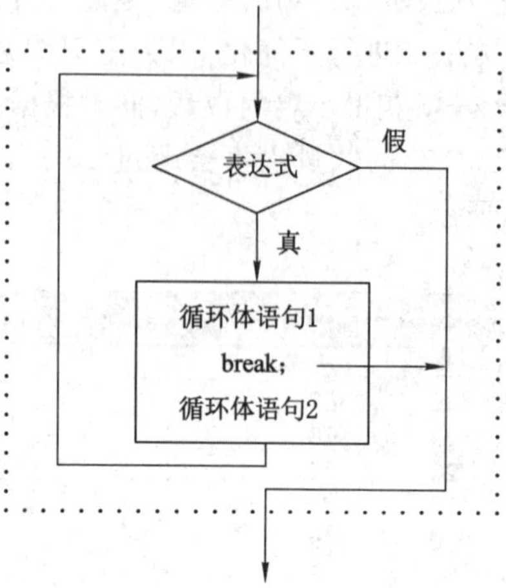


图 5-17　break 语句流程图

例如有如下程序段:

```
for(r=1;r<=10;r++)
{
    area=3.14*r*r;
    if(area>100)break;
    printf("%f\n",area);
}
```

计算 r=1 到 r=10 时圆的面积,直到面积 area 大于 100 为止。从上述循环中可以看出,当 area>100 执行 break 语句,提前终止循环,即不再继续执行剩下的几次循环。

**【例 5-11】** 从键盘输入一个正整数,判断它是否为素数。

**分析:**素数是指那些大于 1,且除了 1 和它本身以外,不能被其他任何数整除的数。为了判断某数 m 是否为素数,最简单的方法是用 2～m－1 中的数逐个去除 m,看是否能整除,只要能被其中某个数整除,m 就不是素数(这时不用再判断这个数后面的数能不能整除 m 了);否则,若不能被其中任何一个数整除,m 就是素数。

```
#include <stdio.h>
#include <math.h>
int main()
{
    int m,i;
    printf("请输入一个整数:");
    scanf("%d",&m);
    for(i=2;i<m;i++)
        if(m%i==0)break;
    if(i>=m)                    /*若 i>=m 表示上面循环体的 break 语句没有执行到,
                                  即 m 不能被其中任何一个数整除*/
```

```
        printf("%d 是素数! \n",m);
    else
        printf("%d 不是素数! \n",m);
    return 0;
}
```

程序运行结果如图 5-18 所示。

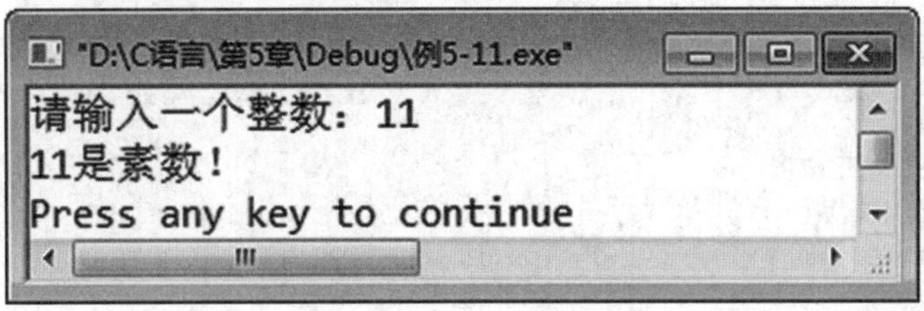


图 5-18　例 5-11 运行结果

2. continue 语句

continue 语句的基本形式为：

```
continue;
```

continue 语句只能用于 for、while 和 do-while 三种循环语句中，它的作用是结束本次循环，即跳过循环体中下面尚未执行的语句，接着进行下一次是否执行循环的判断。continue 用在 while 和 do-while 循环中，是立即转去判断条件表达式的值是否为真；用在 for 循环中则是先执行表达式 3，然后再判断表达式 2 的值是否为真。其流程图如图 5-19 所示。

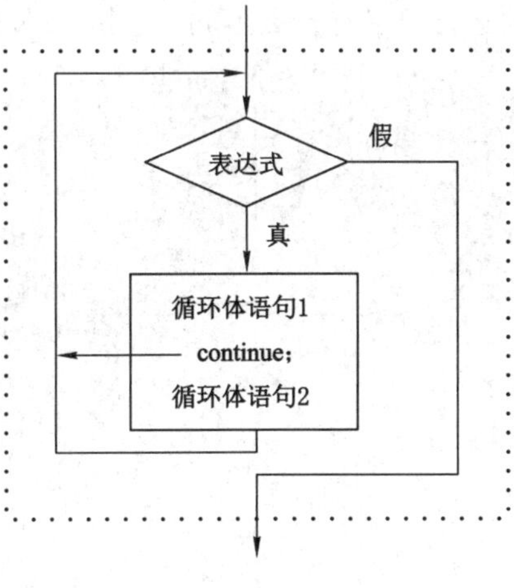


图 5-19　continue 语句流程图

**【例 5-12】**　输出 1～100 所有能被 3 整除的整数，每行输出 10 个。

程序代码如下：

```
#include <stdio.h>
int main()
{
    int i,k=0;
    for(i=1;i<100;i++)
    {
        if(i%3!=0) continue;
        printf("%d ",i);
        k++;                           /*k用来计算已输出多少个被3整除的数*/
        if(k%10==0)
            printf("\n");
    }
    return 0;
}
```

程序运行结果如图5-20所示。

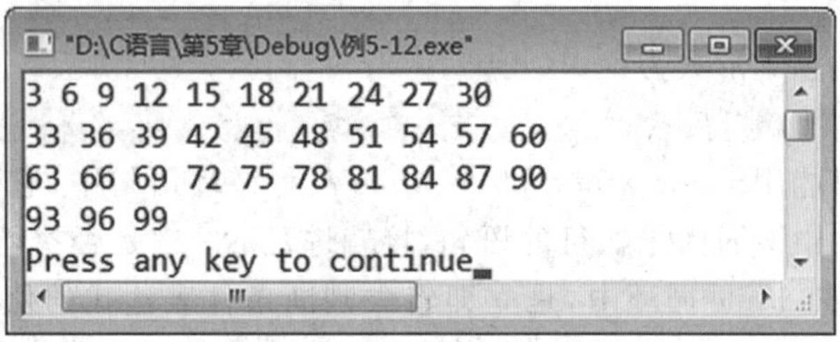


图5-20　例5-12运行结果

**思考:**下面两个程序段的运行结果有什么不同?

```
for(i=10;i>0;i--)
{
    if(i%4==0)
        break;
    printf("%d ",i);
}
```

```
for(i=10;i>0;i--)
{
    if(i%4==0)
        continue;
    printf("%d ",i);
}
```

### 5.5.2　goto语句

语句的基本形式为:

```
goto 标号;
…
标号: 语句
```

其中:“标号”的命名规则同标识符,表示goto语句的转向入口,“标号:”后的语句是任意 C 语言语句。goto 语句通常与 if 语句一起配合使用，表示满足条件时将程序的执行流程转到标号所指定的语句处。

**【例 5-13】** 用 goto 语句实现 1+2+3+…+n，n 的值从键盘输入。

程序代码如下：

```
#include <stdio.h>
int main()
{
    int i=1,n,sum=0;
    printf("请输入 n 的值：");
    scanf("%d",&n);
re: if(i<=n)
    {
        sum=sum+i;
        i++;
        goto re;
    }
    printf("1+2+3+...+%d=%d\n",n,sum);
    return 0;
}
```

程序运行结果如图 5-21 所示。

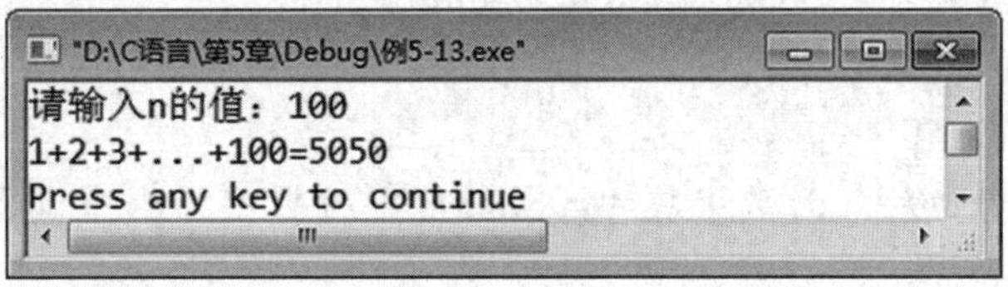


图 5-21　例 5-13 运行结果

**注意：**

(1) 语句标号后必须要有语句，即使没有语句也要加分号(;)表示空语句。

(2) goto 语句可以与 if 语句配合使用来实现循环。

(3) goto 语句是无条件转向语句，用来控制程序的流向。C 语言对 goto 语句的使用限制在同一个函数体内进行转向，即不允许在一个函数中使用 goto 语句将程序控制转移到其他函数之内。一般不建议使用 goto 语句，因为该语句不符合结构化程序设计规则，易导致程序流程混乱，降低程序的可读性。

(4) 利用 goto 语句可以从循环体内转向循环体外，但不能从循环体外转入循环体内。

(5) 语句标号只是一种标识符，用于程序转向时的一种标志，不影响程序正常运行。只有 goto 语句要转到的那些语句需加上标号，其他语句不必加标号。

## 5.6 应用举例

应用举例课件

【例 5-14】 从键盘输入一串字符,以 ctrl+z(^z)表示输入结束。统计其中包含单词的个数、字母个数、数字个数。规定单词之间用一个空白符分开(空白符包括空格符、水平制表符、换行符)。

**解析**:该题的关键是统计单词的个数,由于规定单词之间用一个空白符分开,则问题就很简单,只要统计空白符的个数就可知道单词的个数。

```
#include <stdio.h>
int main( )
{
    char c;
    int alpha=0,num=0,ch=0,word=0;
    while((c=getchar( ))!=EOF) /* EOF 代表文本结束符,键盘上对应输入
                                                    CTRL+Z */
    {
        if(c==' '||c=='\t'||c=='\n') word++;
        if(c>='a' && c<='z' || c>='A' && c<='Z') alpha++;
        else if (c>='0' && c<='9') num++;
        else ch++;
    }
    printf("字母数=%d,数字数=%d,其他字符数=%d,单词数=%d\n",alpha,
num,ch,word);
    return 0;
}
```

程序运行结果如图 5-22 所示。

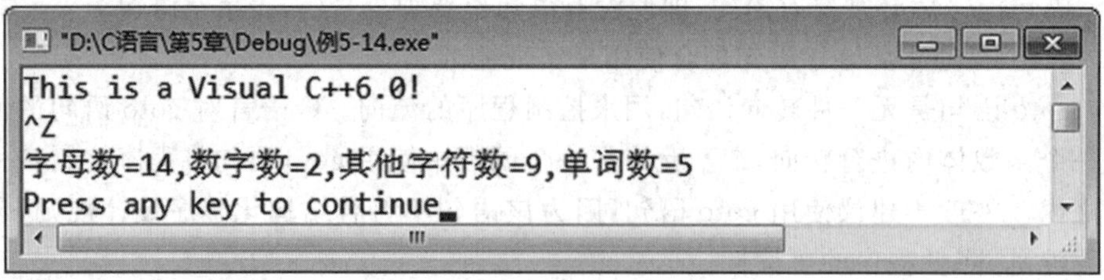


图 5-22 例 5-14 运行结果

【例 5-15】 计算并输出斐波那契(Fibonacci)数列的前 20 项:1,1,2,3,5,8……

**解析**:斐波那契数列的前两项均为 1,后面每一项都是其前两项之和。程序在计算机中

需要用两个变量存储最近产生的两个序列值，且产生了新数据后，两个变量要更新。题目要求输出 20 项，循环次数确定，可采用 for 语句。

假设前两项分别用 f1=1 和 f2=1 表示，则新项 f=f1+f2，然后更新 f1 和 f2：f1=f2 及 f2=f，为计算下一个新项 f 做准备。

```
#include <stdio.h>
int main( )
{
    int i,f1=1,f2=1,f;
    printf("%d %d ",f1,f2);
    for(i=1;i<=18;i++)
    {
        f=f1+f2;
        printf("%d ",f);
        f1=f2;
        f2=f;
    }
    return 0;
}
```

程序运行结果如图 5-23 所示。

图 5-23　例 5-15 运行结果

**【例 5-16】**　输入一批学生的成绩，找出其中的最高分。

**解析：**先输入一个成绩，假设它为最高分，然后在循环中读入下一个成绩，并与最高分比较，如果大于最高分，就设它为新为最高分，继续循环，直到所有的成绩都处理完毕。即在循环体中进行的操作就是输出的比较。由于题目中没有指出输入数据的个数，就设定一个特殊数据作为循环结束标志，因为成绩一般都是大于或等于 0 的值，所以选一个负数作为输入的结束标志。由于循环次数未知，所以选用 while 循环语句。

```
#include <stdio.h>
int main( )
{
    int mark, max;
    printf("Enter marks:");
    scanf ("%d", &mark);                    /* 读入第一个成绩 */
    max = mark;                             /* 假设第一个成绩最高分 */
    while (mark >= 0){
```

```
            if(max < mark)
                max = mark ;
            scanf ("%d", &mark );
        }
        printf("Max= %d\n", max);
        return 0;
}
```

程序运行结果如图 5-24 所示。

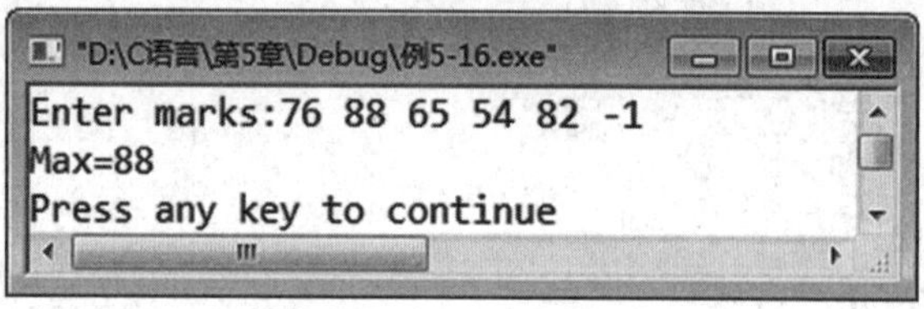


图 5-24　例 5-16 运行结果

# 本章小结

1. 本章知识点小结

C 语言提供了 while、do-while 和 for 三种循环语句，也可用 if 和 goto 语句构成循环。一般情况下这四种循环互相代替，但不提倡使用 if 和 goto 语句构成的循环。

while 和 do-while 循环语句，只在 while 后面指定循环条件，在循环体中应包括使循环趋于结束的语句，如 i＋＋。而 for 循环语句可在表达式 3 中包含使循环趋于结束的操作，甚至可以将循环体中的操作全部放到表达式 3 中，因此 for 语句功能更强。一般已知循环次数用 for 语句，未知循环次数用 while 或 do-while 语句。

用 while 或 do-while 循环时，循环变量初始化的操作应在 while 和 do-while 语句之前完成；而 for 语句可以在表达式 1 中实现循环变量的初始化。

while 和 for 循环语句是先判断循环条件是否成立，然后执行循环体；而 do-while 循环是先执行循环体，然后判断循环条件是否成立。

对 while、do-while 和 for 循环语句，可用 break 语句退出循环，用 continue 语句结束本次循环；而对 if 语句和 goto 语句构成的循环，不能用 break 和 continue 语句进行控制。

2. 常见程序错误小结

| 常见错误实例 | 常见错误描述 | 错误类型 |
| --- | --- | --- |
| while(i<=n)<br>{<br>sum=sum+i;<br>i++;<br>} | 在循环开始前，没有将循环变量、累加求和变量初始化，导致运行结果不正确 | 运行错误 |

**续表**

| 常见错误实例 | 常见错误描述 | 错误类型 |
| --- | --- | --- |
| while(i<=n)<br>　sum=sum+i;<br>　i++; | 在循环体需要执行多条语句时，忘记用花括号将多条语句括起来构成复合语句，导致死循环 | 运行错误 |
| while(i<=n);<br>{<br>　sum=sum+i;<br>　i++;<br>} | 在 while 语句表达式的圆括号后写了一个分号，使循环体成了空语句，在第一次执行循环且循环条件为真时，导致死循环 | 运行错误 |
| while(i<=n)<br>{<br>　printf("i=%d\n",i);<br>} | 在 while 语句的循环体中，没有改变循环变量的语句，在第一次执行循环且循环条件为真时，导致死循环 | 运行错误 |
| for(i=1;i<=n;i++);<br>　sum=sum+i; | 在 for 语句表达式的圆括号后写了一个分号，使循环体成了空语句，即循环体不执行任何操作 | 运行错误 |
| for(i=1,i<=n,i++)<br>　sum=sum+i; | error C2143: syntax error : missing ';' before ')'<br>for 语句圆括号中的三个表达式应用分号分隔 | 编译错误 |
| do{<br>　sum=sum+i;<br>　i++;<br>} while(i<=n) | error C2146: syntax error : missing ';' before identifier 'printf'<br>do-while 语句的 while 后面忘记加分号 | 编译错误 |
| | fatal error C1004: unexpected end of file found<br>或 error C2059: syntax error : '}'<br>循环嵌套中的左花括号"{"与右花括号"}"不配对 | 编译错误 |
| | 循环嵌套中内外层循环变量同名 | 运行错误 |

# 习题 5

习题 5　参考答案

## 一、选择题

1. 以下程序段中循环体执行的次数为(　　)。

```
for(m=4; m; m-=2)
    for(n=1;n<4;n++)
    {……}
```

A. 16　　　B.12　　　C. 6　　　D. 8

2. 下面语句中不是死循环的是(　　)。

A.
```
int i=100;
while (1)
{i=i%100+1;
if(i==20) break;
}
```

B.
```
int i,sum=0;
for(i=1;;i++)sum++;
```

C.
```
int k=0;
do {++k;
  } while (k>=0);
```

D.
```
int s=3379;
while (s++%2+3%2)s++;
```

3. 以下程序段的输出结果是(　　)。

```
int x=3;
do
{ printf("%3d",x-=2);
}while(!(--x));
```

A. 1　　B. 30　　C. 1-2　　D. 死循环

4. 有程序如下

```
#include <stdio.h>
int main()
{
    int y=5;
    while(y--);
    printf("y=%d\n",y);
    return 0;
}
```

程序执行后的输出结果是(　　)。

A. y=0　　B. y=-1　　C. y=1　　D. while 构成无限循环

5. 设有 int y=3;执行下列循环语句后,变量 y 的值是(　　)。

```
do{
++y;
}while(y++<4);
```

A. 3　　B. 4　　C. 5　　D. 6

6. 有如下程序

```
#include <stdio.h>
int main()
{
    int x=3;
    do
    {
    printf("%d",x--);
```

```
    }while(!x);
    return 0;
}
```

该程序的执行结果是(　　)。

A. 3　2　1　　B. 2　1　0　　C. 3　　D. 2

7. 若 x 是 int 型变量,以下程序段的输出结果是(　　)。

```
for (x=3;x<6;x++)
    printf((x%2)? ("**%d"):("##%d\n"),x);
```

A. **3<br>##4<br>**5

B. ##3<br>**4<br>##5

C. ##3<br>**4##5

D. **3##4<br>**5

8. 以下程序的输出结果是(　　)。

```
#include <stdio.h>
int main()
{
    int y=10;
    for (;y>0;y--)
        if(y%3==0) {
            printf("%d",--y);
            continue;
        }
    return 0;
}
```

A. 741　　B. 852　　C. 963　　D. 875421

9. 有以下程序段:

```
int n,t=1,s=0;
scanf("%d",&n);
do{   s=s+t;   t=t-2;  }while (t!=n);
```

为使此程序段不陷入死循环,从键盘输入的数据应该是(　　)。

A. 任意正奇数　　B. 任意负偶数

C. 任意正偶数　　D. 任意负奇数

10. 有以下程序段:

```
char ch;
int s=0;
for(ch='A';ch<'Z';++ch)
    if(ch%2==0) s++;
printf("%d",s);
```

A. 13　　B. 12　　C. 26　　D. 25

## 二、程序填空题

1. 以下程序输入一行字符(以回车结束输入),统计其中所有数字字符的个数,请填空将程序补充完整。

```
#include  "stdio.h"
int main( )
{
    char  ch;
    int s=0;
    ch=getchar();
    while(ch!=__________)
    {
        if(ch>='0' __________ ch<='9')
            s++;
            __________;
    }
    printf("%d\n", s);
    return 0;
}
```

2.下面程序是求整数 m 的所有素数因子,并输出。例如:m 为 120 时,输出的素数因子:2,2,2,3,5。请填空将程序补充完整。

```
#include  "stdio.h"
int main()
{
    int k=2,m;
    printf("Enter m");
    scanf("%d",&m);
    while(k<=m)
        if(m%k __________)
        {
            printf("%d",k);                    /*输出其素数因子*/
            __________;      /*新的 m 值应为原来 m 值去除刚找到的因子*/
        }
        else
            __________;
    return 0;
}
```

3. 以下程序的功能是根据下面公式计算 π 值(直到最后一项小于 $10^{-5}$ 为止)。请填空将程序补充完整。

$$\frac{\pi}{2}=1+\frac{1}{3}+\frac{1}{3}\times\frac{2}{5}+\frac{1}{3}\times\frac{2}{5}\times\frac{3}{7}+\frac{1}{3}\times\frac{2}{5}\times\frac{3}{7}\times\frac{4}{9}+\cdots\cdots$$

```
#include <stdio.h>
int main( )
{
    double s=0,t=1;
    int n;
    for(n=1;__________;n++)
    {
        s=s+t;
        t=__________;
    }
    printf("PI=%f",__________);
    return 0;
}
```

4. 编写程序输出以下图形，请填空将程序补充完整。

```
1
23
456
7890
```

```
#include <stdio.h>
int main()
{
    int i=0,j;
    int __________;
    for(__________;__________;i++)                    /*行循环*/
    {
        s=s+i;
        for(j=s;j<=s+i;j++)                           /*列循环*/
            printf("%d",__________);
        __________;                           /*每行输出结束后应换行*/
    }
    return 0;
}
```

5. 下列程序是检查输入的算术表达式中括号是否配对，并显示相应的结果，以输入“?”作为表达式输入结束，请填空将程序补充完整。

```
#include <stdio.h>
int main()
{
```

```
    int count=0;
    char c;
    printf("请输入表达式,以输入? 表示结束\n");
    while((c=getchar())!='?')
    {
        if(c=='(')count++;
        else if(__________)count--;
    }
    if (__________) printf("左右括号配对\n");
    else if (__________) printf("左括号多于右括号%d 个\n",count);
    else printf("右括号多于左括号%d 个\n",__________);
    return 0;
```

## 三、程序阅读题

1. 以下程序输出的结果是____________________。

```
#include <stdio.h>
int main()
{   int x,y;
    for(x=1,y=1;x<100;x++)
    {
        if(y>=15) break;
        if(y%3==1)
        {
            y+=3;
            continue;
        }
        y-=5;
    }
    printf("x=%d,y=%d\n",x,y);
    return 0;
}
```

2. 以下程序输出的结果是____________________。

```
#include <stdio.h>
int main()
{
    int i,j;
    for(i=0;i<=3;i++)
    {
        for(j=0;j<i;j++)
```

```
            printf("%d",i);
        printf(" *\n");
    }
    return 0;
}
```

3. 若输入“abDF234dzf.”下面程序的输出结果为____________。

```
#include <stdio.h>
int main()
{
    char c;
    while((c=getchar())!='.')
    {
        if(c>='a'&&c<'z')
            c=c+1;
        if(c=='z')
            c='a';
        printf("%c",c);
    }
    return 0;
}
```

4.以下程序输出的结果是____________。

```
#include <stdio.h>
int main()
{
    int i=1, s=3;
    do
    {
        s+=i++;
        if (s%7==0)   continue;
        else    ++i;
    }while(s<10);
    printf("s=%d,i=%d\n",s,i);
    return 0;
}
```

5. 以下程序输出的结果是____________。

```
#include <stdio.h>
int main()
{
    int i,j;
```

```
    for(i=2;i<10;i++)
    {   for(j=2;j<i;j++)
            if(i%j==0) break;
        if (j>=i) printf("%2d",i);
    }
    printf("\n");
    return 0;
}
```

## 四、程序设计题

1. 所谓水仙花数，是指一个三位数，其各位数字立方和等于该数字本身。例如，153 是水仙花数，因为 $153=1^3+5^3+3^3$。请利用三重循环编写一个程序，找出并显示所有的水仙花数。

提示：本题是将三个个位数连接成一个三位数并进行判断，例如将 i、j、k 三个个位数连成一个三位数的表达式为：i * 100+j * 10+k。

2. 抓交通肇事犯。一辆卡车违反交通规则，撞人后逃跑。现场有三人目击该事件，但都没有记住车号，只记下车号的一些特征。甲说：牌照的前两位数字是相同的；乙说：牌照的后两位数字是相同的，但与前两位不同；丙是数学家，他说：四位的车号刚好是一个整数的平方。请根据以上线索编程求出肇事车号。

3. 大数学家欧拉在集市上遇到了本村的两个农妇，每人挎着个空篮子。她们和欧拉打招呼说两人刚刚卖完了所有的鸡蛋。欧拉随便问："卖了多少鸡蛋呢？"不料一个说："我们俩人自己卖自己的，一共卖了 150 个鸡蛋，虽然我们卖的鸡蛋有多有少，但刚好得了同样的钱数。你猜猜看！"欧拉猜不出。另一个补充道："如果我按她那样的价格卖，可以得到 32 元；如果她按我的价格卖，可以得到 24.5 元"。欧拉想了想，说出了正确答案。我们不是数学家，懒得列出公式来分析。但计算机可以"暴力破解"，就是把所有可能情况都试验一遍，撞上为止！请输出每份鸡蛋的数目（顺序不限），用逗号隔开。

# 实验 5　循环控制结构

实验 5　参考答案

**【实验目的】**

1. 熟练掌握三种循环语句：while 语句、do-while 语句和 for 语句的使用。
2. 理解循环条件和循环体，以及 while、do-while 和 for 语句的相同及不同之处。
3. 掌握 break 和 continue 语句在循环中的辅助控制作用。
4. 掌握在程序设计中用循环实现一些常用算法（如穷举、迭代、递推等）。

**【实验内容】**

1. 自守数是其平方后尾数等于该数自身的自然数。例如：25 * 25=625，76 * 76=

5776。任意输入一个自然数，判断是否自守数并输出。

2. 下面程序的功能是输入任意整数给 n 后，输出 n 行由大写字母 A 开始构成的三角形字符阵列图形。例如，输入整数 5 时(注意：n 不得大于 6)，程序运行结果如下：

A B C D E

F G H I

J K L

M N

O

3. 计算 π 的近似值，π 的计算公式为：

$$\pi=2\times\frac{2^2}{1\times3}\times\frac{4^2}{3\times5}\times\frac{6^2}{5\times7}\times\cdots\times\frac{(2\times n)^2}{(2n-1)\times(2n+1)}$$

4. 一个百万富翁遇到一个陌生人，陌生人找他谈了一个换钱的计划。该计划如下：我每天给你 m 元，而你第一天只需给我一分钱。第二天我仍给你 m 元，你给我 2 分钱。第三天，我仍给你 m 元，你给我 4 分钱。依此类推，你每天给我的钱是前一天的两倍，直到一个月(30 天)。百万富翁很高兴，欣然接受这个契约。现要求编写一个程序，由键盘输入 m，计算多少天后，百万富翁开始亏钱。

# 第6章 数 组

【本章学习目标】

数组是C语言中重要的数据类型。它是相同类型数据的有序集合,数组中的每一个元素都属于同一种数据类型,用数组名和下标来唯一地确定数组中的元素。本章的学习目标:理解一维数组、二维数组、字符串的基本概念;熟练掌握一维数组、二维数组、字符串的定义、引用、初始化和基本操作;掌握一维数组、二维数组、字符串的应用实例。

【本章知识导图】

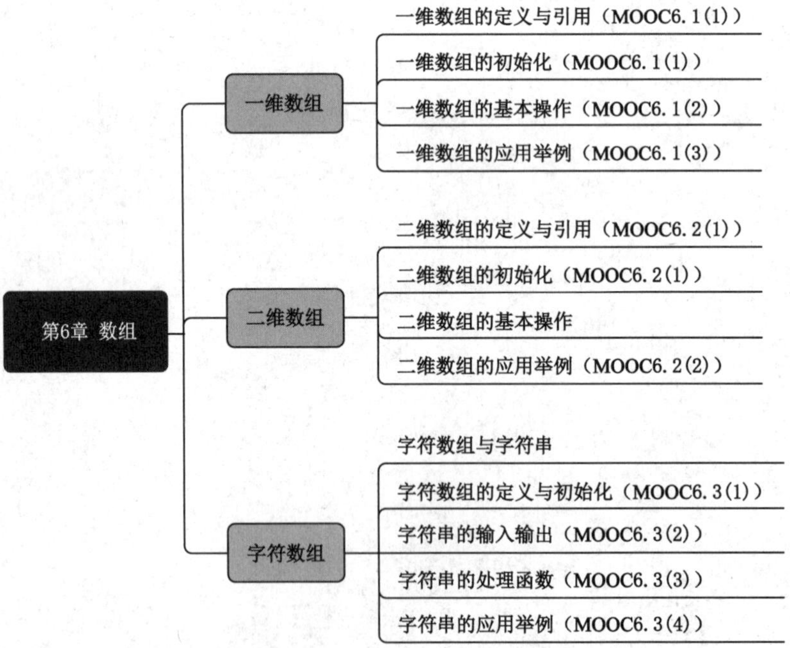

# 6.1　一维数组

在前面各章所使用的字符型、整型、浮点型等数据类型都是简单的数据类型，都是通过定义一个变量来存取一个数据，然而在实际应用中经常要处理同一性质的成批数据，例如求一个班50个学生的平均成绩，每个学生的成绩都保存到相应的变量中，按照前述简单变量的使用，必须定义50个变量来保存所输入的这50个学生成绩，则程序的代码量将很大，且也不便于理解，为此引入了数组。

一维数组课件

数组是由一组具有相同类型的数据按照一定的规则组成的集合。其中的每个数据都称为数组元素，每个数组元素的作用相当于同类型的简单变量。数组元素在内存中顺序排列，用数组名代表这一组数据，每个元素用下标来区分，下标代表元素在数组中的位置，通过数组名和下标可以访问数组中的每个元素。在需要处理大量的同类数据时，将数组和循环语句结合使用，使得程序书写简洁、结构清晰。

C语言允许使用一维数组和多维数组，但要求同一数组中的所有元素必须属于同一数据类型。数组必须先定义后使用，数组定义主要声明数组名、类型、维数和每一维长度。

## 6.1.1　一维数组的定义与引用

1.一维数组的定义

一个数组如果只用一个下标就能确定一个元素在数组中的位置，则称为一维数组。在C语言中使用数组前必须先进行定义，数组的大小(数组元素的个数)必须在定义时确定，且在程序中不可改变。

一维数组的定义、引用和初始化视频

定义一维数组的一般形式为：

数据类型 数组名[整型常量表达式]；

例如：

```
int a[10];
```

定义了一个一维整型数组，数组名为a，其中包含10个数组元素。

**说明：**

(1) 数组的类型实际上是指数组元素的取值类型。对于同一个数组，其中所有元素的数据类型都是相同的。

(2) 数组名的命名规则与变量名相同，遵循标识符命名规则，且不能与其他变量名相同。

(3) 数组名后的常量表达式只能用方括号括起来，不能用圆括号。例如：

```
int a(10);
```

是不允许的。

(4) 常量表达式表示数组元素的个数，即数组的长度。

例如：假设有定义 int a[10];，10表示数组a中有10个元素，下标从0开始，这10个元素分别是:a[0]、a[1]、a[2]、…、a[9]。注意:没有数组元素 a[10]。

(5) 数组长度只能为大于 0 的整型常量或整型常量表达式,不能包含变量。

例如,下列语句定义有错误:

```
int n=6;
int a[n];                 /*定义错误,因为数组长度不能为变量*/
int array[-100];          /*定义错误,因为数组长度不能小于等于0*/
float weight[10.3];       /*定义错误,因为数组长度不能为实数*/
```

如果想方便地修改数组的大小,可以使用符号常量。例如:

```
#define N 10
float a[N];               /*定义了一个浮点型数组,其中包含10个数组元素*/
```

(6) 数组定义后,系统会在内存中按数组类型和元素个数为数组分配一组连续的存储单元,每个存储单元存放一个数组元素,数组名表示该连续存储单元的首地址,是地址常量,其中各个数组元素在所分配的连续存储单元中是按下标从小到大的顺序依次存放的。

例如:假设有定义 int a[10];,则数组 a 的内存分配如图 6-1 所示。

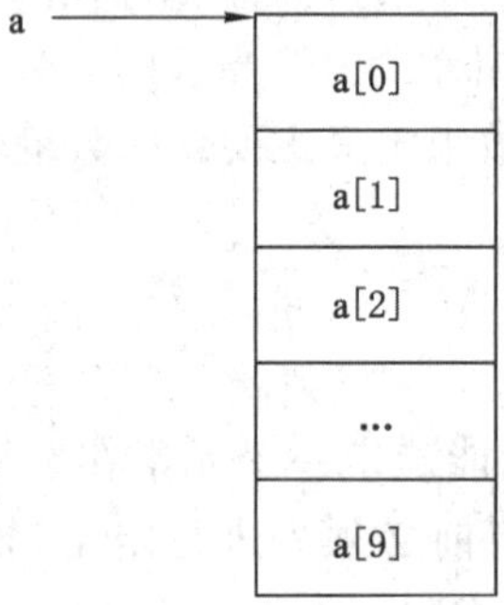


图 6-1 数组 a 中各元素的存储顺序

2. 一维数组元素的引用

数组定义后就可以使用该数组了,一般而言,数组不作整体引用,而是逐个引用其中的数组元素。数组元素的使用与简单变量的操作基本一样。

一维数组元素的引用形式为:

```
数组名[下标]
```

**说明:**

(1) 下标可以为整型常量、变量或表达式,表示对应元素在数组中的顺序。下标从 0 开始计数,最大值为数组长度-1,在引用数组元素时,注意下标不能越界。在 C 语言中,当数组下标越界时,编译器并不指出错误,程序还可运行,但可能会出现意想不到的结果。

(2) 注意区分数组的定义和数组元素的引用,两者从形式上看有些相似,但含义却完全不同。例如:int a[5]; 是定义一个含有 5 个元素的整型数组,而 a[3]是对下标为 3 的数组元素的引用。数组定义是说明语句,前面有类型关键字,而元素引用一般出现在表达式中,前面没有类型关键字。数组定义方括号中数组长度是整型常量表达式,而元素引用方括号中下标是一般整型表达式。

(3) 数组元素通常也称为下标变量,可以与同类型的简单变量一样参与相应的各种操作。

例如:假设有定义 int a[10];

则:

```
a[3]=5;                                   /* 元素 a[3]的值为 5 */
a[a[3]]=6;                                /* 元素 a[5]的值为 6 */
```

### 6.1.2 一维数组的初始化

在定义数组的同时,为数组元素赋初值,称为数组的初始化。如果数组定义时未初始化,则局部动态数组中数组元素的初值为随机数,全局或静态数组中数组元素的初值为0。

一维数组元素初始化赋值的一般形式为:

```
数据类型 数组名[整型常量表达式]={值1,值2,…值n};
```

其中在花括号内的各数据值即为各元素的初值,各值之间用逗号隔开。对一维数组元素的初始化赋值通常可以采用以下方式进行。

① 对数组的全部元素赋初值。例如:

```
int a[3]={1,2,3};
```

将花括号内的值依次赋给数组元素:a[0]=1,a[1]=2,a[2]=3。

② 对全部数组元素赋初值时,可以不指定数组的长度。例如:

```
int a[ ]={1,2,3};
```

数组长度默认为花括号内值的个数,即为3。

③ 对数组的部分元素赋初值

未赋初值的元素自动取0值(对实数是0.0,对字符型是'\0')。例如:

```
int b[10]={2,4,6};
```

数组长度为10,但花括号内只提供了3个初值,则按顺序只给前3个元素赋初值,其余7个元素的初值自动为0。

④ 当数组长度少于花括号内初值的个数时,作语法错误处理。例如:

```
int c[3]={1,2,3,4,5};
```

是不合法的。

以下对数组元素赋值的语句都是不允许的。

```
int a[5];
a={1,2,3,4,5};
```

错误原因:数组名是地址常量,不能对数组名赋值。

```
int a[5];
a[5]={1,2,3,4,5};
```

错误原因:赋值语句中的a[5]不能代表整个数组,它只表示下标为5的元素,而数组元素的下标范围应为0~4,下标越界。

### 6.1.3 一维数组的基本操作

因为数组中数组元素的下标是有序的,可以以数组元素的下标作为循环变量,利用循环结构来处理数组中每个数组元素,一般用单重循环来处理一维数组。

一维数组的
基本操作视频

假设有定义:int a[N];,其中N是已定义过的符号常量。

(1) 数组元素的输入

```
for(i=0;i<N;i++)
    scanf("%d",&a[i]);
```

(2) 随机产生数组元素的值

上述程序段在程序运行时需要分别输入每个元素的值,若数组元素个数较多,则调试程序时工作量较大,会花费大量时间。为了方便程序调试,通常会采用随机函数rand()来产生数组元素的值。使用该函数,应先包含头文件"stdlib.h",该函数产生的随机数范围在0~RAND_MAX之间,RAND_MAX的定义也在"stdlib.h"头文件中。标准C规定RAND_MAX的值不大于双字节整数的最大值32767。可以采用rand( )%(b-a+1)+a将随机数的取值范围平移到[a,b]上。

例如:随机产生N个0~100的随机整数。

```
for(i=0;i<N;i++)
    a[i]=rand()%101;
```

**注意**:rand()函数产生的是伪随机数,即多次运行产生完全相同的随机序列,这是因为在产生随机数前未设置随机数种子,系统默认种子为1。要解决这个问题,可在调用rand()函数前,先用srand()函数设置随机数种子,只要种子不同,产生的随机数序列就会不相同。例如,可以使用当前时间作为种子数:

```
srand(time(NULL));
```

使用time()函数还应包含头文件:#include "time.h"。

(3) 数组元素的输出

```
for(i=0;i<N;i++)
    printf("%d ",a[i]);
```

(4) 数组元素的求和

```
sum=0;                              /*sum为存放和的变量,初值设为0*/
for(i=0;i<N;i++)
    sum+=a[i];
```

(5)求数组元素中最大值

```
max=a[0];                 /*max为存放最大值的变量,先假设第1个元素值最大*/
for(i=1;i<N;i++)                        /*其余每一个元素依次与max值比较*/
    if(max<a[i])      /*一旦max小于某个元素值,则将max值替换为该元素值*/
        max=a[i];
```

(6) 求数组元素中最大值的下标

```
imax=0;                      /*imax为存放最大值元素的下标,a[imax]为最大值*/
for(i=1;i<N;i++)
    if(a[imax]<a[i])
        imax=i;
```

以上这些操作是数组应用的基础,初学者应熟练掌握。

### 6.1.4 一维数组的应用举例

1. 统计

统计是数组最常见的应用，一般是根据条件来统计符合条件的元素个数。

一维数组的应用举例视频

**【例 6-1】** 随机产生 10 个学生的成绩，分数范围为 30～100(包括 30 和 100)，按每行 5 个输出显示这些学生的成绩，求出他们的平均成绩，并统计出高于平均成绩的人数。

程序如下：

```
#include <stdio.h>
#include < stdlib.h >
int main()
{
    int a[10],i,sum=0,count=0;
    double ave;
    for(i=0;i<10;i++)                         /* 产生 10 个 30～100 之间的随机数 */
        a[i]=rand()%71+30;
    for(i=0;i<10;i++)
    {
        printf("%4d",a[i]);                   /* 每个元素输出占 4 个宽度 */
        if((i+1)%5==0)                        /* 每行输出 5 个元素 */
            printf("\n");
        sum+=a[i];                            /* 求和 */
    }
    ave=sum/10.0;                             /* 求平均值 */
    printf("平均值成绩为:%.1f\n",ave);
    for(i=0;i<10;i++)                         /* 统计高于平均值的人数 */
        if(a[i]>ave)
            count++;
    printf("高于平均成绩的人数为:%d\n",count);
    return 0;
}
```

2. 查找

在数据处理中常需要查找某个符合条件的数据，例如从一个班的学生中找出某一学号的学生。

(1) 顺序查找

最简单的方法是顺序查找法，即从数组的一端开始，逐个与被查值进行比较，看是否是所查找的数据。

**【例 6-2】** 在长度为 10 的一维数组中查找值为 x 的元素,若找到,输出相应的下标,否则,输出“Not Found”。

程序如下:

```
#include <stdio.h>
int main()
{
    int a[10],i,x;
    printf("Enter 10 integers:");
    for(i=0;i<10;i++)                          /*输入 10 个元素值*/
        scanf("%d",&a[i]);
    printf("Enter x:");                        /*输入要查找的值*/
    scanf("%d",&x);
    for(i=0;i<10;i++)              /*在数组中顺序查找,若找到提前终止循环*/
        if(a[i]==x) break;
    if(i<10)                                   /*判断是否找到*/
        printf("Index is %d\n", i);
    else
        printf("Not Found\n");
    return 0;
}
```

顺序查找法不要求被查找的数组元素事先是有序排列的,但查找效率较低,例如要从 1 000个数据中查找某一个所需数据,而该数据恰好是最后一个,则需要比较数据 1 000 次。而日常生活中的很多查找操作是在有序条件下进行的,例如电话簿中的姓名、班级中的学生名册、图书馆中的书、计算机中的文件列表等,这种情况下折半查找法的效率更高。

(2) 折半查找

折半查找法的前提是:数据已按一定规律(升序或降序)排列。其基本思想是:将被查值与数组的中间元素值进行比较,若相同则查找成功结束,否则判断被查值在数组的前半部分还是后半部分,将查找的区间缩小为原来区间的一半,继续查找。假设数组元素已按升序排序,如果被查值小于数组的中间元素值,则在前一半数组元素中继续查找,否则在后一半数组元素中继续查找,直到查找成功或确定数组中没有该元素为止。

设有 N 个数存放在数组 a[N]中,且已按升序排列好,则折半查找值为 k 的元素的算法步骤为:

① 初始化查找区间的下界 low 为 0,上界 high 为 N−1;

② 查找区间中间元素的下标 mid=(low+high)/2,将 k 与 a[mid]进行比较;

③ 若 k==a[mid],则查找成功结束;若 k>a[mid],则表明被查值应在数组的后半部分,修改查找区间的下界 low=mid+1;若 k<a[mid],则表明被查值应在数组的前半部分,修改查找区间的上界 high=mid−1;

④ 重复第②、③步,直到找到 k;或 low>high,无查找区间时,表明查找失败。

**【例 6-3】** 在长度为 11 的一维数组{5,12,16,20,37,50,66,75,80,88,95}中查找值为

20 的元素，若找到，输出相应的下标，否则，输出“Not Found”。

折半查找的示意图如图 6-2 所示。

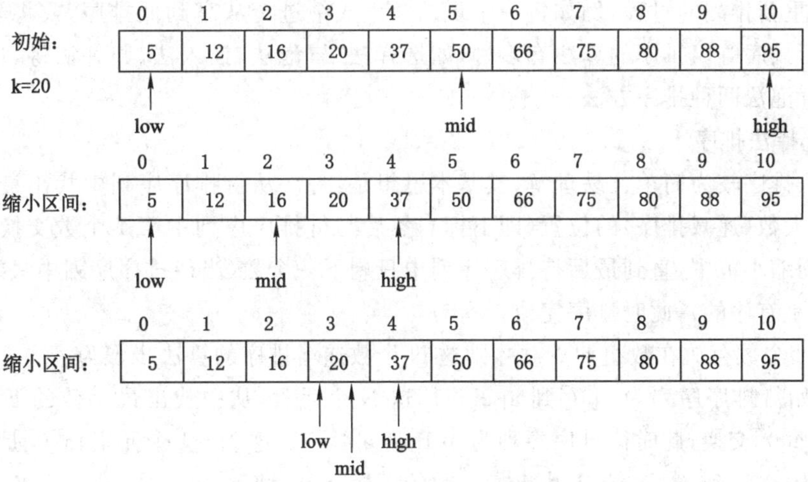


图 6-2 折半查找示意图

程序如下：

```
#include <stdio.h>
#define N 11
int main()
{
    int a[N]={5,12,16,20,37,50,66,75,80,88,95},k=20;
    int low=0,high=N-1,mid;
    while(low<=high)
    {
        mid=(low+high)/2;
        if(k==a[mid])                              /*查找成功,结束查找*/
            break;
        else if(k>a[mid]) /*若被查值在数组的后半部分,修改查找区间的下界*/
            low=mid+1;
        else
            high=mid-1;/*若被查值在数组的前半部分,修改查找区间的上界*/
    }
    if(low<=high)
        printf("Index is %d\n", mid);              /*查找成功,输出元素下标*/
    else
        printf("Not Found\n");                     /*查找失败,输出提示信息*/
    return 0;
}
```

3. 排序

排序是数组最典型的应用,它是将一组数据按升序递增(从小到大)或降序递减(从大到小)的次序重新排列的过程,例如将一个班的学生成绩进行从高到低排序,或将学生年龄从小到大进行排序等。排序的算法有多种,如选择法、冒泡法、插入法、归并法等,这里仅介绍选择法和冒泡法两种排序方法。

(1) 选择法排序

选择法排序较为简单且易理解,其基本思想是:每次从待排序序列中找出最小数(递增排序)或最大数(递减排序)的位置(即下标),然后与待排序序列中第1个数交换位置,使得待排序序列缩小范围,直到最后待排序序列中只剩下一个数(当待排序序列中只剩下一个数时,认为其是有序的),此时排序完成。

设有N个数存放在数组a[N]中,则这N个数递增排序的算法步骤为:

① 初始待排序序列为a[0]到a[N-1]这N个元素,从中找出最小数的下标imin,将a[imin]与a[0]交换,此时待排序序列为a[1]到a[N-1]这N-1个元素,a[0]是有序的。

② 再从a[1]到a[N-1]中找出最小数的下标imin,将a[imin]与a[1]交换,此时,待排序序列为a[2]到a[N],a[0]到a[1]是有序的。

③ 依此类推,进行N-1轮排序后,待排序序列只剩下a[N-1]一个元素,认为其是有序的,这时N个数递增排序完成。

若要按递减次序排序,只要每次找出待排序序列中最大数的下标即可。

**【例 6-4】** 输入6个整数,用选择法按递增排序,并将排序后结果输出。

分析:选择法排序的步骤如下:

| a[0] | a[1] | a[2] | a[3] | a[4] | a[5] | |
|---|---|---|---|---|---|---|
| 7 | 3 | 8 | 5 | 4 | 1 | 初始待排序序列 |
| 1 | 3 | 8 | 5 | 4 | 7 | 第一轮:将6个数中最小的数与a[0]交换 |
| 1 | 3 | 8 | 5 | 4 | 7 | 第二轮:余下的5个数中最小的数即a[1],不用交换 |
| 1 | 3 | 4 | 5 | 8 | 7 | 第三轮:余下的4个数中最小的数与a[2]交换 |
| 1 | 3 | 4 | 5 | 8 | 7 | 第四轮:余下的3个数中最小的数即a[3],不用交换 |
| 1 | 3 | 4 | 5 | 7 | 8 | 第五轮:余下的2个数中最小的数与a[4]交换,至此完成排序 |

程序如下:

```
#include <stdio.h>
#define N 6
int main()
{
    int a[N],i,j,imin,t;
    for(i=0;i<N;i++)                          /*输入数组元素值*/
        scanf("%d",&a[i]);
    for(i=0;i<N-1;i++)                /*选择法排序,进行N-1轮排序*/
    {
```

```
        imin=i;                /*每一轮排序中,找到该轮待排序序列中最小数的下标*/
        for(j=i+1;j<N;j++)
            if(a[imin]>a[j])
                imin=j;
        if(imin!=i)            /*若该轮待排序序列中第一个数不是最小数,则交换*/
        {   t=a[imin];a[imin]=a[i];a[i]=t;}
    }
    printf("After sort:\n");
    for(i=0;i<N;i++)                                   /*输出排序后的结果*/
        printf("%d ",a[i]);
    printf("\n");
    return 0;
}
```

程序运行结果如图 6-3 所示。

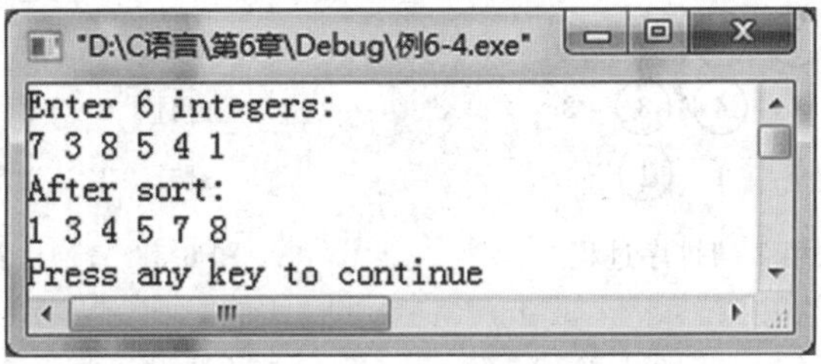


图 6-3　例 6-4 程序运行结果

(2) 冒泡法排序

冒泡法排序的基本思想是:将待排序序列中元素从左到右两两相邻元素进行比较,若不符合次序要求(递增排序要求前小后大,递减排序要求前大后小),就交换,直到所有的元素都排好序为止。若递增排序,将使得小的数逐渐从后面移到前面(从下标较大的位置移向下标较小的位置),就像水底下的气泡一样逐渐向上冒,所以称为冒泡排序。

设有 N 个数存放在数组 a[N]中,则这 N 个数递增排序的算法步骤为:

① 初始待排序序列为 a[0]到 a[N-1]这 N 个元素,将其中两两相邻的元素进行比较,即 a[0]与 a[1]比较,a[1]与 a[2]比较……直到最后 a[N-2]与 a[N-1]比较,比较时,如果发现次序不符合要求,即前数大于后数就进行交换,经过一趟 N-1 次比较后,最大数沉底成为数组中的最后一个元素,此时待排序序列为 a[0]到 a[N-2]这 N-1 个元素,a[N-1]是有序的。

② 再将 a[0]到 a[N-2]这 N-1 个数中两两相邻的元素进行比较,不符合次序要求的进行交换,第二趟比较结束后,待排序序列为 a[0]到 a[N-3],a[N-2]到 a[N-1]是有序的。

③ 依此类推,进行 N-1 趟比较交换后,待排序序列只剩下 a[0]一个元素,认为其是有序的,这时 N 个数递增排序完成。

若要按递减次序排序,比较时前数小于后数就进行交换。

**【例 6-5】** 输入 6 个整数,用冒泡法按递减排序,并将排序后结果输出。

分析:冒泡法排序每趟排序中待排序元素如下:

| 每趟参与排序的元素个数 | 每趟排序中待排序序列 | | | | | |
|---|---|---|---|---|---|---|
| 6 | a[0] | a[1] | a[2] | a[3] | a[4] | a[5] |
| 5 | a[0] | a[1] | a[2] | a[3] | a[4] | |
| 4 | a[0] | a[1] | a[2] | a[3] | | |
| 3 | a[0] | a[1] | a[2] | | | |
| 2 | a[0] | a[1] | | | | |

冒泡法排序第 1 趟比较及交换的过程如图 6-4 所示,第 2 趟比较及交换的过程如图 6-5 所示。

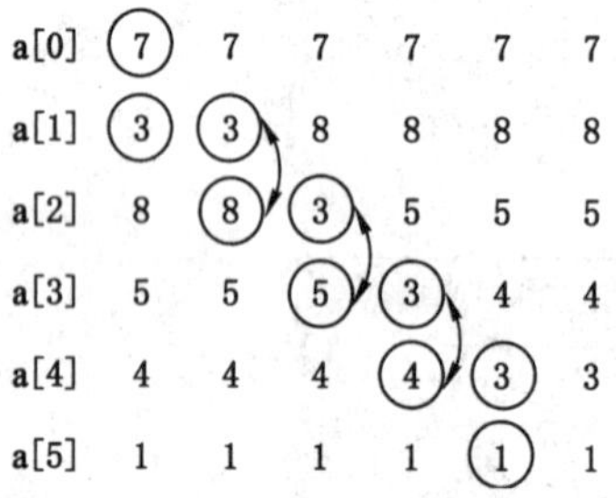


图 6-4　冒泡法第 1 趟排序过程

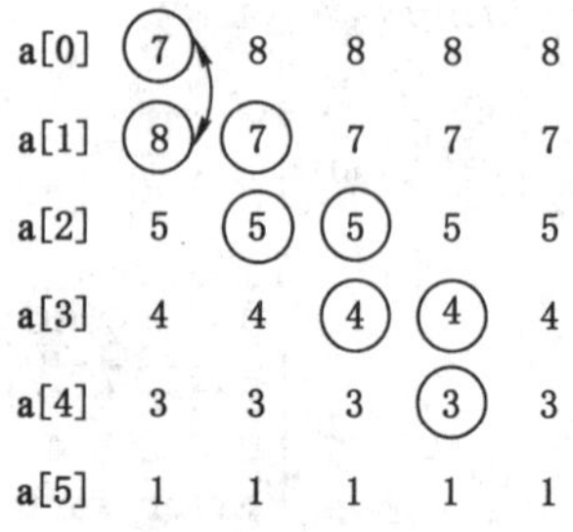


图 6-5　冒泡法第 2 趟排序过程

程序如下:

```
#include <stdio.h>
#define N 6
int main()
{
    int a[N],i,j,t;
    for(i=0;i<N;i++)                              /* 输入数组元素值 */
        scanf("%d",&a[i]);
    for(i=0;i<N-1;i++)                     /* 冒泡法排序,进行 N-1 趟排序 */
        for(j=0;j<N-1-i;j++)/* 每趟排序中,将待排序序列中相邻元素两两
                                                                  比较 */
            if(a[j]<a[j+1])                    /* 不符合排序要求,就交换 */
        {   t=a[j];a[j]=a[j+1];a[j+1]=t;}
    printf("After sort:\n");
    for(i=0;i<N;i++)                             /* 输出排序后的结果 */
        printf("%d ",a[i]);
    printf("\n");
    return 0;
}
```

程序运行结果如图 6-6 所示。

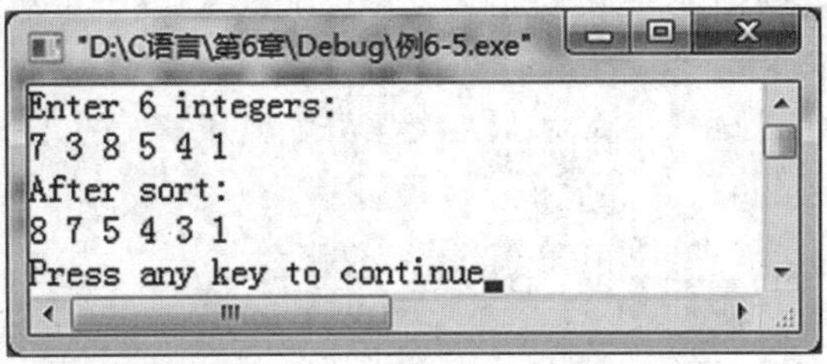


图 6-6 例 6-5 程序运行结果

**思考：**如何改进冒泡法以提高效率，减少排序趟数？

**提示：**若某趟排序中数组元素没有发生交换，说明数组已经有序，不必再继续排序。

4. 插入

在一组数据中的相应位置插入一个数，其基本思想是：

(1) 首先确定待插入数据在数组中的插入位置 i；

(2) 然后从最后一个元素开始往前直到下标为 i 的元素依次往后移动一个位置，腾出一个空位置插入新元素；

(3) 将待插入的数据插入到下标为 i 的位置。

**【例 6-6】** 在已知数组 a 中下标为 i 的位置，插入一个新的元素。

分析：若在下列数组中下标为 4 的位置插入一个值为 15 的新元素，插入元素的示意图如图 6-7 所示。

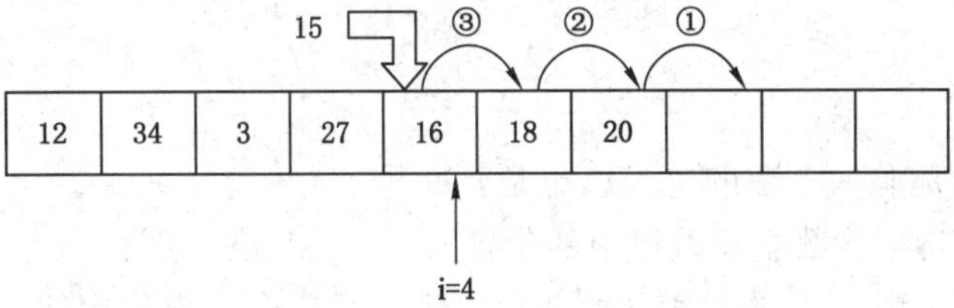


图 6-7 插入元素的示意图

程序如下：

```
#include <stdio.h>
int main()
{
    int a[10]={12,34,3,27,16,18,20},i,j,x;
    printf("插入前的数组:");
    for(j=0;j<7;j++)
        printf("%d ",a[j]);
    printf("\n");
    printf("请输入插入位置:");
```

```
    scanf("%d",&i);
    printf("请输入要插入元素的值:");
    scanf("%d",&x);
    for(j=6;j>=i;j--) /*从最后元素开始到下标i的元素依次往后移动一位*/
        a[j+1]=a[j];
    a[i]=x;                                          /*插入元素*/
    printf("插入后的数组:");
    for(j=0;j<8;j++)
        printf("%d ",a[j]);
    printf("\n");
    return 0;
}
```

程序运行结果如图6-8所示。

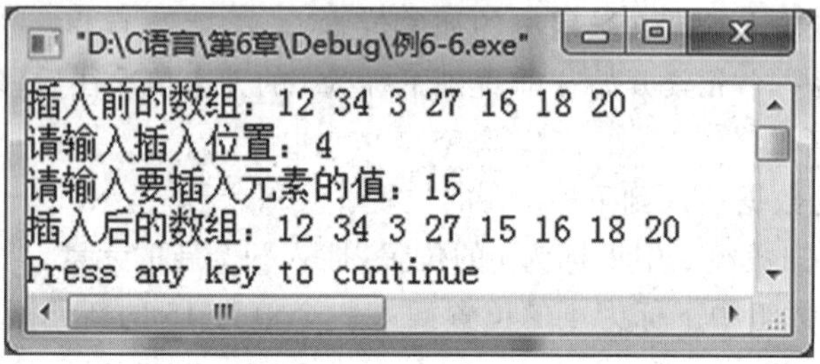


图6-8　例6-6程序运行结果

5. 删除

在一组数据中删除一个数的基本思想是:

(1) 首先确定待删除数据在数组中的位置i;

(2) 然后从下标为i+1的元素开始往后直到最后一个元素依次往前移动一个位置,通过覆盖待删除元素来实现删除的目的。

**【例6-7】** 删除已知数组a中下标为i的元素。

**分析:**若要删除下列数组中下标为4的元素,删除元素的示意图如图6-9所示。

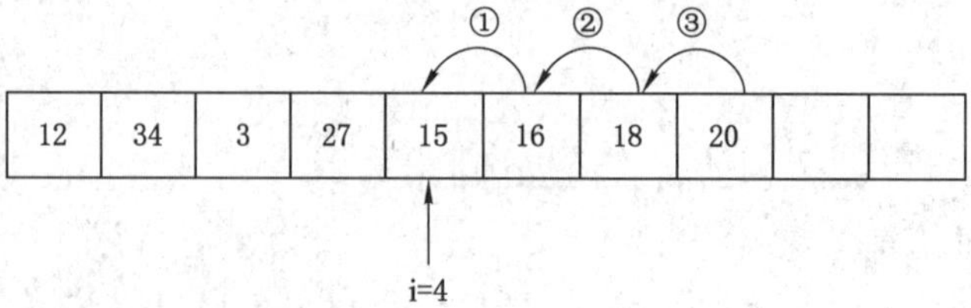


图6-9　删除元素的示意图

程序如下：

```
#include <stdio.h>
int main()
{
    int a[10]={12,34,3,27,15,16,18,20},i,j,x;
    printf("删除前的数组:");
    for(j=0;j<8;j++)
        printf("%d ",a[j]);
    printf("\n");
    printf("请输入删除位置:");
    scanf("%d",&i);
    x=a[i];                              /*删除前,用x存放被删除元素的值*/
    for(j=i+1;j<8;j++)      /*从下标i+1开始往后直到最后一个元素依次往
                                                              前移动一位*/
        a[j-1]=a[j];
    printf("删除后的数组:");
    for(j=0;j<7;j++)
        printf("%d ",a[j]);
    printf("\n");
    printf("被删除元素的值为:%d\n",x);
    return 0;
}
```

程序运行结果如图 6-10 所示。

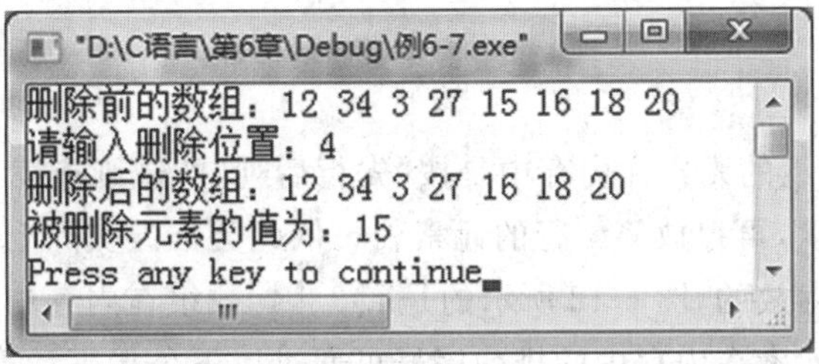


图 6-10　例 6-7 程序运行结果

## 6.2　二维数组

二维数组课件

在实际应用中，很多数据是二维或多维排列，如二维表格、数学中的矩阵等。因此 C 语言允许使用二维或多维数组，二维数组的元素需要用行和列两个下标来描述，同样多维数组的元素需要用多个下标来表示。本书主要介绍二维数组,其余维数的数组依此类推。实际上,在程序设计中,最常用的是一维数组和二维数组。

### 6.2.1 二维数组的定义与引用

二维数组的定义、引用及初始化视频

1. 二维数组的定义

二维数组也必须先定义后使用,二维数组定义的一般形式为:

数据类型 数组名[常量表达式1][常量表达式2];

其中,常量表达式1代表二维数组的行数,常量表达式2代表二维数组的列数。与一维数组定义类似,二维数组定义中的行数和列数也必须为整型常量表达式,不能包含变量;二维数组元素的行列下标都从0开始,其最大下标均为对应的常量表达式值−1。

例如:

```
int a[3][4];
```

定义了一个二维数组a,它在逻辑上为3行4列,共12个数组元素,每个元素的类型均为整型。

二维数组也可以被看成一种特殊的一维数组,它的元素又是一个一维数组。例如可以把上面的a[3][4]数组看成一个一维数组,它有3个元素a[0]、a[1]、a[2],每个元素又是一个包含4个元素的一维数组,如图6-11所示,可以把a[0]、a[1]、a[2]分别看成是3个一维数组的数组名。

| | | | | |
|---|---|---|---|---|
| a[0] | a[0][0] | a[0][1] | a[0][2] | a[0][3] |
| a[1] | a[1][0] | a[1][1] | a[1][2] | a[1][3] |
| a[2] | a[2][0] | a[2][1] | a[2][2] | a[2][3] |

图6-11 二维数组的理解

C语言中,二维数组的元素在内存中是按“先行后列”的规则连续存放的,即在内存中先顺序存放第一行的元素,再存放第二行的元素……依此类推。实际上,任何维数组在内存中都是以线性形式连续存放的,图6-12所示的是a[3][4]数组在内存中的存放情况。

二维数组中每个元素在内存中的排列序号可通过以下公式来计算:

序号=当前行号*每行列数+当前列号

例如:上述a[3][4]数组中,a[1][2]元素在内存中的序号为:1*4+2=6。

C语言允许使用多维数组,对数组的维数没有限制,多维数组的元素个数是每一维长度的乘积,多维数组使用较少,在此不作详细介绍。

2. 二维数组元素的引用

二维数组中的数组元素是由行列两个下标来确定的,其引用形式为:

数组名[行下标][列下标];

**说明:**

(1) 引用时的每一维下标可以是整型常量、变量或表达式,下标从0开始计数,最大值

| 排列序号 | |
|---|---|
| 0 | a[0][0] |
| 1 | a[0][1] |
| 2 | a[0][2] |
| 3 | a[0][3] |
| 4 | a[1][0] |
| 5 | a[1][1] |
| 6 | a[1][2] |
| 7 | a[1][3] |
| 8 | a[2][0] |
| 9 | a[2][1] |
| 10 | a[2][2] |
| 11 | a[2][3] |

图 6-12　二维数组元素的存储

为该维长度－1。在引用数组元素时，注意下标不要越界。

(2) 注意区分数组的定义和数组元素的引用。例如：int a[3][4]；是定义一个 3 行 4 列共有 12 个元素的整型数组，其中 3 和 4 是用来定义数组各维的大小；而 a[3][4]中的 3 和 4 是下标值，a[3][4]实际上代表某一个元素。

(3) 与一维数组类似，一般二维数组也只引用其中单个数组元素，而不整体引用整个数组、整行或整列，数组元素的使用和同类型的变量一样。

## 6.2.2　二维数组的初始化

二维数组可以在数组定义时，给数组元素赋以初值。操作方法如下：

(1) 按行初始化

按行给所有元素赋初值，每一行的数据放于一个花括号内。如：

```
int a[2][4]={{1,2,3,4},{5,6,7,8}};
```

即将第一对花括号内的值依次赋给数组 a 中 a[0]行的各列元素，a[0][0]＝1，a[0][1]＝2，a[0][2]＝3，a[0][3]＝4；将第二对花括号内的值依次赋给数组 a 中 a[1]行的各列元素，a[1][0]＝5，a[1][1]＝6，a[1][2]＝7，a[1][3]＝8……依此类推。

在 C 语言中，还可以分行对部分元素赋初值，未赋初值的元素自动取 0 值(对实数是 0.0，对字符型是'\0')。这种方法对于元素初值中只有少数非 0 值的情况比较方便。如：

```
int a[3][4]={{1,2,3},{4,5}};
```

它相当于：

```
int a[3][4]={{1,2,3,0}, {4,5,0,0}, {0,0,0,0}};
```

还可以根据给定的花括号个数，自动确定数组的行数，此时行数可以省略。如：

```
int a[ ][4]={{1,2},{5},{9,10}};
```

由于内部有 3 个花括号，行数默认为 3，它相当于：

```
int a[3][4]={{1,2,0,0}, {5,0,0,0}, {9,10,0,0}};
```

(2) 按元素存储顺序初始化

按元素在内存中的排列顺序对所有元素赋初值。如:

```
int a[2][4]={1,2,3,4,5,6,7,8};
```

与上面按行初始化方式赋值结果完全相同。

按存储顺序对元素全部或部分初始化时,可以根据给定初始化数值的个数,自动确定数组的行数,此时行数可以省略,如:

```
int a[ ][4]={1,2,3,4,5,6,7,8,9,10,11,12};
```

给定初始化数值个数为12,而每行有4列,可以确定行数为3,如:

```
int a[ ][3]={1,2,3,4};
```

因为给定初始化数值个数为4,而每行有3个元素,故行数为2,它相当于:

```
int a[2][3]={{1,2,3},{4,0,0}};
```

**注意**:任何情况下列数都不可以省略!

### 6.2.3 二维数组的基本操作

因为二维数组元素有两个下标,一般通过双重循环来操作使用二维数组元素。

假设有定义:int a[N][M];,其中N、M是已定义过的符号常量。

(1) 数组元素的输入

```
for(i=0;i<N;i++)
    for(j=0;j<M;j++)
        scanf("%d",&a[i][j]);
```

(2) 随机产生数组元素的值

例如:随机产生N*M个1~100的随机整数。

```
for(i=0;i<N;i++)
    for(j=0;j<M;j++)
        a[i][j]=rand()%100+1;
```

(3) 数组元素的输出

若要将二维数组中元素按行输出,则应在每行元素输出后,输出换行符。

```
for(i=0;i<N;i++)
{
    for(j=0;j<M;j++)
        printf("%d ",a[i][j]);
    printf("\n");
}
```

(4) 数组元素的求和

```
sum=0;
for(i=0;i<N;i++)
    for(j=0;j<M;j++)
        sum+=a[i][j];
```

### 6.2.4 二维数组的应用举例

二维数组的应用举例视频

1. 求二维数组中最大(或最小)元素及下标

与一维数组求最大(最小)值的方法类似,二维数组用两个下标标识数组元素。先假定第一个元素为最大(最小),同时保存其行、列下标,然后利用双重循环逐一与每个元素进行比较,一旦超过最大(最小)值就替换,同时也替换行、列下标。

**【例 6-8】** 随机产生一个 3＊4 的二维数组的元素值(0～99),求出其中最小值以及相应的行列下标。

程序如下:

```
#include <stdio.h>
#include <stdlib.h>
int main()
{
    int a[3][4],i,j,min,imin,jmin;
    for(i=0;i<3;i++)                          /* 随机产生二维数组中的元素值 */
        for(j=0;j<4;j++)
            a[i][j]=rand()%100;
    for(i=0;i<3;i++){                         /* 按行输出二维数组中的元素值 */
        for(j=0;j<4;j++)
            printf("%4d",a[i][j]);                /* 每个元素输出占 4 个宽度 */
        printf("\n");
    }
    min=a[0][0];                                /* 先假定第一个数为最小值 */
    imin=0;jmin=0;
    for(i=0;i<3;i++)                            /* 依次和其他元素进行比较 */
        for(j=0;j<4;j++)
            if(min>a[i][j])
            {
                min=a[i][j];
                imin=i;
                jmin=j;
            }
    printf("min=%d,imin=%d,jmin=%d\n",min,imin,jmin);
    return 0;
}
```

程序运行结果如图 6-13 所示。

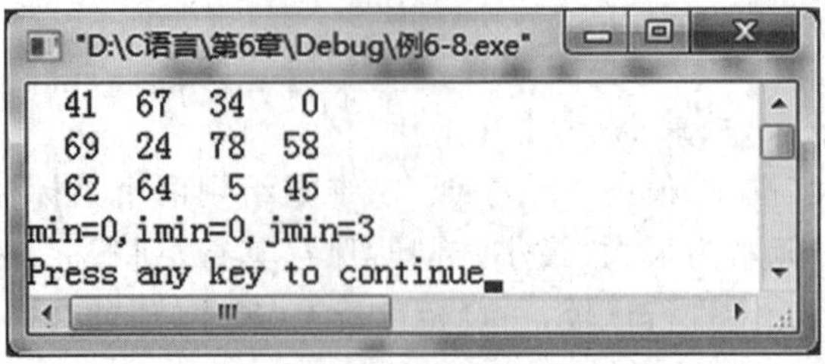


图 6-13　例 6-8 程序运行结果

2. 矩阵相加

两个矩阵相加的条件是具有相同的行、列数,矩阵相加实质是将两个矩阵行、列对应元素两两相加。

**【例 6-9】** 输入两个矩阵 A、B 的值,求 C=A+B,并显示结果。

$$A=\begin{pmatrix}1 & 3 & 5\\ 2 & 4 & 6\end{pmatrix}\qquad B=\begin{pmatrix}7 & 8 & 9\\ 4 & 5 & 6\end{pmatrix}$$

程序如下:

```
#include <stdio.h>
int main()
{
    int a[2][3],b[2][3],c[2][3],i,j;
    printf("输入 A 矩阵\n");
    for(i=0;i<2;i++)
        for(j=0;j<3;j++)
            scanf("%d",&a[i][j]);
    printf("输入 B 矩阵\n");
    for(i=0;i<2;i++)
        for(j=0;j<3;j++)
            scanf("%d",&b[i][j]);
    for(i=0;i<2;i++)
        for(j=0;j<3;j++)
            c[i][j]=a[i][j]+b[i][j];
    printf("输出 C=A+B 矩阵的结果\n");
    for(i=0;i<2;i++){
        for(j=0;j<3;j++)
            printf("%4d",c[i][j]);
        printf("\n");
    }
    return 0;
}
```

程序运行结果如图 6-14 所示。

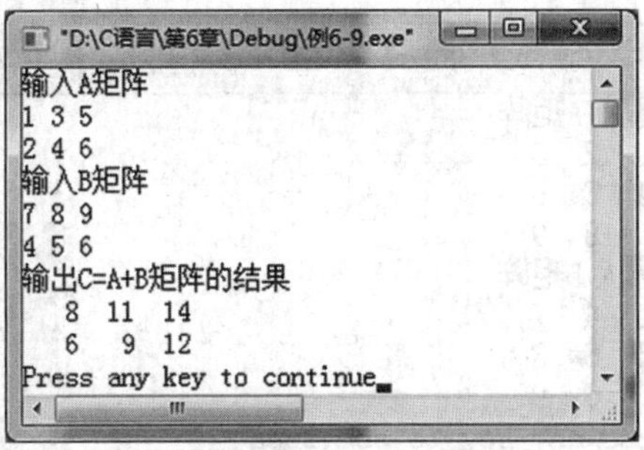


图 6-14 例 6-9 程序运行结果

3. 矩阵转置

把矩阵 A 的行换成相应的列,得到的新矩阵称为 A 的转置矩阵。通常矩阵的第一列作为转置矩阵的第一行,第一行作为转置矩阵的第一列,即行列互换。

**【例 6-10】** 将矩阵 A 转置后存入矩阵 B。

$$A=\begin{pmatrix}1 & 2 & 3\\4 & 5 & 6\\7 & 8 & 9\end{pmatrix}\quad \text{转置后}\quad B=\begin{pmatrix}1 & 4 & 7\\2 & 5 & 8\\3 & 6 & 9\end{pmatrix}$$

程序如下:

```
#include <stdio.h>
int main()
{
    int a[3][3]={1,2,3,4,5,6,7,8,9},b[3][3],i,j;
    printf("转置前 A 矩阵\n");
    for(i=0;i<3;i++){
        for(j=0;j<3;j++)
            printf("%3d",a[i][j]);
        printf("\n");
    }
    for(i=0;i<3;i++)                                    /*矩阵转置*/
        for(j=0;j<3;j++)
            b[i][j]=a[j][i];
    printf("转置后 B 矩阵\n");
    for(i=0;i<3;i++){
        for(j=0;j<3;j++)
            printf("%3d",b[i][j]);
        printf("\n");
    }
    return 0;
}
```

程序运行结果如图 6-15 所示。

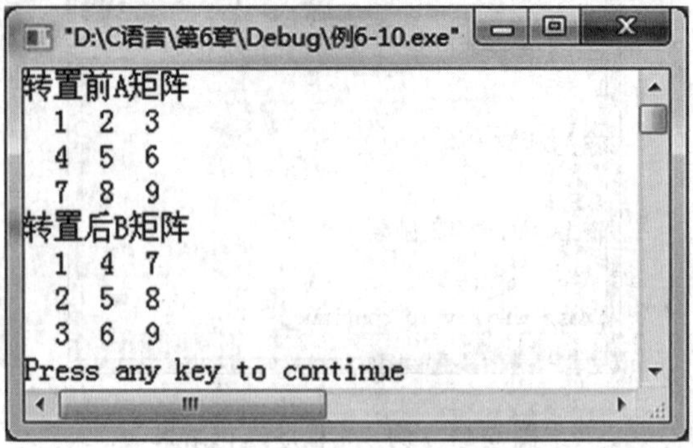


图 6-15　例 6-10 程序运行结果

**思考**:如何不借助另外的矩阵,将矩阵 A 转置?

**提示**:将矩阵的下三角和上三角进行交换。

# 6.3　字符数组

## 6.3.1　字符数组与字符串

字符数组课件

计算机不但能处理数值型数据,也能处理字符数据。字符数据常量包括两种:用单引号引起来的单个字符或转义字符,如:'a'、'2'、'\n';用双引号引起来的字符串常量,如:"ABCD"、"1234"、"你好"。字符串通常是作为一个整体对待的字符序列,C 语言中没有专门的字符串数据类型,但提供了字符数组和字符指针来处理字符串的方法,本节主要介绍使用字符数组来处理字符串的方法。

字符数组中的每个元素占一个字节,存放一个西文字符或转义字符。由于每个中文字符占两个字节,若要存放中文字符,只能以字符串形式存放。一个字符串可以存于字符数组中,但一个字符数组中存储的并非一定是一个字符串,这要看它是否有字符串结束标志'\0'。字符'\0'代表 ASCII 码为 0 的字符,称为空字符。该字符既不能显示,也不是控制字符,输出该字符不会有任何效果,它在 C 语言中仅作为字符串的结束标志。

字符串结束标志'\0'也占一个字节的存储单元,但它不计入字符串的实际长度。在实际应用中,人们关心的是有效字符串的长度,而不是字符数组的长度,例如,定义一个字符数组长度为 80,而实际有效字符可能只有 20 个。如果有一个字符串,第一个'\0'字符在第 10 个字符位置,则此字符串的有效字符为 9 个。也就是说,在遇到第一个'\0 '字符时,表示字符串结束,由它前面的字符组成字符串。系统对字符串常量也自动加一个字符'\0'作为结束符。例如:"Hello"共有 5 个字符,但在内存中占 6 个字节,最后一个字符'\0'是系统自动加上的。在程序中往往依靠检测字符'\0'的位置来判定字符串是否结束,而不是根据数组的长度来决定字符串长度。

### 6.3.2 字符数组的定义与初始化

字符数组定义和初始化视频

1. 字符数组的定义

字符数组可以与前面介绍的数组一样使用，所不同的是，数组中的每一个元素存放的均为一个字符。例如：

```
char str[80];
```

定义了一个一维数组 str，其元素为 str[0]～str[79]，每个元素都是一个字符型变量。

**注意**：因为字符串结束标志'\0'也占一个字节的存储单元，所以用来存储字符串的字符数组定义的长度应大于字符串中有效字符的个数。

2. 字符数组的初始化

(1) 逐个给数组元素赋值

这与数值型数组的初始化方法相同。例如：

```
char ch[8] = {'H', 'e', 'l', 'l', 'o'};
```

**注意**：当数组元素的个数多于初值字符的个数时，这时除了把指定的字符分别赋给前几个元素外，系统自动给其余元素赋予'\0'字符(ASCII 值为 0 的空字符)。上述的数组定义相当于：

```
char ch[8] = {'H', 'e', 'l', 'l', 'o', '\0', '\0', '\0'};
```

如果对全体元素赋初值，可以省略长度说明，如：

```
char ch[ ]={'h','e','l','l','o'};
```

这时数组 ch 的长度为 5。

因为字符数组 ch 中没有存储'\0'字符，所以不能把它作为字符串处理。要想使得初始化以后的字符数组可以作为字符串处理，应增加字符数组的长度，以便存储'\0'作为字符串结束标志(在'\0'较多的情况下，以第一个'\0'作为字符串结束标志)，如：

```
char ch[ ]={'h','e','l','l','o','\0'};
```

(2) 字符串的初始化存储

一般字符数组有两种形式：一维字符数组和二维字符数组。一维字符数组用来存放若干个字符，也可以存放一个字符串。如：

```
char ch[ ]={"hello"};
```

也可以省略花括号，直接写成：

```
char ch[ ]=" hello ";
```

这种方式比逐个字符赋初值书写起来方便得多。此时，数组 ch 中实际有 6 个而不是 5 个元素。通常，字符数为 n 的字符串需占用 n+1 个字符空间。与上例等价的形式为：

```
char ch[6]=" hello ";
```

**注意**：字符数组的长度应至少比字符串中有效字符的个数多 1。由于字符串采用了'\0'作为结束标志，所以在用字符串给字符数组赋初值时，一般无须指定数组的长度，而由系统自行处理。

当要处理多个相关的字符串时，为了处理上的方便，可将它们存放在一个二维字符数组中，该类数组可称为字符串数组。数组的第一维长度表示要存储的字符串的个数，若定义同时初始化时可以省略，但是第二维长度不能省略，由于二维数组要统一定义列数，所以必须按要处理的字符串中的最大长度来设定二维数组的列数。

例如：char s[3][6]={" happy ", "hello", "hi"};

可以写成:char s[ ][6]={" happy ", "hello", "hi"};

但不能写成:char s[ ][ ]={" happy ", "hello", "hi"};

因为二维数组是按行存储的,系统必须知道每一行的长度才能为数组分配存储单元。

数组 s 的内容如图 6-16 所示。

| | | | | | | |
|---|---|---|---|---|---|---|
| s[0] | h | a | p | p | y | \0 |
| s[1] | h | e | l | l | o | \0 |
| s[2] | h | i | \0 | \0 | \0 | \0 |

图 6-16　二维数组 s 的内容

**注意**:对于二维字符数组,用两个下标表示数组中的一个字符,例如:s[2][1]表示第 3 行第 2 列的'i'字符;也可用一个下标表示数组中的一行,即一个字符串,例如:s[1]表示第 2 行的"hello"字符串。

### 6.3.3　字符串的输入输出

字符串的输入、输出一般有两种方法:

(1) 逐个字符输入/输出

使用 scanf( )和 printf( )函数的格式控制符"%c",或者使用 getchar( )和 putchar( )函数可以逐个输入和输出字符数组中字符。它们的不同点在于:使用 scanf( )和 printf( )函数可以一次输入和输出多个字符,而使用 getchar( )和 putchar( )函数一次只能输入和输出一个字符。

字符串的输入输出视频

**【例 6-11】**　使用 scanf( )和 printf( )函数输入输出字符数组中的字符。

程序如下:

```
#include <stdio.h>
int main()
{
    int i;
    char ch[6];
    printf("Enter 6 chars:");
    for(i=0;i<6;i++)                              /*逐个字符输入*/
        scanf("%c",&ch[i]);
    printf("The chars are:");
    for(i=0;i<6;i++)                              /*逐个字符输出*/
        printf("%c",ch[i]);
    putchar('\n');                                /*输出一个换行符*/
    return 0;
}
```

程序运行结果如图 6-17 所示。

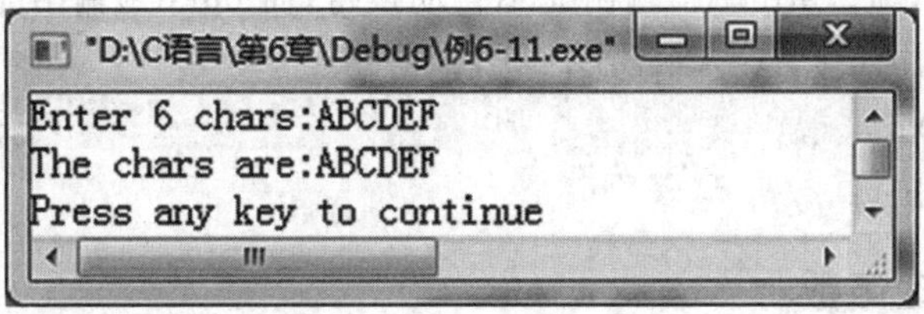


图 6-17　例 6-11 程序运行结果

**思考：**如何改编程序，使用 getchar( )和 putchar( )函数输入输出字符数组中的字符？

由于字符串的长度与字符数组的大小通常并不是完全一致，因此很少使用上面这种方式输出字符数组中存放的字符串，通常是借助字符串结束标志'\0'来判断是否结束字符串的输出操作。

例如：若上例数组 ch 中存放的是一个字符串，则输出可以改为：

```
for(i=0;ch[i]!= '\0';i++)                    /*逐个输出字符串的每个字符*/
    printf("%c",ch[i]);
```

这种方法非常灵活，无论字符串中的字符个数是已知还是未知，均可采用。

(2) 字符串整体输入/输出

可以使用 scanf( )和 printf( )函数的格式控制符"%s"，或者使用 get( )和 puts( )函数利用数组名进行字符串的整体输入和输出。

**说明：**

① scanf( )和 gets( )输入相同的地方：它们都是直接用数组名代表整个字符串，因为数组名表示数组的首地址；另外输入的字符串最大长度必须是数组长度减 1。

scanf( )和 gets( )输入不同的地方：scanf( )可以同时输入多个输入项，而 gets( )一次只能输入一个输入项。scanf( )用格式控制符"%s"输入字符串时，遇空格字符、Tab 键和回车符将自动结束输入，而 gets( )仅以回车符作为输入结束。例如：

```
char c1[40];
scanf("%s",c1);
```

如果输入：How　are　you<回车>

则 c1 中只存放"How"，若有：

```
char c1[40];
gets(c1);
```

如果输入：How　are　you <回车>

则 c1 中存放"How　are　you"。

此外，scanf( )和 gets( )函数对回车符的处理也不同，gets( )函数以回车符作为字符串的输入结束，同时将回车符从缓冲区读走，但不作为字符串的一部分。而 scanf( )不读走回车符，回车符仍留在缓冲区中。

② printf( )和 puts( )输出相同的地方：它们都是直接用数组名代表整个字符串，遇到字符串结束标志'\0'则输出结束。

printf( )和 puts( )输出不同的地方:printf( )可以同时输出多个输出项,而 puts( )一次只能输出一个输出项。printf( )输出完不自动换行,而 puts( )输出完自动换行。例如:

```
char a[]={'h','e','l','\0','l','o','\0'};
printf("%s",a);
```

则输出结果为:hel。

### 6.3.4 字符串处理函数

字符串处理函数视频

C 语言除了提供已介绍的用于输入输出的 scanf( )、printf( )、gets( )和 puts( )函数外,还提供了字符串复制、连接、比较、求长度等字符串处理函数。要调用这些字符串处理函数,应先包含头文件"string.h "。

(1) 求字符串长度函数 strlen( )

函数调用的一般形式:

```
strlen(str)
```

**功能**:计算并返回字符串中有效字符的个数(不包括字符串结束标识符'\0')。

**说明**:str 可以是字符数组名,也可以是字符串常量。

例如:strlen("abcd efgh\\\123")的结果为 11。

(2) 字符串拷贝函数 strcpy( )

函数调用的一般形式:

```
strcpy(str1,str2)
```

**功能**:将字符串 str2 的内容连同字符串结束标记符'\0'一起复制到 str1 中,原 str1 中值将被覆盖。

**说明**:

① str1 必须是字符数组,str2 可以是字符串常量、也可以是字符数组。

② str1 必须有足够的长度以容纳 str2 的内容。

例如:

```
charstr1[80],str2[40]= "abcdefghijk ";
strcpy(str1,str2);
```

语句执行后,数组 str1 中存放的值为"abcdefghijk"。

**注意**:不能使用赋值语句为一个字符数组赋值,下面的赋值语句均是错误的。

```
char str1[20],str2[20];
str1="Hello";
str2=str1;
```

(3) 字符串连接函数 strcat( )

函数调用的一般形式:

```
strcat(str1,str2)
```

**功能**:把字符串 str2 的内容连同字符串结束标记'\0'连接到 str1 的后面。连接后,原 str1 的'\0'被自动覆盖,生成的新串存放在 str1 中。

**说明**:

① str1 必须是字符数组、str2 可以是字符串常量、也可以是字符数组。

② str1 必须有足够的长度以容纳连接后的新串内容。

例如：

```
charstr1[80]= "abcd",str2[40]= "xy12 ";
strcat(str1,str2);
```

语句执行后，数组 str1 中的值变为"abcdxy12"。

(4) 字符串比较函数 strcmp( )

函数调用的一般形式：

```
strcmp(str1,str2)
```

**功能**：比较 str1 和 str2 两个字符串的大小。若相同则返回 0，若 str1 串大于 str2 串则返回值大于 0，若 str1 串小于 str2 串则返回值小于 0。

字符串的比较规则为：从两个字符串中的第一个字符开始逐个比较字符的 ASCII 码值，直至遇到不同的字符或'\0'停止，字符 ASCII 码值大者字符串大，如果全部字符相同，则两个字符串相等。

**说明**：str1、str2 可以是字符数组，也可以是字符串常量。

例如：strcmp("ABC","ABC")的结果为 0。

strcmp("abc","ABC")的结果大于 0。

strcmp("ABC","abc")的结果小于 0。

**注意**：不能使用关系运算符"=="来比较两个字符串是否相同，也不能用关系运算符">"、"<"等来比较字符串的大小。

下面的 if 语句是错误的：

```
char str[20]= " ABC";
if(str=="ABC")
    …
```

(5)字符串小写转大写函数 strupr( )

函数调用的一般形式：

```
strupr(str)
```

**功能**：将字符串 str 中的小写字母全部转换成大写字母，不改变其他字符。

**说明**：str 是字符数组名。

例如：

```
charstr [20]= " HEllo123!";
strupr(str);
```

语句执行后，数组 str 中存放的值为"HELLO123!"。

(6)字符串大写转小写函数 strlwr( )

函数调用的一般形式：

```
strlwr(str)
```

**功能**：将字符串 str 中的大写字母全部转换成小写字母，不改变其他字符。

**说明**：str 是字符数组名。

例如：

```
charstr [20]= " HEllo123!";
strlwr(str);
```

语句执行后,数组 str 中存放的值为"hello123!"。

【例 6-12】 从键盘上输入一行字符串并将其逆序输出。

程序如下:

```
#include <stdio.h>
#include <string.h>
int main()
{
    char c[80];int i;
    printf("Enter a string:");
    gets(c);
    printf("Reverse string:");
    for(i=strlen(c)-1;i>=0;i--)                    /* 逆序输出字符串中的字符 */
        printf("%c",c[i]);
    printf("\n");
    return 0;
}
```

程序运行结果如图 6-18 所示。

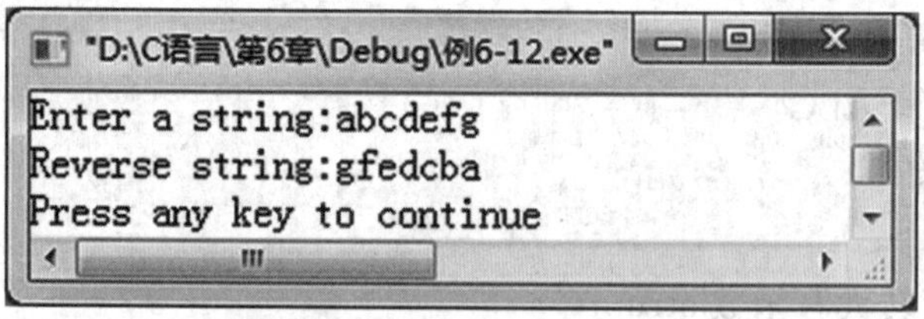


图 6-18 例 6-12 程序运行结果

### 6.3.5 字符串的应用举例

字符串的应用举例视频

【例 6-13】 从键盘上输入一行字符串,统计字符串中字母字符的个数。

程序如下:

```
#include <stdio.h>
#include <string.h>
int main()
{
    char s[80];
    int i,count=0;
    printf("Enter a string:\n");
    gets(s);
```

```
    for(i=0;s[i]!='\0';i++)                    /*依次比较字符串中的每个字符*/
        if(s[i]>='a'&&s[i]<='z'||s[i]>='A'&&s[i]<='Z')
            count++;
    printf("The count is %d\n",count);
    return 0;
}
```

**【例 6-14】** 学校将举办运动会,请编程实现按参赛学院的名称在字典中的顺序对其入场次序进行排序。假定参赛学院不超过 20 个。

**分析:**一个参赛学院的名称实际上就是一个字符串,可用一维字符数组来表示,而多个字符串可以用二维字符数组来表示,因此为存储参赛学院的名称,可定义一个二维数组:

```
char name[20][30];
```

其中第一维长度 20 表示数组可存储 20 个字符串,第二维长度 30 表示数组存储的每个字符串实际长度不能超过 29。

对参赛学院名称按字典顺序进行排序,实际上就是将字符串按从小到大排序。程序如下:

```
#include <stdio.h>
#include <string.h>
#define N 20
int main()
{
    char name[N][30],temp[30];
    int i,j,n;
    printf("How many school:");
    scanf("%d",&n);
    getchar();                                  /*读走缓冲区中的回车符*/
    printf("Enter their names:\n");
    for(i=0;i<n;i++)                            /*输入各个学院的名称*/
        gets(name[i]);
    for(i=0;i<n-1;i++)                /*对字符串进行冒泡法从小到大排序*/
        for(j=0;j<n-i-1;j++)
        if(strcmp(name[j],name[j+1])>0)
        {
            strcpy(temp,name[j]);
            strcpy(name[j],name[j+1]);
            strcpy(name[j+1],temp);
        }
        printf("Entry sequence:\n");
        for(i=0;i<n;i++)
            puts(name[i]);
```

```
    return 0;
}
```

程序运行结果如图 6-19 所示。

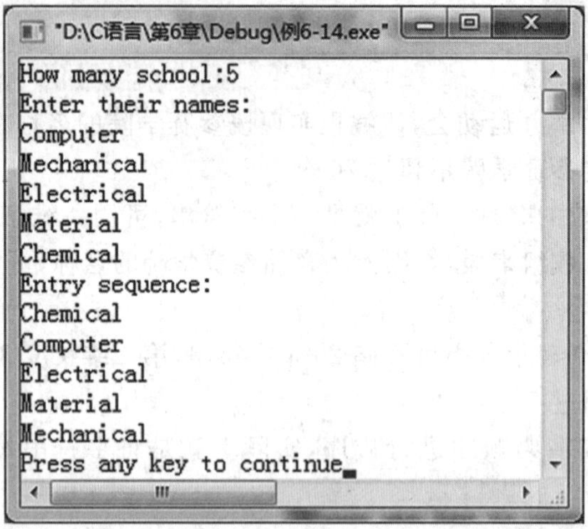


图 6-19　例 6-14 程序运行结果

# 本章小结

本章介绍了数组的基本概念和简单应用。数组是相同类型数据的有序集合,一个数组包含多个数组元素,数组元素的使用与同类型的变量类似。数组在内存中占用一段连续的存储单元,一维数组元素按其下标从小到大连续存放,二维数组按行存放,数组名表示这一段连续存储单元的首地址。

1. 一维数组和二维数组

C 语言要求数组在使用前必须先定义。数组的定义应包括数据类型、数组名和各维的长度。数组名代表的是数组在内存中的首地址,各维长度为整型常量表达式,不能包含变量。数组在定义时可以给数组元素赋予初值,称为数组的初始化。

除字符串以外,不能整体引用数组,只能引用数组元素。数组元素用数组名和下标表示,各维的下标均从 0 开始,上限是相应维长度减 1。C 语言对数组不做下标越界检查,须人为控制元素的下标不能越界。循环和数组结合使用,可以简化程序,提高程序的运行效率,但必须掌握数组的下标与循环变量之间的关系,这也是学习中的难点。

2. 字符数组与字符串

存放字符数据的数组称为字符数组,其每个数组元素均为一个字符。C 语言没有字符串类型,一般用字符数组存放字符串。字符串是以'\0'作为结束标志的一串字符。一维字符数组存放一个字符串,其长度至少应比字符串中有效字符的个数多 1,以存放字符串结束标志'\0',二维字符数组每行存放一个字符串。在程序中可以依靠检测'\0'来判定字符串是否结束,还可以使用字符串函数对字符串整体进行操作,比如字符串的输入/输出、求字符串长度、复制、连接、比较等。

3. 常见程序错误小结

**常见程序错误小结**

| 常见错误实例 | 常见错误描述 | 错误类型 |
|---|---|---|
| int a[n]; | expected constant expression<br>使用变量而非整型常量来定义数组的长度 | 编译错误 |
| int a[5];<br>a={1,2,3,4,5}; | syntax error : '{'<br>用数组名代表整个数组进行赋值操作,而数组名 a 作为数组的首地址,是地址常量,不应放在赋值号左侧 | 编译错误 |
| int a[4]={1,2,3,4,5}; | too many initializers<br>花括号内提供的初始值个数大于数组长度 | 编译错误 |
| a(5)或 a(2,3) | missing ')' before 'constant'<br>使用圆括号引用数组元素 | 编译错误 |
| a[2,3] | 将行、列下标写在一个方括号内引用数组元素,C 语言编译器会将 2,3 看作一个逗号表达式,将 a[2,3]解释为 a[3] | 运行时错误 |
| int a[5];<br>s=a[0]+a[3]; | 数组元素参与运算前未进行初始化或赋值操作,将导致运行结果错误 | 运行时错误 |
| int a[5];<br>a[5]=10; | 引用数组元素时下标越界 | 运行时错误 |
| 'Hello' | too many characters in constant<br>用一对单引号将一个字符串括起来 | 编译错误 |
| char s[5]= "Hello"; | 数组长度偏小,没有足够的内存空间来存放字符串结束标志'\0' | 运行时错误 |
| char s= "Hello"; | 字符变量 s 只占一个字节内存,不能存放一个字符串 | 运行时错误 |
| char s[6];<br>s="Hello"; | left operand must be l-value<br>用数组名代表整个字符串进行赋值操作,而数组名 s 作为数组的首地址,是地址常量,不应放在赋值号左侧 | 编译错误 |
| char s[5];<br>scanf("%s",&s); | 用 scanf 读取字符串时,在代表地址值的数组名 s 前添加了取地址符 & | 运行时错误 |
| char s[5];<br>strcpy(s, "1234567"); | 没有提供足够大的空间用于存储处理后的字符串 | 运行时错误 |
| if(str1==str2) | 直接使用关系运算符而未使用函数 strcmp( )来比较字符串的大小 | 运行时错误 |

# 习题 6

习题 6　参考答案

## 一、选择题

1. 对一维数组初始化正确的语句是(　　)。

A. int a[4]={1,2,3,4,5};　　B. int a[]={1,2,3,4,5};

C. int a[4];a={1,2,3,4,5};　　D. int a[];a={1,2,3,4,5};

2.若有定义语句:int m[]={5,4,3,2,1},i=4;,则下面对 m 数组元素引用中错误的是(　　)。

A. m[--i]　　B. m[2*2]　　C. m[m[0]]　　D. m[m[i]]

3.已知 int a[8]={2,5,4,7};则表达式 a[5]-a[2]的值是(　　)。

A. -4　　B. -5　　C. 4　　D. 5

4.已知:int a[3][2]={1,2,3,4,5,6};则 a[1][1]的值是(　　)。

A. 4　　B. 5　　C. 3　　D. 2

5.设有定义:int a[3][3]={{1},{2}},b[3][3]={1,2};,则执行语句 printf("%d",a[1][0]+b[1][0]);后,输出的结果是(　　)。

A. 0　　B. 1　　C. 3　　D. 2

6.已知:int i,x[3][3] = {1,2,3,4,5,6,7,8,9};则下面语句的输出结果是(　　)。

```
for(i=0;i<3;i++)
  printf("%d ",x[i][2-i]);
```

A. 1 5 9　　B. 1 4 7　　C. 3 5 7　　D. 3 6 9

7.下面能正确对字符串 s 进行初始化操作的是(　　)。

A. char s[5]={ 'C', 'H', 'I', 'N', 'A', '\0'};

B. char s[5]={ "CHINA"};

C. char s[]="CHINA";

D. char s[5];s[0]= 'C'; s[1]= 'H'; s[2]= 'I'; s[3]= 'N'; s[4]= 'A'; s[5]= '\0';

8.已知 char str[6]= {'a', 'b', '\0', 'c', 'd', '\0'};,则 printf("%s",str)的输出结果是(　　)。

A. a　　B. ab　　C. abc　　D. abcd

9.已知 char b[20];若要从键盘输入字符串"Hello World",则正确的输入语句是(　　)。

A. scanf("%s",b);　　B. gets(b[20]);

C. gets(b);　　D. scanf("%s",b[20]);

10.判断字符串 s1 是否大于字符串 s2,正确的表达式是(　　)。

A. s1>s2　　B. strcat(s1,s2)

C. strcpy(s1,s2)　　D. strcmp(s1,s2)>0

## 二、填空题

1. 以下程序的功能是:输出数组 s 中最大元素的下标,请填空将程序补充完整。

```
#include <stdio.h>
int main( )
{
    int k, p;
    int s[]={1,-9,7,2,-10,3};
    for(p=0,k=p; p<6; p++)
        if(s[p]>s[k])
            ____________________;
    printf("%d\n" ,k);
    return 0;
}
```

2. 以下程序的功能是:将数组 x 中相邻两个元素的和存放到另一个数组 a 中,并输出,请填空将程序补充完整。

```
#include <stdio.h>
int main()
{
    int x[10],a[9],i;
    for(i=0;i<10;i++)
    scanf("%d",____________________);
    for(i=1;i<10;i++)
        a[i-1]=x[i]+____________________;
    for(i=0;i<9;i++)
        printf("%d ",____________________);
    putchar('\n');
    return 0;
}
```

3.以下程序的功能是:输入 10 个数存放在一个数组中,输出其中最大值与最小值、10 个数的和及它们的平均值,请填空将程序补充完整。

```
#include <stdio.h>
int main()
{
    int ____________________;
    int max,min,sum=0;
    int i;
    float average;
    for(i=0;i<10;i++)
```

```
    {
        printf("请输入第%d个数:",i+1);
        scanf("%d",&array[i]);
    }
    max=array[0];
    min=____________________;
    for(i=1;i<=____________________;i++)
    {
        if(max<array[i])
        ____________________;
        if(____________________)
            min=array[i];
        sum=____________________;
    }
    average=sum/10.0;
    printf("10个数中最大值是%d,",max);
    printf("最小值是%d,",min);
    printf("和是%d,",sum);
    printf("平均值是%.2f.\n",average);
    return 0;
}
```

4. 以下程序功能是:从键盘输入一个字符串,输出反序后的字符串。如:输入123456,输出654321,请填空将程序补充完整。

```
#include <stdio.h>
#include <string.h>
int main()
{
    char s[100],t;
    int i,j,n;
    ____________________;
    n=strlen(s);
    i=0;
    j=____________________;
    while(i __________ j)
    {
        t=s[i]; s[i]=s[j]; s[j]=t;
        i++;
        ____________________;
    }
```

```
    printf("%s\n",s);
    return 0;
}
```

## 三、程序阅读题

1.以下程序输出的结果是____________________。

```
#include <stdio.h>
int main()
{
    int i,a[5]={1,2,3,4,5},t;
    t=a[4];
    for(i=4;i>0;i--)
        a[i]=a[i-1];
    a[0]=t;
    for(i=0;i<5;i++)
        printf("%d",a[i]);
    printf("\n");
    return 0;
}
```

2. 以下程序输出的结果是____________________。

```
#include <stdio.h>
int main()
{
    int a[6]={0,1};
    int i,j;
    printf("%2d\n",a[1]);
    for(i=1;i<5;i++)
    {
        a[i]=a[i-1]+a[i];
        a[i+1]=1;
        for(j=1;j<=i+1;j++)
            printf("%2d ",a[j]);
        printf("\n");
    }
    return 0;
}
```

3. 以下程序输出的结果是____________________。

```
#include "stdio.h"
int main( )
```

```
{
    int j, k, a[2][2];
    for(k=1; k<3; k++)
        for(j=1; j<3; j++)
            a[k-1][j-1]=(k/j) * (j/k);
    for(k=0; k<2; k++)
        for(j=0; j<2; j++)
            printf("%d,",a[k][j]);
    printf("\n");
    return 0;
}
```

4. 若分别输入 34 和 2,则以下程序的输出结果是____________________。

```
#include <stdio.h>
int main()
{
    char b[17]="0123456789ABCDEF";
    int i=0, m,h,n, c[10];
    scanf("%d%d",&m,&h);
    do
    {
        c[i++]=m%h;
    }while((m=m/h)!=0);
    for(--i;i>=0;--i)
    {
        n=c[i];
        printf("%c",b[n]);
    }
    printf("\n");
    return 0;
}
```

## 四、编程题

1. 输入10个数,输出它们的平均值,并求出与平均值之差的绝对值为最小的数组元素。

2. 随机产生20个互不相同的[1,100]之间的整数,存在一维数组s中,找出所有s[i]<s[i+1]的数组元素。

3. 十位歌手由七个评委打分,分数在5~10之间(保留一位小数),去掉一个最高分,一个最低分,求每位选手的最后得分,并将十位歌手的得分从高到低排列输出。

4. 输入一个以回车符结束的字符串,分别统计其中的大写字母、小写字母、数字和其他字符的个数。

实验6 参考答案

# 实验6 数组

**【实验目的】**

1. 掌握一维数组的定义、初始化和元素的引用方法。
2. 掌握一维数组的基本操作和应用。
3. 掌握二维数组的定义、初始化和元素的引用方法。
4. 掌握二维数组的基本操作和应用。
5. 掌握字符数组处理字符串的方法。

**【实验内容】**

1. 输入一个班所有学生成绩(最多不超过40人,具体人数由用户键盘输入),然后对成绩按从高到低排序,输出排序后的成绩,并求该班的平均成绩。

2. 随机产生一组0～100之间的整数存放在一维数组中,再从键盘上输入一个数,在该数组中进行查找,若该数在此数组中,输出它所在的位置,否则输出“No Found!”。

3. 编写一个加密的程序,将输入的一行字符串中的所有字母加密,非字母字符不变。加密方法:将每个字母循环右移3位,如'a'变成'd','B'变成'E'…… 'x'变成'a','Y'变成'B','z'变成'c'。

4. 编程输出如图6-20所示的杨辉三角形。

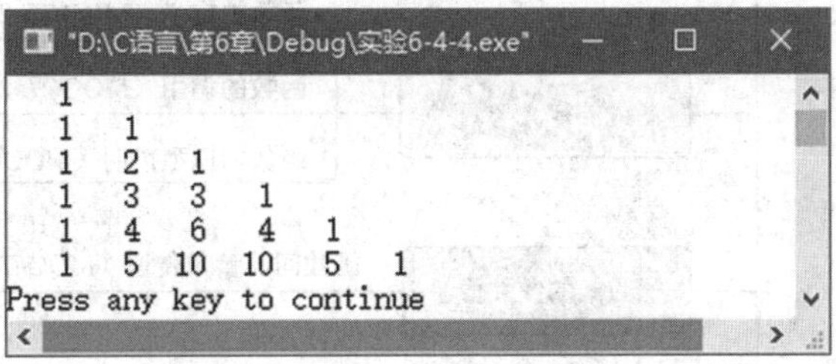


图6-20 扬辉三角形

# 第7章 函　　数

**【本章学习目标】**

函数是指完成一个特定功能的独立程序模块,它是C语言程序的基本组成单元,也是C语言模块化程序设计的最小单位。本章学习目标:理解函数的基本概念;熟练掌握函数的定义和调用;掌握函数的参数传递,特别是参数为一维数组和二维数组;理解函数的嵌套调用和递归调用;了解变量的作用域、存储类型和编译预处理命令。

**【本章知识导图】**

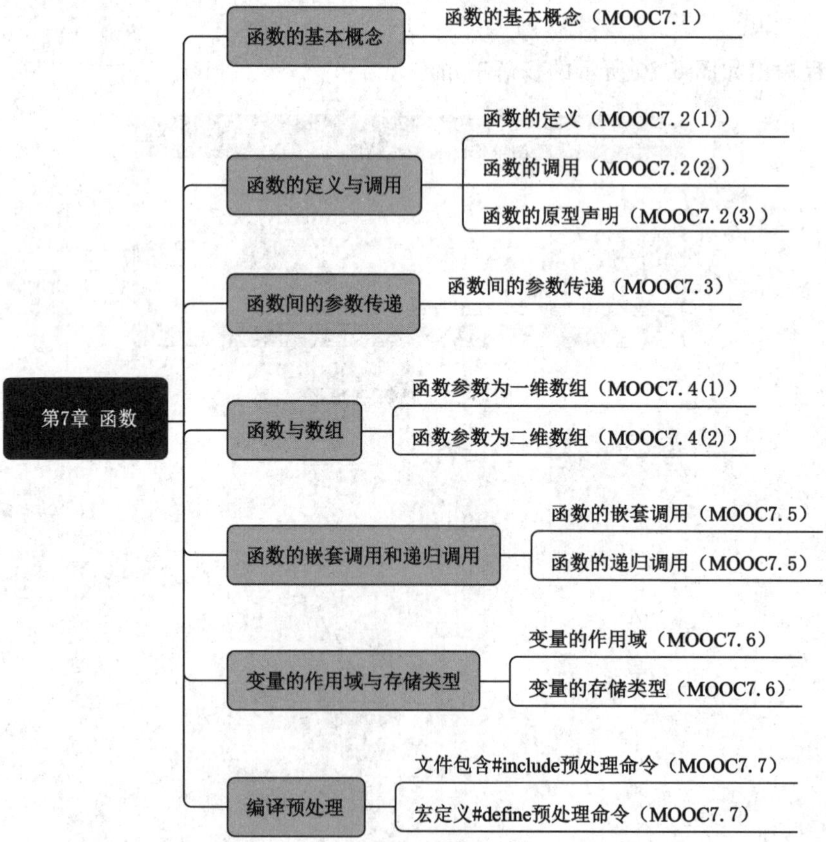

# 7.1　函数的基本概念

结构化程序设计思想是将一个复杂的问题逐步细化分成若干个简单的功能模块，每个模块通过执行一系列的语句来完成一个特定的功能，使得程序简练，便于调试和维护。C语言中，由函数来实现模块的功能。另外，也可将程序中那些需要重复编写的代码独立出来以函数形式表达，这样能提高代码的重用性，从而提高程序的开发效率。

函数的基本概念课件

在C语言中，函数可分为两类：一类是由系统定义的标准函数，又称为库函数，如前面介绍的printf()、scanf()函数等，若在程序中要用到库函数，应在程序的开头用#include命令将该库函数声明所在的头文件包含进来。另一类是自定义函数，这类函数是根据具体问题的需求来设计的，如果库函数不能满足程序设计的需求，那么就需要自行编写函数来完成所需的功能。C语言程序设计的核心就是设计自定义函数，每一个函数都是具有独立功能的模块，通过各个模块之间的协调工作可以完成复杂的程序功能。

函数的基本概念视频

下面来看一个简单的函数调用例子。

**【例7-1】** 输入n，求1!+2!+…+n! 并输出结果。

分析：若先不计算阶乘，而直接把i!作为一个累加项，这样程序编写就非常简单了，程序代码可写为：

```
#include<stdio.h>
int main( )
{
    inti,n,sum=0;
    scanf("%d",&n);
    for(i=1; i<=n; i++)
        sum=sum+i!
    printf("1!+2!+……+n!=%d\n",sum);
    return 0;
}
```

问题：i!怎么求？

方法：可以通过两种方法来对i!进行求解。

(1) 利用循环来求i!，即在main( )函数中使用循环的嵌套；(代码请读者自己编写)

(2) 编写阶乘函数，在main( )函数中调用阶乘函数求出i!，使程序更为清晰。

程序如下：

```
#include <stdio.h>
/*阶乘函数*/
```

```
long factorial(int m)
{
    long f=1;                                  /*求形参m的阶乘值并存放在f中*/
    int i;
    for(i=1;i<=m;i++)
        f*=i;
    return f;                                  /*返回f的值到主函数中调用的地方*/
}
/*主函数*/
int main( )
{
    int i,n;
    long sum=0;
    printf("Enter n:");
    scanf("%d",&n);
    for(i=1; i<=n; i++)
    {
        sum=sum+factorial(i);     /*调用函数factrial( )求阶乘值,并累加到sum */
    }
    printf("sum is %ld\n", sum);                                  /*输出sum*/
    return 0;
}
```

程序的测试结果为:

```
Enter n:3↙
sum is 9
```

程序解析:程序中输入 n 的值为 3,则 main( )函数中,for 循环执行 3 次,每次执行都会调用一次 factorial( )函数计算 i!,并保存在变量 f 中,计算完成后由 return f;语句带回到 main( )函数中,将 i!值累加到变量 sum 上。经过 3 次循环后就可以计算出 sum=1!+2!+3!,并将 sum 输出。

说明:

(1) 一般来说,一个 C 语言程序由一个 main( )函数和若干个用户定义的函数组成。

(2) 程序的执行从 main( )函数的入口开始,到 main( )函数的出口结束,中间直接或间接调用其他函数。main( )函数是系统定义的程序的入口点。注意:一个 C 语言程序有且只能有一个 main( )函数。

(3) 用户自定义函数之间可以相互调用,但其他函数不能调用 main( )函数。

(4) 函数具有相对独立的功能,函数与函数之间通过参数(输入)和返回值(输出)来联系。使用函数有利于代码重用,提高开发效率。

# 7.2 函数的定义与调用

函数的定义与调用课件

## 7.2.1 函数的定义

函数的定义视频

函数和变量一样，在使用之前必须先定义。一个函数定义是由函数首部与函数体两部分组成，其定义的一般形式为：

```
函数类型函数名(形式参数列表)                    /*函数首部*/
{
    声明语句组;
    可执行语句组;                               /*函数体*/
}
```

说明：

(1) 函数类型指函数返回值类型，缺省函数类型，默认为 int 型。若函数没有返回值，则函数类型应设置为空类型 void。

(2) 函数名是函数的唯一标识，用于说明函数的功能。函数名的命名须符合标识符的命名规则。为了增强程序的可读性，建议函数名的命名与函数的功能有一定关系，以养成良好的编程风格。

(3) 形式参数简称为形参，形参列表是包含在圆括号中的0～多个、以逗号分隔的变量定义。形参是虚设的，它没有确定的值，仅规定了函数将从调用函数中接收数据的个数以及它们的类型，只有当执行函数调用时，调用函数才会将具体的值(实参)传给形参，形参才具有值。

形参列表的格式为：

```
类型 1 参数 1,类型 2 参数 2……类型 n 参数 n
```

每个参数前面的类型都必须分别写明。形参列表可以为空，表示函数无参数，但圆括号不能省略。

(4) 注意函数首部后面不能加分号。

(5) 函数体是用花括号括起来的语句序列，包括声明语句和可执行语句。声明语句一般是指变量的定义语句或函数的声明语句，C 语言中要求声明语句必须放在可执行语句之前。

(6) 对于有返回值的函数，函数值是通过 return 语句返回，其形式为：

```
return  表达式;
```

或：

```
return  (表达式);
```

表达式值的类型与函数类型最好一致，以避免可能出现的错误。

(7) 对于没有返回值的函数，函数体内 return 后面不能加上表达式，其形式为：

```
return;
```

也可不写 return 语句。这样的函数类型应该为 void。

(8) return 语句的功能是结束函数的执行。若有返回值,同时将函数值返回到调用函数中调用的地方。一个函数体中可以有多个 return 语句,但每次只能通过一个 return 语句执行返回操作,并且每次只能返回一个值。如果函数体内没有 return 语句,则遇到函数体的右花括号,返回到调用的地方。

(9) 函数定义不能嵌套,即不能在一个函数体内嵌套定义另一个函数。

如例 7-1 中阶乘函数的定义:

```
long factorial(int m)                          /* 函数首部 */
{
    long f=1;                                  /* 声明语句 */
    int i;                                     /* 声明语句 */
    for(i=1;i<=m;i++)                          /* 可执行语句 */
        f*=i;
    return f;
}
```

其中,long factorial (int m)为函数首部,函数类型为 long,函数名为 factorial,函数有一个形式参数 m,其类型为 int。

花括号{ }括起来的部分为函数体。在函数体中,包括变量定义语句和可执行语句。factorial( )函数中定义了变量 f,用来存放计算 m 阶乘的结果;使用 for 循环语句计算阶乘值,并保存在变量 f 中;最后使用 return f;语句,将计算的阶乘值 f 带回 main( )函数中调用的地方;其中变量 f 即为返回值,类型应与函数首部中的函数类型相同。

**【例 7-2】** 一个简单的形参列表为空的函数示例。

程序如下:

```
#include<stdio.h>
void printstar()                               /* 函数的定义 */
{
    printf("***************************\n");
}
int main()
{
    printstar();                               /* 函数的调用 */
    printf(" Welcome to C program!\n");
    printstar();                               /* 函数的调用 */
    return 0;
}
```

程序运行结果如图 7-1 所示。

程序解析:printstar( )函数是一个形参列表为空的函数,函数的功能是打印一行星号并换行。printstar( )函数体内只包括一条 printf( )语句。printstar( )函数只执行打印操作,不需要主函数中传递参数过来,也不需要传回返回值,函数体中可以没有 return 语句,

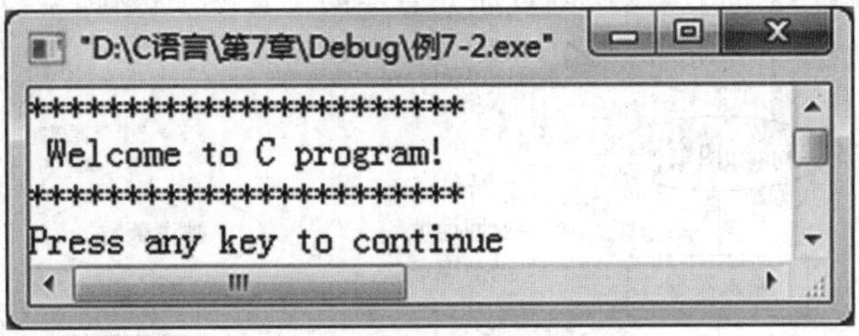


图 7-1　例 7-2 程序运行结果

函数类型为 void。

在 main( )函数中，调用两次 printstar( )函数，在“Welcome to C program!”前后各打印一行星号。

### 7.2.2　函数的调用

函数的调用
视频

函数定义后并不会自动执行，还应在调用函数中调用该函数来执行相应的函数功能，调用函数是实现函数功能的手段。

1. 函数调用的一般形式

函数名(实际参数列表)

说明：

(1) 函数在调用前应先定义，若调用系统提供的标准库函数，则应在函数调用前，用 # include 命令包含相应的头文件，否则编译会出现函数未定义的错误。

(2) 实际参数简称为实参，实参列表是由 0～多个实参构成，多个参数之间用逗号分隔。即使实参列表为空，圆括号也不能省略。

实参是用来在调用函数时给形参初始化的，实参的个数和类型由形参决定，一般要求在函数调用时，实参的个数和类型必须与形参的个数和相对应位置的类型相一致。实参对形参初始化是按其位置对应进行的，即第一个实参的值赋给第一个形参，第二个实参的值赋给第二个形参，依此类推。实参可以是常量、变量和表达式，前面不需要加上参数类型。

(3) 函数的调用方式有两种：一种是以语句形式调用，一种是以表达式形式调用。

① 如果函数有返回值，而且在调用时需要该返回值，可以以表达式形式调用，将函数调用作为语句的一部分，如例 7-1 中“sum＝sum＋factorial(i);”。

② 如果函数没有返回值，即函数类型为 void 的函数，则只能以语句形式调用，如例 7-2 中“printstar();”。

③ 如果函数有返回值，但函数调用时不需要其返回值，也可以以语句形式调用。如例 6-14中“getchar();”。

2. 函数调用的一般流程

(1) 程序从 main( )函数开始执行，当遇到函数调用时，为被调函数分配存储空间，将实参的值依次赋给对应的形参；

(2) main( )函数暂停执行，转而执行被调用的函数；

(3) 被调函数执行完成后(遇到 return 语句或函数体的右边花括号)，返回调用函数，释放被调函数占用的内存空间,从调用函数原先暂停的位置继续执行。

函数调用流程如图 7-2 所示。

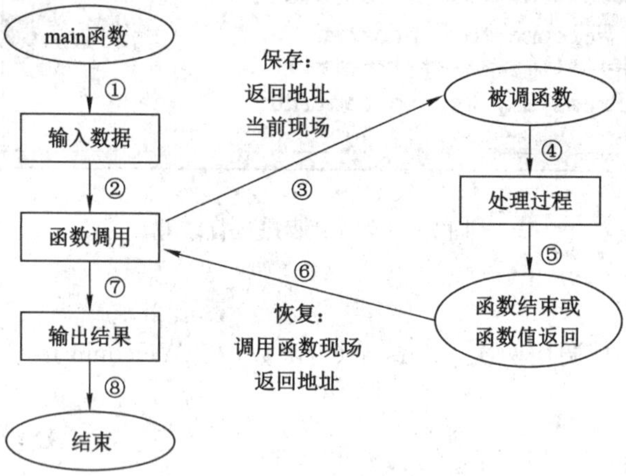


图 7-2　函数调用的一般流程

一般情况下,数据的输入输出放在主函数中。

**【例 7-3】** 编写程序,求 3 个整数中的最大值。

**分析**:要找出 3 个数中的最大值,两个数的比较需要进行两次,因此,可以将两个数的比较独立出来编一个函数。定义两个形参代表要参与比较的两个数,将大的数通过 return 语句返回。

程序如下:

```
#include <stdio.h>
int max(int x,int y)                    /* 比较两个整数的大小,返回两个数中的大值 */
{
    if(x>y)
        return x;
    else
        return y;
}
int main()
{
    int a,b,c,t;
    printf("Enter 3 integers:");
    scanf("%d%d%d",&a,&b,&c);
    t=max(a,b);              /* 调用 max( )函数,求出 a,b 中最大的数,放在 t 中 */
    t=max(t,c);              /* 调用 max( )函数,求出 t, c 中最大的数,放在 t 中 */
    printf("The max integer:%d\n",t);
    return 0;
}
```

程序运行结果如图 7-3 所示。

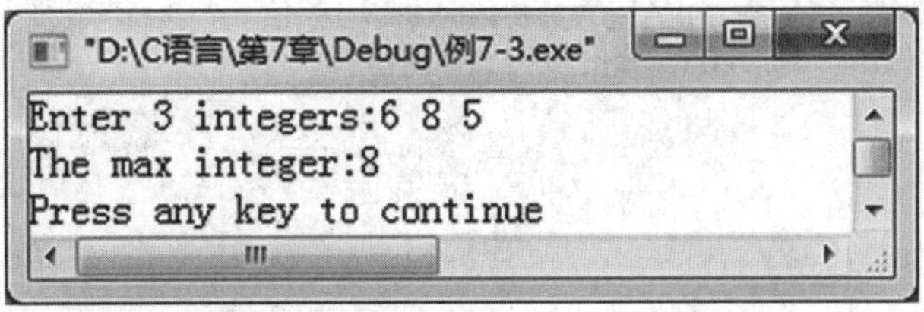


图 7-3　例 7-3 程序运行结果

程序解析：程序功能为输入三个整数，调用两次 max( )函数计算三个数中的最大值，并输出。main( )函数中先使用 scanf 语句输入三个整数 a、b、c 的值，然后在 t=max(a,b);语句中调用 max( )函数，将实参 a 和 b 的值分别传递给形参 x 和 y，此时，程序流程跳转到 max( )函数。在 max( )函数中，使用 if-else 语句比较 x 和 y 的大小，并通过 return 语句将大数返回到 main( )函数中，用同类型的变量 t 来接收。此时，程序流程又返回到 main( )函数，接着执行 t=max(t,c);语句，然后再次调用 max( )函数，将实参 t 和 c 的值分别传递给形参 x 和 y，程序流程再次跳转到 max( )函数，max( )函数执行完后，将两个数中的大数返回到 main( )函数中，再次赋值给 t。程序流程再次返回到 main( )函数，最后将最大值 t 输出。

**注意：**函数 max( )中虽然有两条 return 语句，但只会执行到其中一条语句，且只能返回一个值。

### 7.2.3　函数的原型声明

函数的原型声明视频

在前面所举的例子中，函数都是先定义后调用，即被调函数的定义放在调用函数的定义之前。C 语言也允许函数调用在前、定义在后，但前提是必须在调用前对该函数进行函数原型声明。如果函数调用之前，既不定义，也不声明，程序编译时会出现“函数未定义”的错误。

函数原型声明的一般形式为：

```
函数类型　函数名(形参列表);
```

函数原型声明的语法格式通常与函数定义中的函数首部是一致的，唯一的区别是函数声明作为一条语句，必须以分号结束；而函数定义中的函数首部不是语句，不能加分号，否则编译会出现错误。在函数原型声明的形参列表中，形参变量名可以省略，只需给出形参的类型即可。

**【例 7-4】**　函数声明示例。

程序如下：

```
#include <stdio.h>
int main()
{
    int a,b;
    int max(int x,int y);            /*函数原型声明，可以写成 int max(int,int); */
```

```
    printf("Enter 2 integers:");
    scanf("%d%d",&a,&b);
    printf("the max is %d\n",max(a,b));
    return 0;
}
int max(int x,int y)                                  /* 函数定义 */
{
    return x>y? x:y;
}
```

**说明:**

① 若函数调用在前、定义在后,则必须在调用函数之前对被调函数进行函数声明。函数声明语句可以放在调用函数的函数体内声明语句组中,也可以放在调用函数前的函数体外部。

② 函数声明和所定义的函数在函数类型、函数名、参数个数和相对应位置的参数类型必须要完全一致。但函数声明中的形参名可以缺省,也可以与函数定义中的参数名不同。

## 7.3 函数间的参数传递

参数是调用函数与被调函数之间传递数据的通道。函数定义时,形参并没有确定的值,只有当执行函数调用时,系统才会为形参分配新的存储单元,将实参的值赋给形参。在被调函数中操作的实际上是形参存储单元的值,当函数调用结束后,形参所占用的存储单元将会被释放,形参的改变并不会影响实参的值,这就是函数间参数的传值方式。此时,被调函数是通过返回值来影响调用函数。

函数间的参数传递课件

函数调用语句中实参的个数和相对应位置的参数类型,必须与函数定义中形参个数和类型一致,否则编译时会发生"类型不匹配"的错误。

函数间的参数传递视频

**【例 7-5】** 编写函数,求一个正整数各个位上的数字之和。

程序如下:

```
#include <stdio.h>
int sum(int m);                                  /* 函数原型声明 */
int main()
{
    int m,k;
    printf("Enter m(m>0):");
    scanf("%d",&m);
    k=sum(m);
```

```
    printf("k=%d\n",k);
    return 0;
}
int sum(int m)                                  /*函数定义*/
{
    int s=0;
    while(m!=0)
    {
        s=s+m%10;
        m=m/10;
    }
    return s;
}
```

程序的测试结果为：

```
Enter m(m>0):1234↙
k=10
```

程序分析：在 main( )函数中调用 sum( )函数时，系统会为形参 m 重新分配存储空间，将实参的值传递给形参。虽然函数调用 sum(m)中的实参 m 和函数定义 int sum(int m)中形参 m 同名，但它们并不是同一个变量，而是分别占用不同的存储单元。操作结束后将结果通过 return 语句返回，并释放形参 m 所占用的存储单元。函数体内对形参的改变并不影响实参的值，可见，传值调用的优点是减少函数间的关联。

但并不是所有的函数都可以通过传值调用来实现，请看下面一个例子。

**【例 7-6】** 分析下面程序，能否实现交换两个变量的值。

程序如下：

```
#include <stdio.h>
void swap(int a,int b)
{
    int temp;
    temp=a;a=b;b=temp;
}
int main()
{
    int x,y;
    x=3,y=4;
    printf("Before:x=%d,y=%d\n",x,y);
    swap(x,y);
    printf("After: x=%d,y=%d\n",x,y);
    return 0;
}
```

程序运行结果如图 7-4 所示。

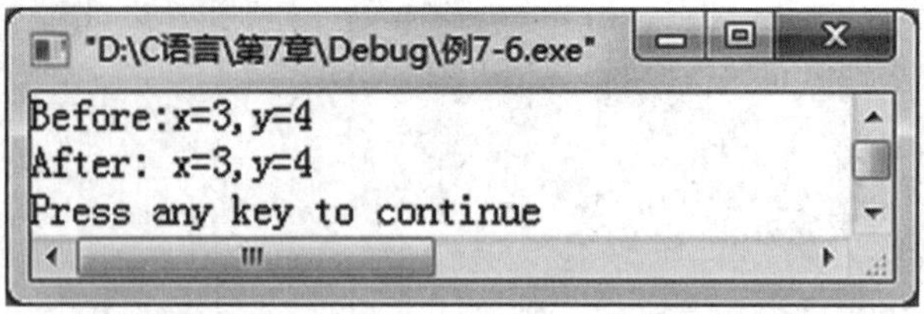


图 7-4　例 7-6 程序运行结果

程序分析:函数调用前后 x,y 输出的结果相同,并没有因为形参 a、b 在函数体中的交换而跟着交换。原因是数据的交换是在形参的存储单元中进行的,函数调用结束后,形参所占用的存储单元也同时被释放,如图 7-5 所示。可见,函数体内形参的改变与实参无关。

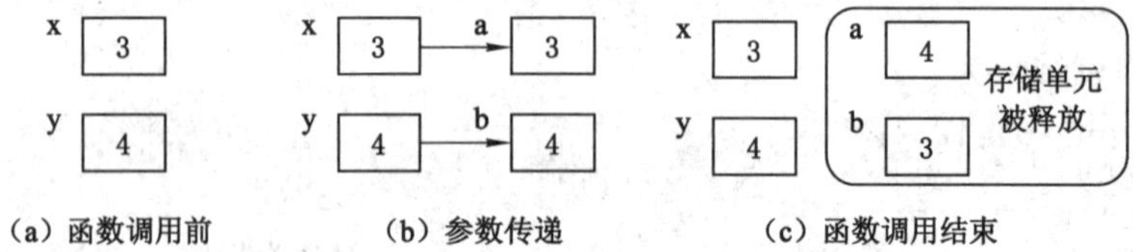


图 7-5　函数调用前后参数存储单元状况

**思考:**将 swap()函数改为下面两种形式,能否实现将 a、b 交换后的值返回?

形式 1:

```
int swap(int a,int b)
{
    int temp;
    temp=a;a=b;b=temp;
    return a,b;
}
```

形式 2:

```
int swap(int a,int b)
{
    int temp;
    temp=a;a=b;b=temp;
    return a;
    return b;
}
```

# 7.4　函数与数组

数组作为函数的参数有两种形式:数组元素作为函数的参数和数组名作为函数的参数。

函数与数组
课件

数组元素的使用等同于同类型的简单变量,因此数组元素可以作为函数的实参,此时被调函数的形参应该是同类型的简单变量。函数的调用属于传值调用方式,实参的值单向传递给形参,形参值的改变不影响实参的值。

而数组作为一种数据类型，也可以作为函数的形参。调用函数时，用数组名作为实参，因为数组名代表的是数组在内存中的首地址，此时传递给形参的是实参数组的首地址，这样使得形参数组和实参数组指向的是同样的内存单元，因此形参数组元素值的改变会影响对应实参的数组元素。这种参数的传递方式又称为传址方式。

函数与一维数组视频

### 7.4.1　函数参数为一维数组

1. 数组元素作为函数的参数

**【例 7-7】** 分析下面程序，能否实现交换两个变量的值。

程序如下：

```
#include <stdio.h>
void swap2(int x,int y)
{
    int temp;
    temp=x;x=y;y=temp;
}
int main()
{
    int a[2]={3,4};
    printf("Before:a[0]=%d,a[1]=%d\n",a[0],a[1]);
    swap2(a[0],a[1]);
    printf("After: a[0]=%d,a[1]=%d\n",a[0],a[1]);
    return 0;
}
```

程序运行结果如图 7-6 所示。

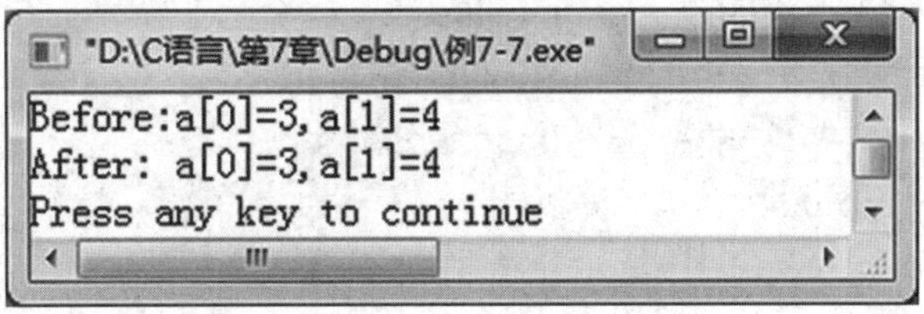


图 7-6　例 7-7 程序运行结果

程序分析：函数调用前后数组 a 中元素值输出的结果相同，并没有因为形参 x、y 在函数体中的交换而跟着交换。可见，数组元素作为函数的实参，函数的形参是简单变量，实参的值单向传递给形参，形参变量值的改变不影响实参数组元素的值。

2. 数组名作为函数的参数

当数组名作为函数的实参时，要求被调函数相对应位置的形参应该也是同类型的数组或指针（详见第 8 章指针）。

**【例 7-8】** 编写函数,实现对含有 n 个元素的整型数组 a,从大到小进行排序。

程序如下:

```
#include <stdio.h>
#include <stdlib.h>
int main()
{
    int a[10],i;
    void sort(int x[],int n);                               /* 函数原型声明 */
    printf("随机产生一组 10 个 0~99 之间的整数:\n");
    for(i=0;i<10;i++)
    {
        a[i]=rand()%100;
        printf("%d ",a[i]);
    }
    printf("\n 从大到小排序的序列为:\n");
    sort(a,10);                                             /* 函数调用 */
    for(i=0;i<10;i++)
    {
        printf("%d ",a[i]);
    }
    printf("\n");
    return 0;
}
void sort(int x[],int n){  /* 函数定义,其中形参 n 用来接收实参传来的数组长度 */
  int i,j,k,w;
  for(i=0;i<n-1;i++){
    k=i;
    for(j=i+1;j<n;j++)
        if(x[k]<x[j])
            k=j;
    if(i!=k){
        w=x[i];x[i]=x[k];x[k]=w;
    }
  }
}
```

程序运行结果如图 7-7 所示。

程序分析:函数调用前,main( )函数中数组 a 中元素是无序的,在函数调用后,main( )函数中的数组 a 中元素已排好序。这是因为数组名作为实参时,并不是将数组所有的数组元素都传递给形参,而只是将数组的首地址传递给形参数组,这样使得形参数组和实参数组

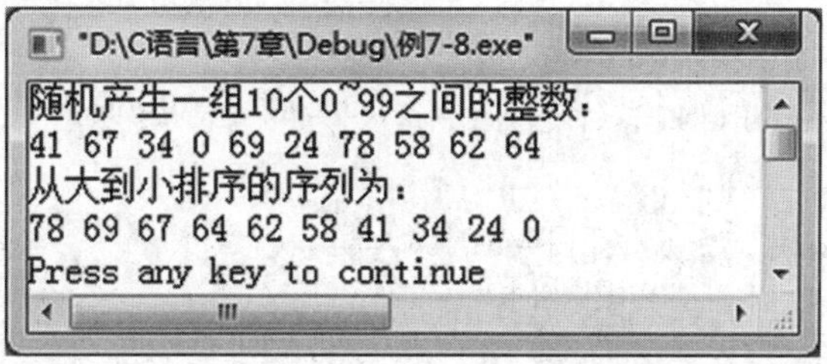


图 7-7　例 7-8 程序运行结果

指向的是同样的内存单元，相当于同一数组采用了两个不同的数组名，如图 7-8 所示。因此形参数组 x 的元素值的改变会影响对应实参数组 a 的元素值。

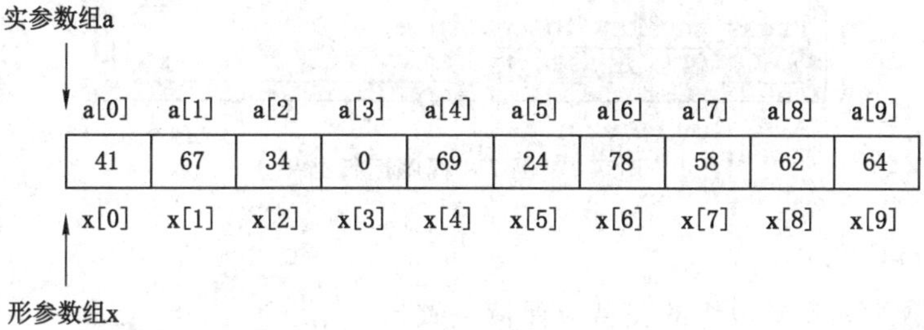


图 7-8　数组名作为参数的内存表示

**【例 7-9】**　将字符串逆序存放。

**分析**：逆序存放的思路：将第一个字符与最后一个有效字符对调，第二个字符与倒数第二个字符对调……依此类推，直到中间字符为止。

程序如下：

```
#include <stdio.h>
#include <string.h>
void reverse(char s[]);                                  /* 函数原型声明 */
int main()
{
    char str[80];int i;
    printf("Enter a string:");
    gets(str);
    printf("Reverse string:");
    reverse(str);                                        /* 函数调用 */
    puts(str);
    return 0;
}
void reverse(char s[])                                   /* 函数定义 */
{
```

```
    int i,j;
    char c;
    for(i=0,j=strlen(s)-1;i<j;i++,j--)
    {
        c=s[i];s[i]=s[j];s[j]=c;
    }
}
```

程序运行结果如图 7-9 所示。

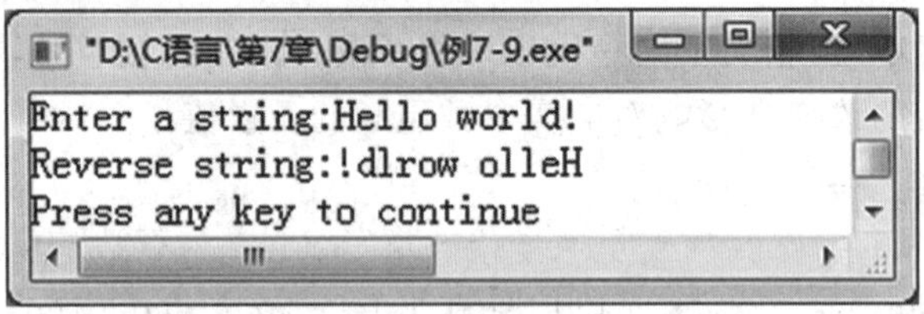


图 7-9　例 7-9 程序运行结果

**说明：**

(1) 形参数组和实参数组的类型应保持一致。

(2) 对于数值型数组，为了使函数更具有通用性，通常会将数组的长度也传递给形参，如例 7-8 sort( )函数定义中的形参变量 n 就是用来接收数组的长度。但对于字符型数组，由于可以利用字符串结束符'\0'来判断字符串处理是否已经结束，所以字符串的长度一般不需要传给形参。

(3) 函数定义中的形参数组可以不必说明其具体长度，数组名后的[ ]可以为空，因为编译器对形参数组大小不作检查。

(4) 实参是数组，只需写数组名即可。以下的函数调用写法都是错误的：

```
sort(a[10],10);
reverse(str[ ]);
```

**思考：**如何用数组作为函数的参数来实现两个数的交换？

### 7.4.2　函数参数为二维数组

**【例 7-10】**　编写函数求二维数组 x[M][N]中每行元素的和，并求出该二维数组的最大值。

函数与二维数组视频

**分析：**因为通过 return 语句至多只能返回一个值，而题目要求返回多个值，因此可以通过 return 语句返回二维数组的最大值，而将二维数组中每行元素的和用一个一维数组来存放，通过参数传回到调用函数中。

程序如下：

```
#include <stdio.h>
int maxarray(int a[][4],int m,int n,int rs[])
{
```

```
    int i,j,max=a[0][0];
    for(i=0;i<m;i++)                          /* 将数组 rs 中元素全部赋值为 0 */
        rs[i]=0;
    for(i=0;i<m;i++)
        for(j=0;j<n;j++)
        {
            rs[i]+=a[i][j];                   /* 将数组 a 中各行元素和 */
            if(max<a[i][j])                   /* 求数组 a 中最大值 */
                max=a[i][j];
        }
    return max;                               /* 返回最大值 */
}
int main()
{
    int a[3][4]={{12,4,-8,20},{-3,6,17,22},{5,-9,36,15}};
    int rowsum[3],max,i;
    max=maxarray(a,3,4,rowsum);               /* 实参为数组名 */
    for(i=0;i<3;i++)
        printf("第%d 行和:%d\n",i,rowsum[i]);
    printf("二维数组中元素最大值为:%d\n",max);
    return 0;
}
```

程序运行结果如图 7-10 所示。

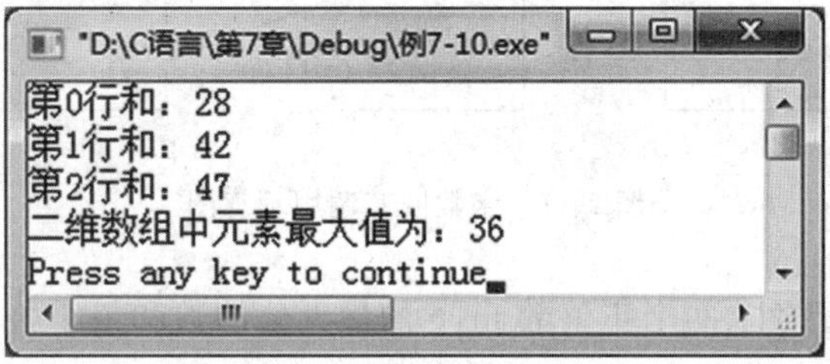


图 7-10　例 7-10 程序运行结果

**说明:**

(1) 当用二维数组名作为函数的实参时,实际传递给形参的是数组的首地址。

(2) 当形参被声明为二维数组时,可以省略数组第一维的长度声明,但不能省略数组第二维的长度声明,而且第二维长度应和实参数组的第二维长度相同。因为从实参传递来的是数组的起始地址,数组元素在内存中都是按行的顺序连续存储的,编译器必须知道一行有多少元素(即列的长度),才能确定下一行从哪开始,从而准确地找到要访问的数组元素。以下函数定义的写法是错误的。

```
int maxarray(int a[][],int m,int n,int rs[]){ }
```

(3) 对于数值型数组,为了使函数更具有通用性,通常也会将数组的两维长度也传递给形参,如 maxarray( )函数定义中的形参变量 m 和 n 就是用来接收数组的行数和列数。

(4) 当需要函数返回多于一个的返回值,可以将类型相同有关联的多个数据用一个数组返回给调用函数。

函数的嵌套调用和递归调用课件

## 7.5 函数的嵌套调用和递归调用

### 7.5.1 函数的嵌套调用

函数的嵌套调用和递归调用视频

C 语言中的函数定义都是互相平行、互相独立的。C 语言不允许函数的嵌套定义,但是允许函数的嵌套调用。所谓嵌套调用指的是在调用一个函数的过程中又调用另一个函数,如图 7-11 所示。

图 7-11 所示的是两层嵌套调用的执行流程。在 main( )函数中调用 f1( )函数,而在 f1( )函数中又调用了 f2( )函数,当函数 f2( )执行完成后会返回函数 f1( ),从调用的地方继续执行,直到函数 f1( )执行结束,再返回 main( )函数,然后从调用 f1( )函数的地方往后执行,最后在 main( )函数中程序运行结束。

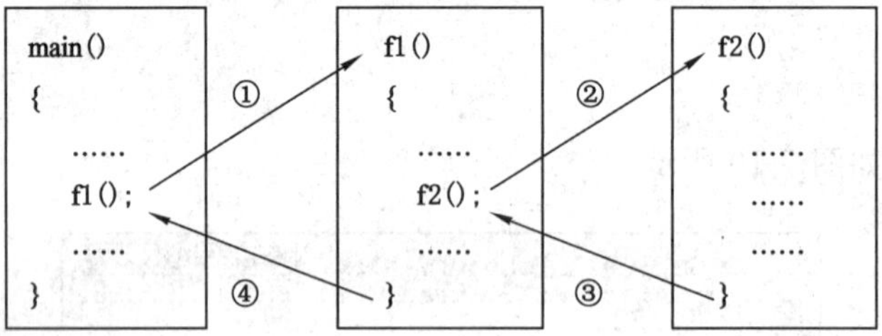


图 7-11 函数嵌套调用示意图

**【例 7-11】** 编写函数求两个正整数 m,n 的最大公约数和最小公倍数。

**分析:**m、n 的最小公倍数为:m * n/最大公约数。

程序如下:

```
#include <stdio.h>
int GCD(int,int);                                    /* 函数原型声明 */
int LCM(int,int);                                    /* 函数原型声明 */
int main()
{
    int m,n;
    printf("Enter m and n:");
    scanf("%d%d",&m,&n);
```

```
    printf("GCD=%d\n",GCD(m,n));
    printf("LCM=%d\n",LCM(m,n));
    return 0;
}
int GCD(int m,int n)                              /*辗转相除法求最大公约数*/
{
    int r;
    while((r=m%n)!=0)
    {m=n;n=r;}
    return(n);
}
int LCM(int m,int n)                              /*求最小公倍数*/
{
    return(m*n/GCD(m,n));                         /*嵌套调用 GCD 函数*/
}
```

程序的测试结果为：

```
Enter m and n:12  8↙
GCD=4
LCM=24
```

### 7.5.2 函数的递归调用

函数体内除了可以调用其他函数，还可以调用函数本身。在函数体中直接或间接地调用函数本身，称为函数的递归调用，简而言之，递归调用就是函数自己调用自己。最典型的例子是阶乘运算，它可作如下的定义：

n!=n(n-1)!

(n-1)!=(n-1)(n-2)!

…

1!=1

并不是所有的问题都可以设计成递归函数，必须满足如下条件才可以：

① 原始问题能转化为解决方法相同、规模小一些的新问题；

② 新问题又可以转化为解决方法相同的、规模更小的新问题，直至终止条件为止。

**【例 7-12】** 编写递归函数计算 n!

程序如下：

```
#include <stdio.h>
long fact(int n)
{
    if(n==1)  return 1;                           /*递归终止条件*/
    return n*fact(n-1);                           /*函数递归调用自己*/
}
```

```
int main()
{
    int n;
    printf("Enter n(n>0):");
    scanf("%d",&n);
    if(n<=0)
        printf("Input error!\n");
    else
        printf("%d!=%ld\n",n,fact(n));                /*输出函数调用的结果*/
    return 0;
}
```

程序的测试结果为:

```
Enter n(n>0):4↙
4!=24
```

程序分析:递归调用的执行过程分为递推过程和回归过程两部分,fact()函数的递归调用过程如图 7-12 所示。

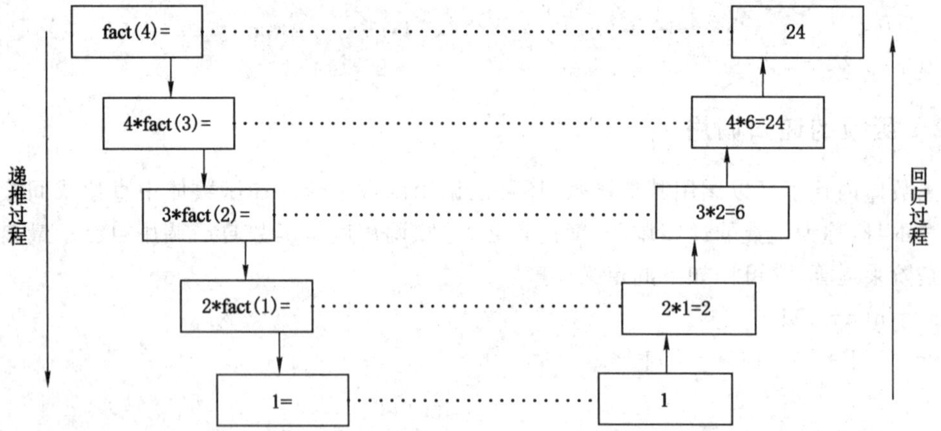


图 7-12　递归调用的执行过程

**思考**:若函数中没有下面的语句,则程序运行结果会如何?

```
if(n==1)return 1;
```

**注意**:任何有意义的递归必须具有以下两个条件:

(1) 递归终止条件及终止时的值。

(2) 能用递归形式表示,并且递归向终止条件发展。

**【例 7-13】** 利用递归方法求 Fibonacci 数列的第 n 项。

分析:Fibonacci 数列的第 1 项为 0,第 2 项为 1,从第 3 项开始,数列每一项的值是前两项之和。因此写成递归函数的形式为:

$$fib(n)=\begin{cases}0 & n=1\\ 1 & n=2\\ fib(i-1)+fib(i-2) & n\geqslant 3\end{cases}$$

程序如下：

```
#include <stdio.h>
int fib(int n)
{
    if(n==1) return 0;                        /*递归终止条件*/
    else if(n==2) return 1;                   /*递归终止条件*/
    else return fib(n-1)+fib(n-2);            /*函数递归调用自己*/
}
int main()
{
    int n,f;
    printf("Enter n(n>0):");
    scanf("%d",&n);
    f=fib(n);                                 /*函数调用*/
    printf("fib(%d)=%d\n",n,f);
    return 0;
}
```

程序的测试结果为：

```
Enter n(n>0):5↙
fib(5)=3
```

程序分析：以 n=5 为例，图 7-13 说明了 fib( )函数是怎样计算数列中第 5 项的值：fib(5)。

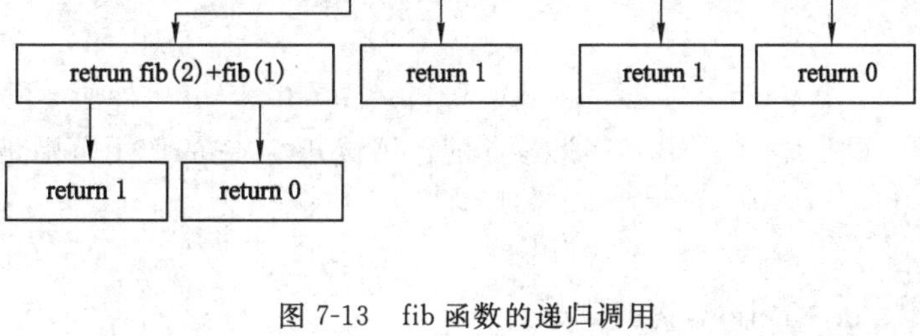


图 7-13　fib 函数的递归调用

从图中可以看出，如果 n>=3，每次递归调用 fib( )函数都要调用该函数两次。也就是说,计算第 n 个 fibonacci 数列的值,就要执行 $2^{n-2}+1$ 次递归调用。当 n=5 时,要调用递归函数 9 次,n=20 时,要调用递归函数约 $2^{18}$ 次。这种递归函数的设计虽然程序的算法简单,但计算的复杂度会随着问题规模的增大而呈指数级增长。因此,对于同一个问题既可采用循环解决,又可采用递归解决时,采用循环的效率要高于递归。

变量的作用域与存储类型课件

## 7.6 变量的作用域与存储类型

### 7.6.1 变量的作用域

变量的作用域与存储类型视频

变量的作用域指的是在程序中能引用该变量的范围,C 语言程序中根据变量的作用域不同,可把变量分为局部变量和全局变量两种。

1. 局部变量

在函数内部或者复合语句内部定义的变量,叫做局部变量。局部变量只在定义它的函数体或者复合语句内部有效,在此范围之外是不能使用这些变量的。

**【例 7-14】** 局部变量示例。

程序如下:

```
#include<stdio.h>
void f(int a);
int main()
{
    int a=1;            /*外层 a 的作用域开始,它的作用范围是 main 函数内部*/
    printf("a in main:%d\n",a);
    {
        int a=2;        /*内层 a 的作用域开始,它作用范围是复合语句内部*/
        printf("a in inner block:%d\n",a);
    }                                              /*内层 a 的作用域结束*/
    f(a);                                          /*实参为外层变量 a 的值*/
    printf("a in main:%d\n",a);
    return 0;
}                                                  /*外层 a 的作用域结束*/
void f(int a)           /*形参 a 的作用域开始,它的作用范围是 f 函数内部*/
{
    a=3;
    printf("a in function:%d\n",a);
}                                                  /*形参 a 的作用域结束*/
```

程序运行结果如图 7-14 所示。

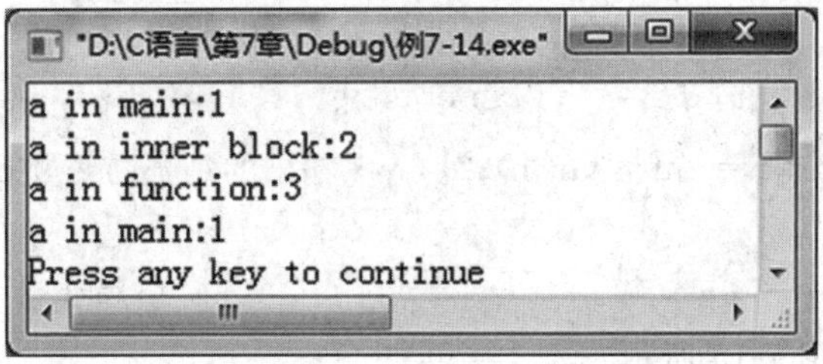


图 7-14 例 7-14 程序运行结果

**说明：**

① 形参也是局部变量，如函数 f( )中的形参 a，它仅能在函数 f( )中被访问，其他函数不能访问它。

② 不同的函数内可使用相同名称的变量，它们占用不同的存储单元，只能在各自的函数内使用，彼此互不干扰，如 main( )函数的变量 a 与 f( )函数中的形参 a。

③ 内外层可以定义同名的变量，如 main 函数中的外层变量 a 和内层变量 a。对于作用域不同的变量，系统为它们分配不同的存储单元，当使用复合语句内层的变量 a 时，外层的变量 a 暂时挂起。为了提高程序的可读性，在一个函数内尽量不要定义同名的变量。

2. 全局变量

为了解决多个函数间公用变量的问题，C 语言中还允许定义全局变量，全局变量定义在函数外，不属于任何一个函数的变量称为全局变量。全局变量的作用范围是从定义的地方开始，直到程序所在文件结束，作用范围内的所有函数都可以使用该全局变量。一般情况下，全局变量的定义放在第一个函数的前面。

**【例 7-15】** 全局变量示例。

程序如下：

```
#include <stdio.h>
int n=1;                                   /*全局变量n的作用域开始*/
void f1()
{
    n++;                                   /*使用的是全局变量n*/
}
int m=2;                                   /*全局变量m的作用域开始*/
void f2(int n)
{
    n++;                                   /*使用的是形参n*/
    m++;                                   /*使用的是全局变量m*/
}
int main()
{
```

```
    int n=4;
    f1();
    f2(n);                                          /*实参为局部变量 n*/
    printf("m=%d,n=%d\n",m,n);       /*输出的是全局变量 m 和局部变量 n 的值*/
    return 0;
}                                             /*全局变量 m,n 的作用域结束*/
```

程序运行结果如图 7-15 所示。

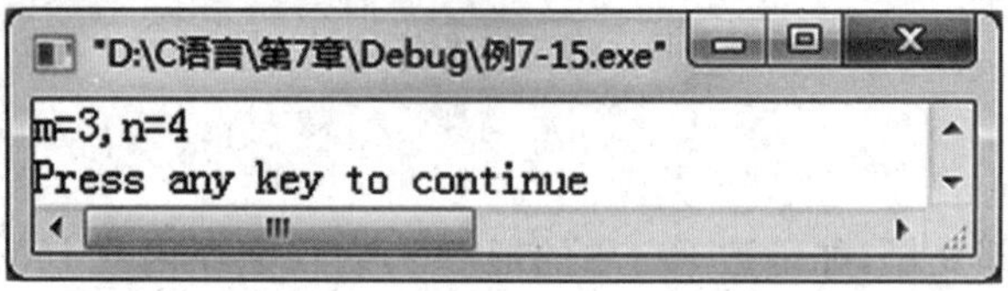


图 7-15　例 7-15 程序运行结果

**说明:**

① 全局变量在定义时若未显式指定初值,默认初值为 0(对数值型变量)或空字符'\0'(对字符型变量)。

② 当全局变量与局部变量重名时,全局变量不起作用,而由局部变量起作用。

③ 如果全局变量不在文件的开头定义,其作用域仅限于定义点开始到文件结束,定义点之前的函数或其他文件中的函数不可以使用该全局变量,如上例中 f1( )函数中不可以使用全局变量 m,否则会出现"变量未定义"的错误。

④ 在 C 语言中,可以使用声明符 extern 来扩展全局变量的作用域,可以向本文件中定义点之前的函数扩展,也可以扩展到程序的其他文件中。

由于全局变量使用不当会导致各函数之间出现干扰,容易出错。在一般情况下,应尽量避免使用全局变量,而尽量使用局部变量。

### 7.6.2　变量的存储类型

在 C 语言中,变量和函数有数据类型和存储类型两个属性,因此变量定义的一般形式为:

```
存储类型 数据类型 变量名表;
```

变量的存储类型是指编译器为变量分配内存的方式,它决定变量的生存期,即决定变量何时"生",何时"灭"。C 语言提供了几种不同的存储类型:auto、static、extern 和 register。auto 型变量存储在内存的动态存储区;register 型变量存储在寄存器中,static 和 extern 型变量存储在静态存储区。局部变量的存储类型默认为 auto 型,全局变量的存储类型默认为 extern 型。本书主要介绍 auto 和 static 两种存储类型。

1. 自动变量(auto)

自动变量被分配在内存的动态存储区中,在程序执行期间,当执行到自动变量定义时,系统动态地为变量分配存储空间;而当执行到作用域结束处,这种变量所占用的存储空间将会被系统回收。自动变量用关键字"auto"作存储类型说明,定义的形式为:

```
auto 类型名 变量表;
```

如:auto int a,b;　　　　　　　　　　/* 定义两个自动类型的整型变量 a 和 b */

**【例 7-16】** 自动变量示例。

程序如下:

```c
#include <stdio.h>
int f(int m)                                          /* 相当于 auto int m; */
{
    auto int x=1;                         /* 关键字"auto"可以省略,相当于 int x=1; */
    x=x+m;
    return x;
}
int main()
{
    int n=2,result;                                /* 相当于 auto int n=2,result; */
    result=f(n);
    printf("First: result=%d\n",result);
    result=f(n);
    printf("Second:result=%d\n",result);
    return 0;
}
```

程序的运行结果为:

```
First: result=3
Second:result=3
```

程序分析:第一次调用 f( )函数时,形参 m 的值为 2,局部变量 x 的初值为 1,第一次调用结束时,形参 m 和变量 x 分配的存储单元被释放,等第二次调用 f( )函数时,又需要重新给形参 m 和变量 x 分配空间,重新初始化:形参 m 的值重新为 2,变量 x 重新初始化为 1,因为第一次调用结束后,形参 m 和变量 x 的值未被保存下来。

说明:

(1) 在定义自动变量时,关键字“auto”可以省略,即变量的默认存储类别是 auto。在本节之前介绍的函数中定义的局部变量和函数的形参都没有存储类型说明,默认为自动变量。

(2) 自动变量在定义时不会自动初始化,除非在程序中显式指定初值,否则自动变量的初值是随机不确定的。

(3) 自动变量在退出所在的作用域后,其分配的内存单元立即被释放,再次进入作用域后,该变量将会被重新分配空间和初始化,不会保存上一次退出前所拥有的值。

2. 静态变量(static)

静态变量被分配在静态存储区中,在程序执行期间,其所分配的存储单元始终存在,直到整个程序运行结束,但其作用域外不能访问。静态变量用关键字“static”作存储类型说明,定义的形式为:

```
static 类型名 变量表;
```

静态变量根据定义的位置不同，又分为静态局部变量和静态全局变量。静态局部变量一般是指在函数内定义的静态变量，只能在定义它的函数体内被访问；静态全局变量是指在所有函数外定义的静态变量，可以被在定义它的文件中的定义点之后的所有函数访问，但它的作用域不能扩展到程序的其他文件中。

对于需要函数上一次调用结束时的值再进行运算的程序，即希望函数中局部变量的值在函数调用结束后不消失，即占用的存储单元不释放，保留上一次函数调用的值参与下一次的运算，这时可将该变量为静态局部变量。

**【例 7-17】** 静态局部变量例题。

程序如下：

```
#include <stdio.h>
int f(int m)
{
    static int x=1;                          /* 静态局部变量的定义 */
    x=x+m;
    return x;
}
int main()
{
    int n=2,result;
    result=f(n);
    printf("First: result=%d\n",result);
    result=f(n);
    printf("Second:result=%d\n",result);
    return 0;
}
```

程序的运行结果为：

```
First: result=3
Second:result=5
```

程序分析：第一次调用 f( )函数时，形参 m 的值为 2，变量 x 的初值为 1，第一次调用结束时，形参 m 分配的存储单元被释放，而变量 x 所分配的存储单元并未被释放；等第二次调用 f( )函数时，重新给形参 m 分配空间，重新赋值为 2，而变量 x 仍保留上次调用结束时的值 3。

说明：

① 静态局部变量在定义时若未显式指定初值，默认初值为 0(对数值型变量)或空字符'\0'(对字符型变量)。

② 静态局部变量在静态存储区分配存储单元，它的初始化仅在程序开始执行时处理一次，在程序整个运行期间，它的值始终存在，以后每次调用函数时不再重新分配空间和初始化，而保留上次函数调用结束时的值。

③ 虽然静态局部变量在函数调用结束后仍然存在内存中，但其他函数不能引用它。

静态变量与全局变量的生存期是相同的，都是在静态存储区分配内存的，都只分配一次存储空间，并且仅被初始化一次，若未显式初始化，则都自动初始化为0。其生存期是整个程序运行期间，即从程序运行起就占据内存，程序退出时才释放内存。但是它们的作用域有可能是不同的，这取决于静态变量定义的位置。

静态局部变量和自动局部变量的作用域都是局部的，即仅在定义它的函数内或复合语句内可被访问。但它们的生存期是不同的，静态局部变量在退出作用域后仍能保持其值到下一次进入作用域。而自动变量在退出所在的作用域后，再次进入时，将不会保持上一次退出前所拥有的值。静态局部变量的这种“记忆”功能也会出现输入参数相同但得到的输出结果可能不同的现象，因此建议尽量少用静态局部变量。

系统给运行中的程序分配的内存空间可以分为三部分：程序代码区、静态存储区和动态存储区。

动态存储区中存放的变量是根据程序运行的需要而分配和释放的。通常情况下，存储在动态存储区的变量包括：函数的形式参数、自动变量、函数调用时的现场保护和返回地址等。这些变量在函数调用的时候才开始分配存储空间，等函数调用结束时释放这些空间，两次调用同一个函数，这些变量获取的存储空间地址可能是不同的。

静态存储区中存放了整个程序执行期间都存在的变量，如：全局变量和静态变量。这类变量在程序开始运行时就分配了存储空间，并自动初始化，直到程序运行结束才释放其存储空间。在程序运行的过程中，这类变量都占有固定的存储单元，不会动态地分配和释放。

对变量进行存储类型定义，是C语言的一个特点，也是一个难点。在进行程序设计的过程中，尤其是在进行较大规模的程序设计时，应弄清变量的作用域和生存期。

## 7.7 编译预处理

编译预处理
课件

对C语言程序的处理，包括预处理、编译和连接。预处理就是在程序编译前，根据预处理命令对程序做相应的处理。C语言中提供的预处理功能主要有三种：文件包含、宏定义和条件编译，本书主要介绍前两种。

所有预处理命令都是以“＃”号开头，一条预处理命令单独占源程序的一行。它不是C语言语句，所以不需要加分号。它们可以出现在程序中的任何位置，但一般写在程序开始的地方。

编译预处理
视频

### 7.7.1 文件包含

文件包含命令是以“＃include”开头的预处理命令，主要功能是将指定文件的内容嵌入(包含)到当前文件中该预处理命令所在的地方，取代该命令。其使用形式有两种：

```
#include <文件名>
#include "文件名"
```

两种形式的区别：用尖括号＜＞时，预处理程序会在系统include文件夹中查找文件；用双引号" "时，预处理程序会先到当前文件所在的文件目录中查找，若找不到再到系统

include 文件夹中查找。

被包含的文件名可以是.h 头文件,也可以是.c 源文件。在 C 语言的头文件中提供了大量的符号常量定义和函数声明等,编程时若要使用这些文件中包含的符号常量或函数,应使用文件包含命令将需要的文件插入到源程序中。用户也可以根据需要编写头文件,比如,一个大的问题可以分成多个模块,由多个程序员编写,可以将一些公用的内容单独组成一个文件,使用时可以用文件包含命令包含该文件,这样可以提高效率。

说明:

① 一条 include 命令只能包含一个文件,若想包含多个文件需要使用多条 include 命令。

② 文件包含命令最好放到源程序的开始,以便后面的程序引用,因为被包含文件的内容是被插入到该文件包含命令所在的位置。文件包含示意图如图 7-16 所示。

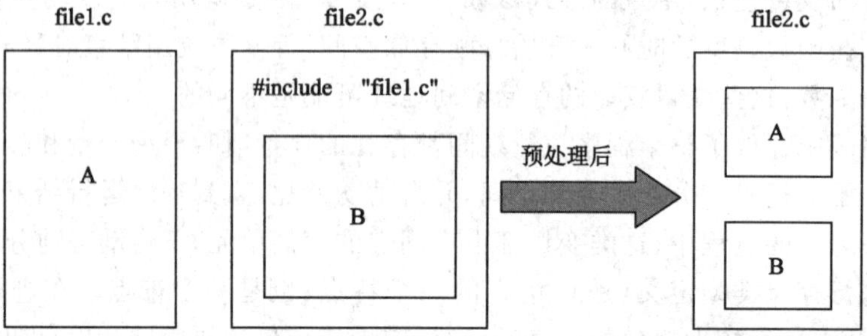


图 7-16 文件包含示意图

③ 文件包含命令可以嵌套使用,即被包含文件中还可以使用文件包含命令。

### 7.7.2 宏定义

宏定义是以"#define"开头的预处理命令,主要功能就是使用宏名来代替一个字符串,宏名必须符合标识符的要求,通常采用大写字母来表示。一旦对字符串命名,就可在源程序中使用该宏名,以达到简化程序书写的目的。在预处理时,系统会将程序中该命令有效范围内出现的所有宏名都替换成字符串,这又称为宏替换。宏替换只是简单的字符串替换,不进行任何计算,也不进行语法检查。

宏定义分为两种:不带参数的宏定义和带参数的宏定义。

1. 不带参数的宏

不带参数的宏定义的一般格式为:

```
#define 宏名 字符串
```

如:

```
#define PI 3.1415926
```

就是用标识符 PI 来代替 3.1415926,在编译前,会将程序中的 PI 全部替换为 3.1415926。

**说明:**

① 宏名应符合标识符命名要求,与字符串之间用空格隔开。一般习惯用大写字母表示

宏名，以示与变量名的区别，提高程序的可读性。

② 宏定义不是C语言语句，行末不需要加分号。若加了分号，则会把分号也看作替代字符串的一部分。

例如：

```
#define PI 3.1415926;
area=PI*r*r;
```

经过宏替换后，该语句为：

```
area=3.1415926;*r*r;
```

显然会出现语法错误。

③ 宏定义可以写在源程序中的任何地方，但一定要写在程序中引用该宏之前，通常写在文件的开始。宏名的有效范围是从定义命令开始，直到源程序文件结束，或遇到宏定义终止命令#undef为止。

④ 如果一个宏定义太长，一行不够时，可采用续行的方法。续行是在键入回车符之前先键入一个续行符“\”。注意回车要紧接在续行符“\”之后，中间不能插入其他符号，且在下一行开始没有空格。

例如：

```
#define STRING"this is a test \
string"
```

⑤ 在程序中用双引号引起来的字符串内的字符序列，即使与宏名相同，也不进行替换。

⑥ 不带参数的宏常常被用作表达程序中的一些固定不变的值，比如圆周率、数组的长度等。

2. 带参数的宏

带参数的宏定义的一般格式为：

```
#define 宏名(参数表)  字符串
```

**说明：**

① 参数表中可以有一个参数，也可以有多个参数，字符串中应包含参数表中的参数。宏替换时，会先将字符串中的参数用实参表中的参数进行替换。

② 在书写带参数的宏定义时，宏名与参数表的左括号之间不能有空格，否则空格右边的字符都作为替代字符串的一部分。例如：

```
#define S (r) r*r
```

这时宏名S被认为是不带参数的宏定义，代表字符串“(r) r*r”。

③ 宏替换是严格意义上的宏字符替换。定义带参数的宏时，替代字符串中与参数名相同的字符序列，适当地加上圆括号是十分重要的，避免替换后优先级的问题。

例如定义了这样的宏：

```
#define S(r) r*r
```

在程序中若出现S(2)，相当于2*2。但若程序中出现S(2+3)，则相当于2+3*2+3。要想结果为(2+3)*(2+3)，则应将宏定义改为以下的形式：

```
#define S(r) (r)*(r)
```

④ 带参数的宏定义与函数之间有一定类似之处，但它们是完全不同的两个概念，初学

者要注意区分。

**【例 7-18】** 带参数的宏定义示例。

程序如下:

```
#include<stdio.h>
#define ADD(a,b) a+b
int main()
{
    int c,m=2,n=3;
    c=ADD(m,n) * ADD(m,n);
    printf("%d\n",c);
    return 0;
}
```

程序的运行结果为:

```
11
```

程序分析:表达式 ADD(m,n) * ADD(m,n)作宏展开为 2+3*2+3,而不是(2+3)*(2+3)。程序中 ADD(m,n)与求两数和的函数很类似,但是实现的过程却完全不同,宏定义不存在参数的传递,而是参数的替换。对于 ADD(m,n)的预处理,首先用变量名 m 和 n 替换 a 和 b,然后再用包含 m 和 n 的表达式,即 m+n 替换 ADD(m,n),编译结束后,程序中 ADD(m,n) * ADD(m,n)就不存在了,被替换为 2+3*2+3。

**思考:**如果程序要求计算的是(m+n)*(m+n),宏定义应如何修改?

# 本章小结

本章详细介绍了 C 语言程序设计过程中模块化设计的基本知识,包括函数的定义、声明和调用,函数调用过程中的参数传递和返回值,以及函数的嵌套调用和递归调用。最后还介绍了函数中变量的作用域与存储类型,包括局部变量、全局变量和静态局部变量等。函数是实现模块化程序设计的主要手段,作为 C 语言程序设计的重要内容,读者应熟练掌握。

1. 函数小结

一个函数的定义是由函数首部与函数体两部分组成。函数首部由函数类型、函数名和形参列表构成;函数体内包括声明语句和可执行语句,声明语句应放在可执行语句之前。函数调用时,实参的个数、类型必须与形参的个数、相对应位置的数据类型相一致。若函数调用在前、定义在后,应在调用函数之前对被调函数进行函数声明。

函数调用时,实参向形参单向传递值,形参与实参有各自的存储空间,形参值的改变不会影响实参。数组名作为函数的实参,传递给形参的是实参数组的首地址,形参数组与实参数组操作的是同一段内存空间,因此形参数组元素值的改变会影响对应实参的数组元素。

函数不可以嵌套定义,但可以嵌套调用。在函数体中直接或间接地调用函数本身,称为函数的递归调用。

2. 变量的作用域与存储类型小结

变量的作用域指的是在程序中能引用该变量的范围，根据变量的作用域不同，可把变量分为局部变量和全局变量两种。变量的存储类型是指编译器为变量分配内存的方式，它决定变量的生存期。变量的作用域与存储类型的小结见下表。

| | 局部变量 | | 全局变量 | |
|---|---|---|---|---|
| 存储类型 | auto | static | static | extern |
| 作用区域 | 定义点至所在的函数或复合语句结束，作用域不可扩展 | | 定义点到本文件结束，作用域可以扩展到本文件其他函数，但不可扩展到其他文件 | 定义点到本文件结束，作用域可以扩展到本文件其他函数，也可扩展到其他文件 |
| 存储区域 | 动态存储区 | 静态存储区 | | |
| 生存期 | 函数或复合语句的执行周期 | 程序的整个执行周期 | | |
| 初始化 | 缺省为随机值 | 缺省值为 0 或'\0' | | |

3. 常见程序错误小结

| 常见错误实例 | 常见错误描述 | 错误类型 |
|---|---|---|
| double f(int n);<br>{…} | found '{' at file scope (missing function header?)<br>函数定义时，在函数首部后多写了一个分号 | 编译错误 |
| double f(int n,m)<br>{…} | 'm' : name in formal parameter list illegal<br>函数定义时，省略了形参列表中某些形参的类型 | 编译错误 |
| double f(int n)<br>{<br>int n;<br>…<br>} | redefinition of formal parameter 'n'<br>在一个函数体内，将一个形参变量再次定义成一个局部变量 | 编译错误 |
| double f(int n)<br>{<br>…<br>} | 定义一个有返回值的函数时，函数体内未用 return 语句返回一个值 | 提示 warning |
| void f(int n)<br>{<br>…<br>return x;<br>} | 定义一个无返回值的函数时，函数体内用 return 语句返回一个值 | 提示 warning |

(续)

| 常见错误实例 | 常见错误描述 | 错误类型 |
|---|---|---|
| double f(int n)<br>{<br>int x;<br>scanf("%d",&x);<br>int y;<br>…<br>} | syntax error : missing ';' before 'type'<br>可执行语句之后还有声明语句 | 编译错误 |
| double f(int n)<br>{<br>  void p( ){…}<br>} | syntax error : missing ';' before '{'<br>在一个函数体内定义另外一个函数 | 编译错误 |
| y=double f(int n) | syntax error : 'type'<br>按照函数定义时函数首部的格式写函数调用语句 | 编译错误 |
| int p( );<br>printf("%d",p); | '=' : incompatible types<br>调用无参函数时,省略了函数名后的圆括号 | 编译错误 |
| void p( );<br>printf("%d",p()); | 'printf' : actual parameter has type 'void' : parameter 2<br>函数类型为 void 类型,无返回值,但调用函数中以表达式形式调用输出其返回值 | 编译错误 |
| sort(a[10],10);<br>reverse(str[ ]); | syntax error : ']'<br>函数调用时,实参数组名后多加了方括号 | 编译错误 |
| int maxarray(int a[][], int m,<br>int n,int rs[])<br>{…} | '＜Unknown＞' : missing subscript<br>函数定义时,多维数组作为函数的形参时,省略了除第一维外的其他维长度声明 | 编译错误 |

# 习题 7

习题 7　参考答案

## 一、选择题

1. 一个数据类型为 void 的函数中可以没有 return 语句,那么函数被调用时(　　)。

   A. 没有返回值　　　　B. 返回一个系统默认值

   B. 返回值由用户临时决定　　　　D. 返回一个不确定的值

2. 在 C 语言中,函数返回值的类型最终取决于(　　)。

   A. 函数定义时在函数首部中所说明的函数类型

   B. return 语句中表达式值的类型

   C. 调用函数时主调函数所传递的实参类型

D. 函数定义时形参的类型

3. C语言允许函数值类型缺省定义,此时该函数值隐含的类型是(　　)。

A. float型　　B. int型　　C. long型　　D. double型

4. 以下函数声明语句正确的是(　　)。

A. double fun(int x, int y);　　B. double fun(int x; int y);

C. double fun(int x, int y);　　D. double fun(int x , y);

5. C语言规定,简单变量作实参,它与对应形参之间的数据传递方式是(　　)。

A. 地址传递　　B. 单向值传递

C. 双向值传递　　D. 由用户指定传递方式

6. 有以下程序:

```
#include <stdio.h>
int f(int a){return a * a;}
int main()
{
    double x;
    x=f(2.5);
    printf("%.2f\n",x);
    return 0;
}
```

程序的输出结果是(　　)。

A. 4　　B. 4.00　　C. 6.00　　D. 6.25

7.若用数组名作为函数调用时的实参,则实际上传递给形参的是(　　)。

A. 数组首地址　　B. 数组的第一个元素值

C. 数组中全部元素的值　　D. 数组元素的个数

8. 有以下程序:

```
#include <stdio.h>
int main( )
{
    int a=2, i;
    int f(int a);
    for(i=0;i<3;i++)
        printf("%4d",f(a));
    return 0;
}
int f(int a)
{
    int b=0;
    static int c=3;
    b++;
```

```
        c++;
        return (a+b+c);
    }
```

程序的输出结果是(　　)。

A. 7 7 7　　B. 7 10 13　　C. 7 9 11　　D. 7 8 9

9. 有以下程序:

```
    #include <stdio.h>
    int m=5;
    int fun( int x, int y)
    {
        int m=8;
        return(x*y-m);
    }
    int main( )
    {
        int a=7,b=5;
        printf("%d\n", fun(a,b)/m);
    return 0;
    }
```

程序的输出结果是(　　)。

A. 1　　B. 5　　C. 6　　D. 程序有语法错误

10. 若有#define MUL(x,y) x*y,则语句 printf("s=%d",MUL(2,2+3));的输出结果是(　　)。

A. s=8　　B. s=7　　C. s=10　　D. s=11

## 二、填空题

1. 以下程序功能是:输入一个字母,调用函数进行转换,如果是大写字母则转换为小写字母,如果是小写字母则转换为大写字母,其余字符不变。请填空将程序补充完整。

```
#include <stdio.h>
char change(char ch)
{
    char ch1;
    if(____________________)
        ch1=ch-32;
    else if(ch>='A'&&ch<='Z')
        ch1=__________;
    else
        ch1=ch;
    return __________;
```

```
}
int main()
{
    char ch;
    ch=getchar();
    printf("__________\n",change(ch));
    return 0;
}
```

2. 下列程序中,fun()函数的功能是计算 $x^2-3x+2$,主函数中将调用 fun()函数计算:

$$y1=(x+2)^2-3(x+2)+2$$

$$y2=\sin^2(x)-3\sin(x)+2$$

请填空将程序补充完整。

```
#include <stdio.h>
#include <math.h>
____________________;
int main()
{
    double x,y1,y2;
    printf("Enter x:");
    scanf("%lf",&x);
    y1=fun(__________);
    y2=fun(__________);
    printf("y1=%lf,y2=%lf\n",y1,y2);
    return 0;
}
double fun(double x)
{  return __________;}
```

3. 以下程序功能是:从键盘输入 10 个数,分两行从大到小输出这 10 个数中的奇数和偶数。请填空将程序补充完整。

```
#include <stdio.h>
void sort(int a[],int n)
{
    int i,j,temp;
    for(i=0;i<n-1;i++)
        for(j=0;j<n-1-i;j++)
          if (____________________)
          {
            temp=a[j];
            a[j]=a[j+1];
```

```
                a[j+1]=temp;
            }
    }
    int main()
    {
        int i,a[10];
        for (i=0;i<10;i++)
            scanf("%d",&a[i]);
        ____________________;
        printf("odd   number:");
        for (i=0;i<10;i++)
            if(a[i]%2!=0)
                printf("%5d",a[i]);
        printf("\n");
        printf("Even number:");
        for(i=0;i<10;i++)
            if(a[i]%2 __________)
                printf("%5d",a[i]);
        printf("\n");
        return 0;
    }
```

4. 函数 index()为查找字符串 sub 是否是字符串 st 的子串。若是,返回 sub 在 st 中首次出现的下标,否则返回-1。字符串 sub 和 st 非空。如 sub:"cd",st:"abcdefcd",返回 2。请填空将程序补充完整。

```
#include <stdio.h>
int main()
{
    char s1[80],s2[80];
    ____________________;
    gets(s1);
    gets(s2);
    if(____________________)
        printf("子串在字符串中首次出现的下标:%d\n",index(s1,s2));
    else
        printf("找不到\n");
    return 0;
}
____________________ index(char st[],char sub[])
{
```

```
    int i,j,k;
    for(i=0;st[i]!='\0';i++)
    {
        for(j=i,k=0;sub[k]!='\0'&&st[j]==sub[k];__________);
        if(____________________)
            return i;
    }
    return(-1);
}
```

## 三、程序阅读题

1. 以下程序输出的结果是：__________。

```
#include <stdio.h>
void add(int x,int y,int z)
{
    z=x+y;   x=x*x;   y=y*y;
    printf("x=%d,y=%d,z=%d\n",x,y,z);
}
int main()
{
    int x=2,y=3,z=0;
    printf("x=%d,y=%d,z=%d\n",x,y,z);
    add(x,y,z);
    printf("x=%d,y=%d,z=%d\n",x,y,z);
    return 0;
}
```

2. 以下程序输出的结果是：__________。

```
#include <stdio.h>
int f(int x,int y)
{return ((y-x)*x);}
int main()
{
    int a=3,b=4,c=5,d;
    d=f(f(a,b),f(a,c));
    printf("d=%d\n",d);
    return 0;
}
```

3. 以下程序输出的结果是：__________。

```
#include <stdio.h>
```

```
void fun2(char a,char b)
{   printf("%c%c\n",a,b);}
char a='A',b='B';
void fun1()
{   a='C',b='D';}
int main()
{
    fun1();
    printf("%c%c",a,b);
    fun2('E','F');
    return 0;
}
```

4. 以下程序输出的结果是:__________。

```
#include <stdio.h>
int a=100;
void s()
{
    static int a=20;
    a++;
    printf("%d ",a);
}
void t()
{
    int a=10;
    a++;
    printf("%d ",a);
}
int main()
{
    int i;
    for(i=1;i<=3;i++)
    {
        a++;
        t();
        s();
        printf("%d\n",a);
    }
    return 0;
}
```

5. 以下程序输出的结果是:__________。

```
#include <stdio.h>
#define N 4
void fun(int a[][N],int b[])
{
    int i;
    for(i=0;i<N;i++)
        b[i]=a[i][i];
}
int main()
{
    int x[][N]={{1,2,3},{4},{5,6,7,8},{9,10}},y[N],i;
    fun(x,y);
    for(i=0;i<N;i++)
        printf("%d,",y[i]);
    printf("\n");
    return 0;
}
```

6. 以下程序输出的结果是:__________。

```
#include <stdio.h>
long fib(int g)
{
    switch(g)
    {
        case 0: return 0;
        case 1:case 2: return 1;
    }
    return(fib(g-1)+fib(g-2));
}
int main()
{
    long  k;
    k=fib(7);
    printf("k=%d\n",k);
    return 0;
}
```

## 四、程序设计题

1. 编写函数,功能为判断整数的奇偶性,函数形式为:

int even(int n);

在主函数中输入一批正整数(以零或负数为结束标志),求其中的奇数和。

2. 编写一个判断 m 是否为素数的函数,如 m 是素数,函数返回值是 1,否则函数返回值为 0,函数形式为:

int isprime(int m);

在主函数中调用该函数输出 1～100 之间的素数,要求每行显示 5 个数。

3. 编写函数,功能为构造正整数 x 的逆序数,例如:1423 的逆序数为 3241。函数形式为:

int reverse(int x);

4. 编写函数,功能为删除字符串 s 中所有字符 c,在主函数中输入字符串 s 和字符 c,调用该函数并输出删除后的字符串。函数形式为:

void delete(char s[],char c);

# 实验 7 函数

实验 7 参考答案

**【实验目的】**

1. 理解函数的概念,掌握函数定义和函数调用的方法。
2. 掌握函数实参与形参的对应关系,以及参数的传递方式。
3. 能够用函数的方法编写一些简单程序。

**【实验内容】**

1. 编写函数,判断一个自然数是否是降序数,若是降序数,返回 1,否则返回 0。例如:5、543、544 是降序数,而 354 不是降序数。函数形式为:

int drop(int x);

2. 根据以下公式,编写函数,返回满足精度要求的 π 的值。

$\pi/2=1+1/3+1/3*2/5+1/3*2/5*3/7+1/3*2/5*3/7*4/9+\cdots\cdots$

函数形式为:

double pi(double eps);/* eps 为所要求的精度 */

3. 编写一个判断 m 是否为质数的函数,验证歌德巴赫猜想:任何大于 2 的偶数均可表示为两个质数之和。例如:4=2+2,6=3+3,8=3+5,…编写主函数,输入一个偶数,输出所有满足条件的两个质数。

4. 编写函数,将字符串 s 中的所有字符 c1 用字符 c2 替换。在主函数中输入字符串 s、字符 c1、字符 c2 的值,调用该函数并输出替换后的字符串。函数形式为:

void replace(char s[],char c1,char c2);

# 第8章 指 针

**【本章学习目标】**

指针是C语言中非常重要的数据类型,在C语言中占有重要的地位,是C语言的精髓,也是比较难掌握的内容。正确理解和使用指针,是C语言程序设计的关键之一。本章的学习目标:理解内存地址与指针的概念;掌握指针的基本操作;掌握使用指针访问数组元素的方法;掌握如何通过指针传递数据给函数。

**【本章知识导图】**

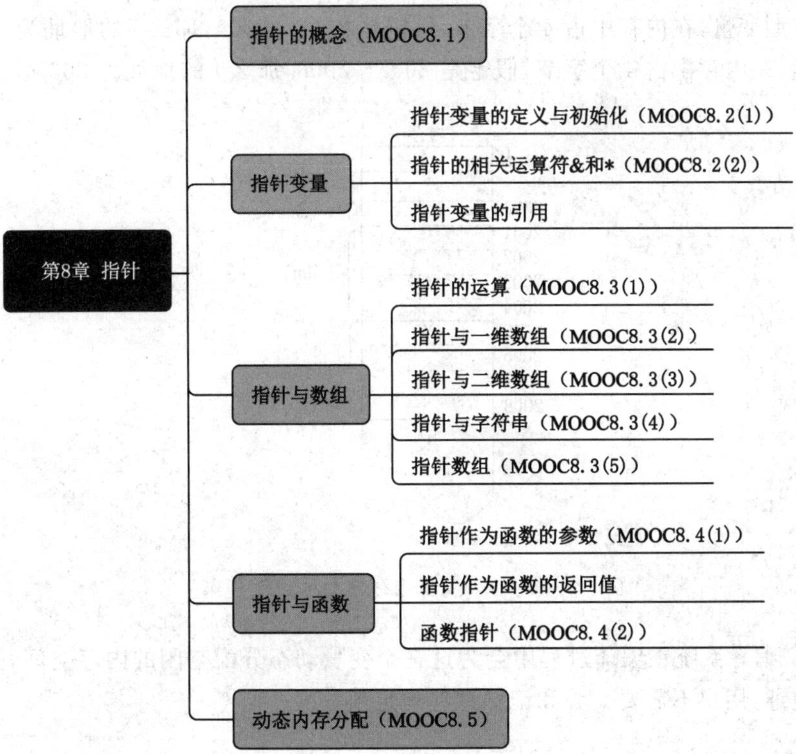

# 8.1 指针的概念

指针的概念课件

指针的概念视频

## 8.1.1 内存及其地址

计算机内存单元是以字节为存储单位的,一个字节(Byte)为一个内存单元,每个内存单元都有一个唯一的编号,称为地址。变量的地址是指该变量所在存储区域的第一个字节的地址。C 语言规定编程时必须首先说明变量名(或数组名),编译时,系统会根据程序中定义的数据类型给变量(或数组)分配相应大小的内存空间(即多少个内存单元),这个内存空间的地址不会因为变量值的改变而变化。通常用无符号的长整型数来为内存单元编号。

例如:

```
char c;
int i;
float f;
```

在 VC＋＋6.0 中,编译器为这三个变量在内存中分配的存储空间如图 8-1 所示。c 是字符型变量,在内存中占 1 个字节(即占 1 个内存单元),假定是 2000,那么 c 的地址为 2000;i 是整型变量,在内存中占 4 个字节,假定是 2001～2004,那么 i 的地址为 2001;f 是单精度型变量,在内存中占 4 个字节,假定是 2005～2008,那么 f 的地址为 2005。

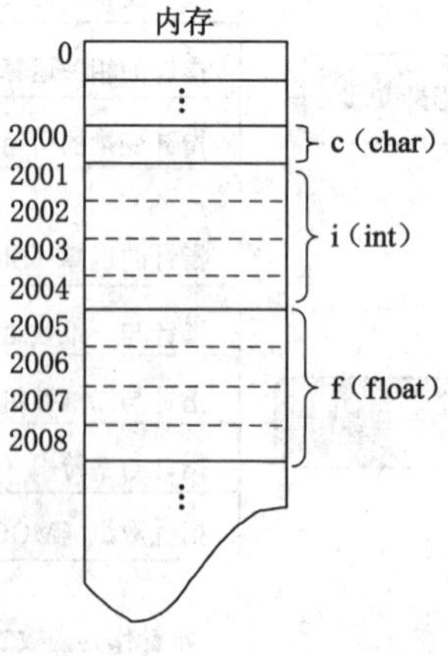


图 8-1　变量内存分配示意图

**注意**:C 编译系统在编译过程中会为这三个变量动态分配空闲的内存空间,并记录下各自对应的地址,用户不需要关心和记忆这些地址值。

## 8.1.2 指针

所谓指针就是某个程序实体(如变量、数组或函数等)所占用的存储单元的首地址。因此在C语言中地址也称为指针。例如,图8-1中地址2001是变量i的指针。

由于地址唯一确定程序实体的存储位置,就像路标一样,所以形象地称为指针。

### 8.1.3 变量地址的获取

在C语言中,变量的地址是编译系统分配的,对用户完全透明,用户不知道变量的具体地址,因此变量的地址需要通过取地址运算符 & 来获取。例如在如下的程序段中:

```
char c;
int i;
float f;
scanf("%d%f%c",&i,&f,&c);
```

由 &i、&f 和 &c 分别得到变量i、f和c的内存地址。

**注意**:由于常量和表达式没有用户可操作的内存地址,因此 & 不能作用到常量或表达式上。

## 8.2 指针变量

指针变量课件

### 8.2.1 指针变量的定义

指针变量的定义与初始化视频

存放指针(地址)的变量就是指针变量。指针变量是一种特殊的变量,专门存放变量(或其他程序实体)的地址。指针变量也经常被称作指针。指针变量和其他变量一样,也要先定义后使用。

指针变量的定义形式为:

```
数据类型 *指针变量名1,*指针变量名2,……;
```

其中,数据类型是指该指针变量可以指向的数据类型;"*"表示后面的变量是一个指针变量;变量名即为定义的指针变量名。定义了指针变量以后,系统会为指针变量分配存储单元,准备存储地址值。例如:

```
int *p1;
```

表示p1是一个指针变量,它的值应该是某个整型变量的地址(或者说p1应指向一个整型变量)。至于p1究竟指向哪一个整型变量,应由向p1赋予的地址值来决定。

再如:

```
float *p2;                    /* p2是指向浮点型变量的指针变量 */
char *p3;                     /* p3是指向字符型变量的指针变量 */
```

**说明**:

① "*"表示其后的变量是指针变量,"*"本身不是指针变量名的一部分,即指针变量名是p1、p2、p3,不是*p1、*p2、*p3。

② 一个指针变量只能指向同类型的变量,该数据类型是在定义指针变量时明确给定的。如p2只能指向浮点型变量,不能指向一个整型或字符型变量。

③ 指针变量定义后,如果没有初始化,则变量值是不确定的,使用前必须先赋值。

### 8.2.2 指针变量的赋值

指针变量同普通变量一样,使用之前不仅要定义说明,而且必须赋予具体的值。在函数体或复合语句内定义的指针变量若没有初始化,其值是随机的,也就没有确定的指向。未经赋值的指针变量不能使用,否则将造成系统混乱,甚至死机。只有被赋值以后,指针变量才有确定的指向。给指针变量赋地址值的方法有:

(1)在定义指针变量时初始化赋值

指针变量初始化赋值的形式为:

```
类型 *指针变量名＝ & 变量名,……;
```

例如:

```
int a;
int *p=&a;                                  /* 将变量 a 的地址 &a 初始化赋给 p */
```

或者:

```
int a, *p=&a;
```

**注意**:"& 变量名"中的"变量名"必须在指针变量名之前定义。

(2)在程序执行部分赋值

对指针赋值的常见方式有:

① 将一个变量的地址赋给指针,例如:

```
int a, *p;
p=&a;
```

语句执行后,p 指向 a。

**说明**:不要将一个变量的地址赋给对象类型与变量类型不同的指针,否则会出现警告性错误。

② 将一个指针的值赋给同类型的另一个指针,例如:

```
int a, *p, *q;
p=&a;
q=p;
```

语句执行后,指针变量 p 和 q 都指向 a。

**说明**:可以在相同类型的指针之间进行赋值,结果是两个指针指向同一个对象。

③ 将符号常量 NULL 赋给指针变量,例如:

```
int *p;
p=NULL;
```

**说明**:NULL 是在头文件 stdio.h 中定义为 0 的符号常量,表示"空指针"。C 语言规定有效数据的指针不指向内存 0 号单元。如果一个指针的值为 NULL(0),表示它不指向任何对象。

**注意**:不要将地址值与整数类型值相混淆,指针变量中只能存放地址,不能将一个非地址类型的数据(如常数)赋给一个指针变量,但 0(NULL)除外。例如:

```
p=100;                                                  /* 错误 */
```

如果一个指针变量存放了某个对象的地址，则称这个指针变量指向了该对象，例如：

```
int i=3, *iPointer;
iPointer=&i;
```

i 是整型变量，假定所分配的地址为 2001，iPointer 是指针变量，假定所分配的地址为 2020。在语句 iPointer=&i;中，将变量 i 的地址(2001)存放到 iPointer 中，如图 8-2 所示。这样，由变量 iPointer 的值(2001)就可以找到变量 i，因此称变量 iPointer 指向变量 i。

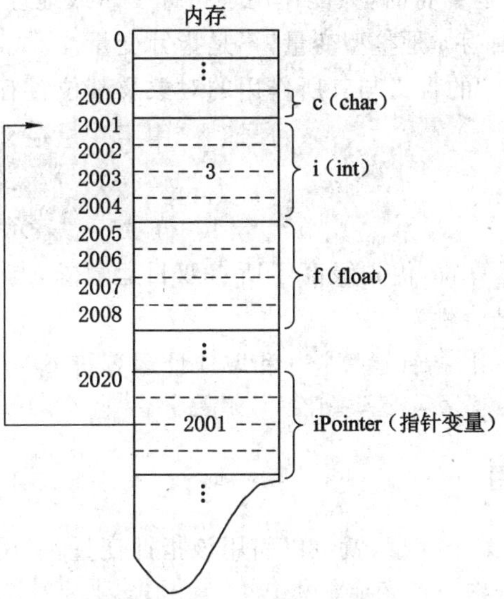


图 8-2　指针和指针变量

在 C 语言中定义的所有变量，编译器都会记录它们的属性，便于以后访问。如上述定义的两个变量 i 和 iPointer，编译器记录的属性见表 8-1。

**表 8-1　变量及其属性**

| 变量名 | 变量类型 | 变量地址 | 变量值 |
|---|---|---|---|
| i | int | 2001 | 3 |
| iPointer | int * | 2020 | 2001 |

## 8.2.3　有关指针的运算符 & 和 *

C 语言中提供了两个与指针有关的运算符：

(1) &：取地址运算符

作用是获取变量所占用的存储单元的首地址(即该变量的地址)。例如：

```
int a=10, *p;
p=&a;                                /* &a 表示变量 a 的地址 */
```

指针的相关运算符视频

**说明：**

① 运算符 & 作为取地址运算符时，只能作用于变量和数组元素，不能

作用于表达式或常量。

② &a不能出现在赋值号的左侧。如:&a=p;是错误的。

(2) *:指针运算符(或称“间接访问运算符”)

作用是通过指针变量来访问它所指向变量的值。例如:

```
printf("%d\n", *p);/* 输出指针变量p所指向的变量a的值,*p与a等价 */
```

说明:

① 运算符*作为指针运算符时,只能作用于指针变量或地址值。

例如:*a是错误的,因为a是整型变量,不是指针变量。

**注意**:在C语言中,“*”的含义与其所作用的对象及其位置有关,如:

```
int a, *p=&a;                  /* 符号“*”用于变量定义前,表示p是指针变量 */
a=3 * 4;                                         /* 符号“*”表示乘法运算 */
*p=10;                              /* 符号“*”表示引用p所指向的变量a */
```

② & 和 *都为单目运算符,优先级高于所有双目运算符,与其他的单目运算符具有相同的优先级和结合性(右结合性)。

③ 根据*运算符的作用,指针运算符*和取地址运算符 & 互逆。即:

```
*(&a)==a          &(*p)==p
```

### 8.2.4 指针变量的引用

一旦指针变量指向了某个变量,就可以引用该指针变量,引用的方式有两种:

```
*指针变量名:代表所指变量的值;
指针变量名:代表所指变量的地址;
```

假设有定义:int a=3, *p=&a;

· p与&a完全等价,即下面2个语句等价:

```
scanf("%d",&a);
scanf("%d",p);
```

· a与*p完全等价,即下面2个语句等价:

```
printf("%d",a) ;
printf("%d", *p) ;
```

例如:

```
int a,b, *p=&a;     /* 指针变量p指向a,则*p可出现在a能出现的任何地方 */
b= *p+1;                   /* 相当于b=a+1;,将a的内容与1相加后赋给b */
b=++ *p;  /* 相当于b=++(*p);,即将p指向的存储单元内容增加1后再赋给b */
b= *p++;/* 相当于b= *p;p++;,即将p指向的内容赋给b后,p指向下一个存
                                                           储单元 */
```

**注意**:如果指针变量没有一个确定的指向而进行*运算,在编译时会出现警告性错误。例:

```
int i=10;
int *p;
*p=i;      /* 错误:因为指针变量p没有初始化,即还没有指向,不能进行*运算 */
```

## 8.2.5　直接访问与间接访问

一旦指针变量指向了某个简单变量，则访问该变量的方法有两种：

假设有定义：int a，*p=&a；

① 直接访问：按变量名存取变量值。例如：a=3；

② 间接访问：通过指针变量访问它指向的变量的值。

例如：*p=10；先找到变量 p，从中取出 p 的值，即 a 的地址，然后将常量 10 存到 a 的存储单元中。

举个例子：假设要打开 A 保险柜，有两种方法：一是用 A 保险柜钥匙打开 A 保险柜，取出东西，这就是直接访问；另一种方法将 A 保险柜钥匙放到 B 保险柜中锁起来，需要时先拿 B 钥匙打开 B 保险柜，从中取出 A 钥匙，再打开 A 保险柜，取出东西，这就是间接访问。

**【例 8-1】** 交换两个指针的指向。

程序如下：

```
#include <stdio.h>
int main()
{
    int a=1,b=2;
    int *pa=&a, *pb=&b, *t;
    printf("Before:\n");
    printf("a=%d,b=%d\n",a,b);
    printf(" *pa=%d, *pb=%d\n", *pa, *pb);
    t=pa;pa=pb;pb=t;            /*交换两个指针值，即交换两个指针的指向*/
    printf("After:\n");
    printf("a=%d,b=%d\n",a,b);
    printf(" *pa=%d, *pb=%d\n", *pa, *pb);
    return 0 ;
}
```

程序运行结果如图 8-3 所示。

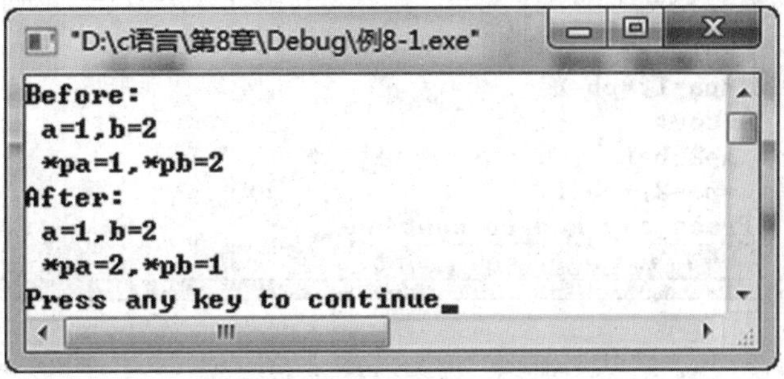


图 8-3　例 8-1 程序运行结果

程序分析:初始时,指针 pa、pb 分别指向 a、b,交换指针的指向后,pa 指向 b,pb 指向 a,此时变量 a、b 的值并没有改变。如图 8-4 所示。

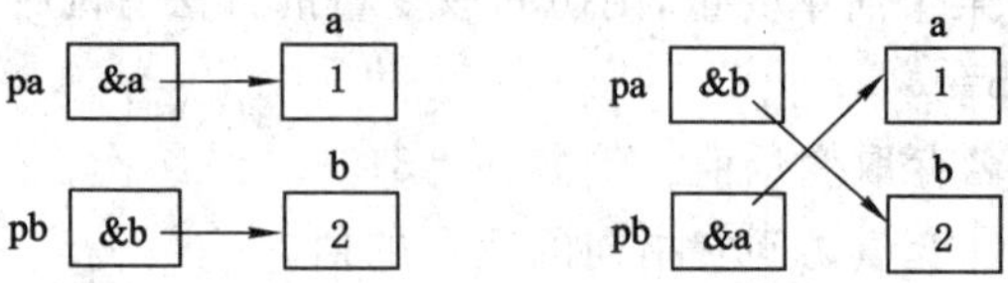


(a) 交换前　　(b) 交换后

图 8-4　交换两个指针的指向

**【例 8-2】** 通过指针交换两个指针所指向的变量的值。

程序如下:

```
#include <stdio.h>
int main()
{
    int a=1,b=2,t;
    int *pa=&a, *pb=&b;
    printf("Before:\n");
    printf("a=%d,b=%d\n",a,b);
    printf("*pa=%d, *pb=%d\n", *pa, *pb);
    t= *pa; *pa= *pb; *pb=t;              /*交换两个指针所指向的变量的值*/
    printf("After:\n");
    printf("a=%d,b=%d\n",a,b);
    printf("*pa=%d, *pb=%d\n", *pa, *pb);
    return 0 ;
}
```

程序运行结果如图 8-5 所示。

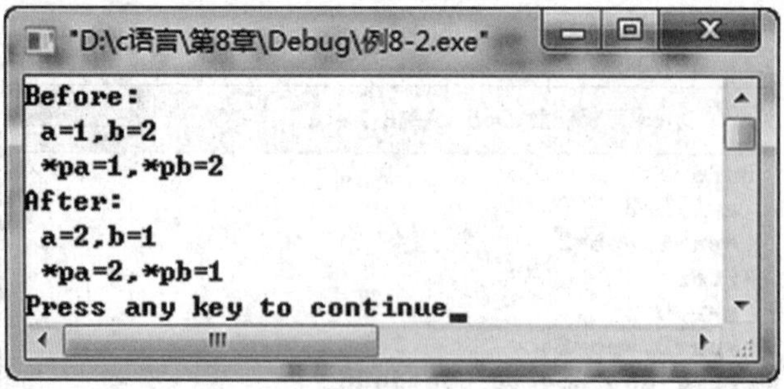


图 8-5　例 8-2 程序运行结果

程序分析:初始时,指针 pa、pb 分别指向 a、b,交换指针所指向变量的值,相当于交换 a、b 的值,变量 a 的值变为 2,变量 b 的值变为 1,此时,pa、pb 的指向并没有改变。如图 8-6

所示。

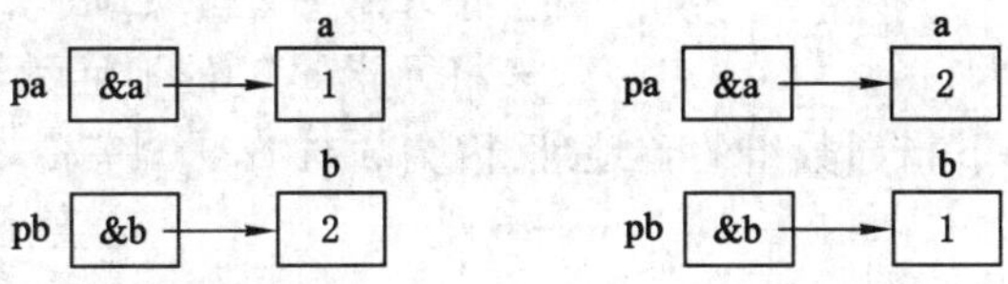


(a) 交换前 (b) 交换后

图 8-6 交换两个指针所指向的变量值

# 8.3 指针与数组

在C语言中,指针和数组的关系十分密切。一个数组在内存中占有一片连续的存储区域,数组的地址是指这片存储区域的起始地址,以数组名表示。数组中每个数组元素都相当于同类型的变量,都占有一定存储空间,即每一个数组元素都有自己的地址。如果一个指针变量指向数组,对数组的访问就有两种形式:一种是下标形式;另一种是指针形式。由于C语言编译系统对指针和数组的一些处理是相同的,在程序中有时可以互相替代,数组名可以作为指针常量使用,同时指针也能作为数组名使用。

指针与数组课件

指针的基本运算视频

## 8.3.1 指针与一维数组

1. 指向数组元素的指针变量

数组名代表数组的首地址,即第一个数组元素的地址,是一个地址常量,例如:

```
int a[10], *p;
```

数组 a 有 10 个元素 a[0]~a[9],在内存中按顺序存放,每个元素都有一个地址:&a[i](0<=i<=9),数组名 a 表示数组首地址,即元素 a[0]的起始地址。内存分配如图 8-7 所示。

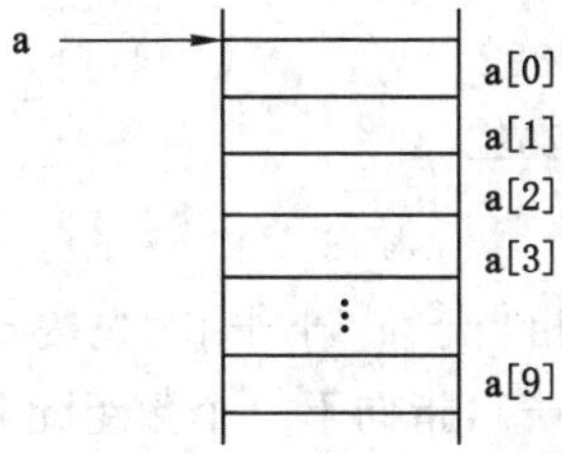


图 8-7 一维数组的存储

数组中每个元素 a[i]都是一个整型变量,而 p 是指向整型变量的指针,所以 p 可以指向

数组 a 中的任意一个元素。例如:

```
p=&a[2];                    /*将元素 a[2]的地址赋给 p,即 p 指向 a[2]*/
p=&a[0];                    /*将元素 a[0]的地址赋给 p,即 p 指向 a[0]*/
p=a;         /*p 指向数组的首地址,因为 a 与 &a[0]等价,相当于 p 指向 a[0]*/
```

2. 指针的基本运算

指针本身也可以参与运算,但由于这种运算是地址的运算,而不是简单变量的运算,因此有其特殊的含义。除了赋值运算外,有意义的指针运算的前提是:参加运算的指针指向了一片连续的存储单元。所以,下面介绍的指针运算,原则上只适用于数组的情况。

(1) 指针的算术运算

① 指针±整数值

假如 p 是指针,指向数组中的元素 a[i],n 是正整数,则 p±n 指向的是 a[i]之后(或之前)的第 n 个元素。实际上 p±n 的值是 p±n * size,其中 size 是数组元素所占的内存单元字节数,例如:

```
int a[10], *p=&a[2], *p1, *p2;
p1=p+1;
p2=p-1;
```

在 VC++6.0 中,整型数据占 4 个字节,假定数组 a 的首地址是 2010,则数组元素 a[2]的地址为 2018,p 是指向 a[2]的指针,因此 p 的值也是 2018,则 p+1=2022,p-1=2014,……,p+n=2018+4 * n。如图 8-8 所示。

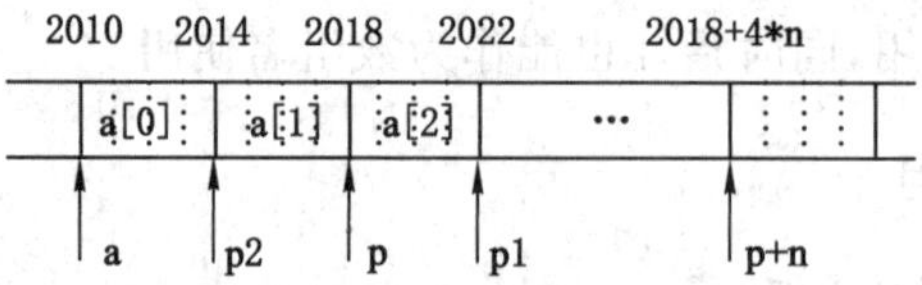


图 8-8　指针±整数值的意义

② 指针的++和--运算

对指针进行++或--运算,指针的值变成后一个或前一个变量(或元素)的地址,并不表示指针的值加 1 或减 1 了。

例如,上例中的 p 是指向 a[2]的指针,当执行 p++后,p 指向了数组元素 a[3],因为 a[3]的地址为:

2010+3 * sizeof(int)=2022

所以执行 p++后,p 的值为 2022。

说明:

- *p++等价于 *(p++),相当于 a[i++]。先按 p 的原值进行 *运算,即 *p,得到 a[i]的值,然后使 p 的值改变:p=p+1,指向下一个数组元素 a[i+1]。
- *p--等价于 *(p--),先取 *p,再 p=p-1。
- *(++p)相当于 a[++i],表示指针 p 指向下一个元素:p=p+1,再取 *p。
- *(--p)相当于 a[--i],表示指针 p 指向前一个元素:p=p-1,再取 *p。

· (*p)++表示先取*p,再使得p所指向元素的值加1,即a[i]=a[i]+1。

· ++(*p)表示先*p=*p+1,再取*p。

③ 指针相减

两个类型相同的指针,且它们指向同一个数组,则这两个指针可以相减,其结果是它们所指向的两个地址之间能够存放的数据元素个数。例如,若有定义:

```
int a[10],*p1=&a[3],*p2=&a[1];
```

假定数组a的首地址是2010,则数组元素a[3]的地址为2022,p1是指向a[3]的指针,因此p1的值也是2022,p2是指向a[1]的指针,因此p2的值是2014,则p1-p2的值为:(2022-2014)/sizeof(int)=2,如图8-9所示。

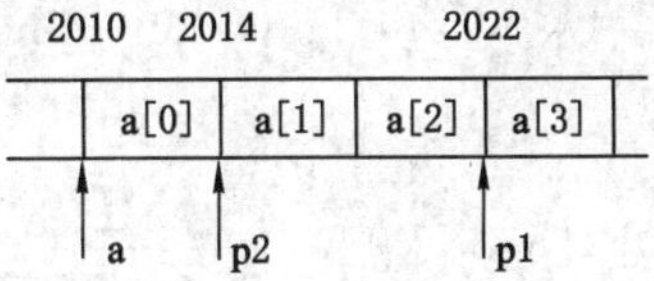


图8-9 指针减法运算

**注意:**两个指针相加没有意义。

(2) 指针的关系运算

指针的关系运算即比较指针(地址)大小的运算。使用关系运算符<、<=、>、>=、==、和!=可以比较指针值的大小。

例如,若p1和p2的指向如图8-9所示,指针比较运算的结果如下:

· p1>p2 判断p1的值是否比p2的值大,即p1所指的元素是否在p2所指元素之后,比较结果为1。

· p1==p2 判断p1与p2是否指向同一元素,比较结果为0。

· p1!=NULL 判断p1是否不为空指针,比较结果为1。

指针与一维数组视频

3. 数组元素的引用方式

在学习指针之前,通过下标访问某个数组元素,一般采用a[i]的形式,编译器内部实际上将其处理成*(a+i),a+i是指向a[i]的指针。假设有指针p指向数组a的首地址(即p=a),则p+i也是指向a[i]的指针,因此也可以用*(p+i)来表示a[i]的值。在C语言编译系统中,还允许将*(p+i)直接以p[i]的形式表示。因此,想访问数组中的第i个元素,可写成a[i]、p[i]、*(a+i)或*(p+i)。所以指向数组首地址的指针变量,也可将其看作是数组名。

当一个指针指向数组的首地址后,对数组元素的引用,既可以使用下标法,也可以使用指针法,见表8-2。使用下标访问数组元素,程序清晰,但用指针访问数组元素,程序的效率更高。

表8-2 数组元素的引用方式

| 引用方式 | 数组元素地址 | 数组元素值 | 特点 |
|---|---|---|---|
| 下标法 | &a[i] | a[i] | |
| 下标法 | &p[i] | p[i] | |

表8-2(续)

| 引用方式 | 数组元素地址 | 数组元素值 | 特点 |
|---|---|---|---|
| 指针法 | a+i | *(a+i) | |
| 指针法 | p+i | *(p+i) | 指针变量的指向没有改变 |
| 指针法 | p++ | *p | 指针变量的指向有改变 |

**【例 8-3】** 编写程序,输入 5 个整数存储在数组中并输出。

算法一:下标法

```
#include <stdio.h>
int main()
{
    int a[5],i, *p=a;
    printf("请输入 5 个整数:");
    for(i=0;i<5;i++)
        scanf("%d",&a[i]);                    /* 输入 5 个数到数组中 */
    for(i=0;i<5;i++)
        printf("%d",a[i]);                    /* 输出数组中的 5 个数 */
    return 0 ;
}
```

程序运行结果如图 8-10 所示。

图 8-10　例 8-3 程序运行结果

算法二:下标法

```
for(i=0;i<5;i++)
    scanf("%d",&p[i]);
for(i=0;i<5;i++)
    printf("%d",p[i]);
```

算法三:指针法,通过数组名计算元素的地址,找出元素的值

```
for(i=0;i<5;i++)
    scanf("%d",a+i);
for(i=0;i<5;i++)
    printf("%d", *(a+i));
```

算法四:指针法

```
for(i=0;i<5;i++)
    scanf("%d",p+i);
for(i=0;i<5;i++)
    printf("%d", *(p+i));
```

算法五:指针移动法,使指针变量 p 每次进行自加运算,指向下一个元素

```
for(;p<a+5;p++)          /* 循环结束后,指针 p 指向最后一个元素的下一位置 */
    scanf("%d",p);
p=a;                     /* 让指针 p 重新指向数组的首地址 */
for(;p<a+5;p++)
    printf("%d", *p);
```

从上述 5 种算法可以看出:

前 4 个算法中,指针变量 p 保持不变,p 和 a 同样表示数组 a 的首地址,在表现形式上可以互换。但它们的本质是不同的,p 是地址变量,而 a 是地址常量。所以可以对 p 进行 p++,p=p+2 等赋值运算,改变 p 的值,如算法 5 中的指针 p;但不允许进行 a++,a=a+2 这样的赋值运算,因为 a 作为数组名,是地址常量,其值是不能修改的。所以,下面的算法是错误的:

```
for(;a<p+5;a++)
    scanf("%d",a);
for(a=p;a<p+5;a++)
    printf("%d", *a);
```

### 8.3.2 指针与二维数组

1. 二维数组的行地址和列地址

指针与二维数组视频

在 C 语言中,可以将一个二维数组看作是由若干个一维数组所组成,其中每一个一维数组又包含若干个数组元素。

设有整型二维数组定义如下:

```
int a[2][3]={{1,2,3},{4,5,6}};
```

这个二维数组 a 可以看成由 a[0]、a[1]两个元素组成的一维数组,a 是它的数组名,代表其第一个元素 a[0]的地址(&a[0]),那么 a+1 表示的就是 a[1]的地址(&a[1]),相应的,可以用 *(a+0)或 *a 表示 a[0],可以用 *(a+1)表示 a[1]。假设数组 a 的首地址为 2010,则各元素的地址及其值如图 8-11 所示。数组名 a 代表二维数组的首地址,也是第 0 行的首地址,等于 2010。a+1 代表第 1 行的首地址,从 a[0]到 a[1]要跨越一个一维数组的空间(包含 3 个整型元素,共 12 个字节),则 a+1 为 2022。这种地址称为行地址。

a[0]、a[1]这两个元素又可分别看成由 3 个整型元素组成的一维数组。例如:a[0]数组含有 a[0][0]、a[0][1]、a[0][2]这 3 个元素,a[1]数组含有 a[1][0]、a[1][1]、a[1][2]这 3 个元素,a[0]、a[1]是这两个一维数组的数组名。C 语言规定:数组名代表数组首元素的地址,因此 a[0]表示第 0 行中第 0 列元素 a[0][0]的地址(&a[0][0]),值为 2010;a[1] 表示第 1 行第 0 列元素 a[1][0]的地址(&a[1][0]),值为 2022。a[0]+1 表示第 0 行中第 1 列

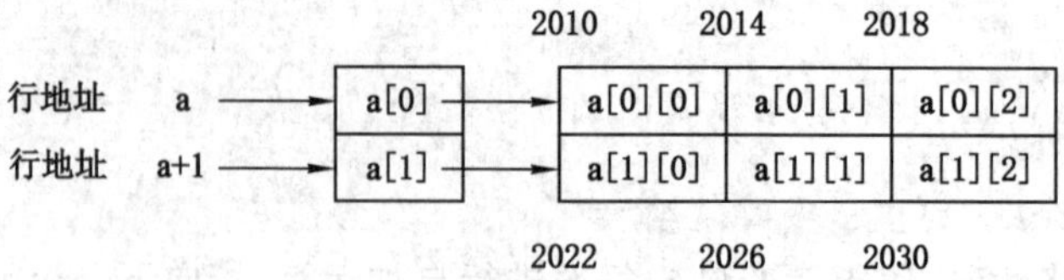


图 8-11 二维数组的行地址示意图

元素 a[0][1]的地址(&a[0][1]);a[1]+2=&a[1][2]……依此类推,a[i]+j 与 &a[i][j]等价,即可以用 *(a[i]+j)表示元素 a[i][j]。这种地址称为列地址。

虽然 a 和 a[0]的值都是 2010,但含义不一样,a 是行地址,a+1 指向下一行;a[0]是列地址,a[0]+1 指向下一列。如图 8-12 所示。

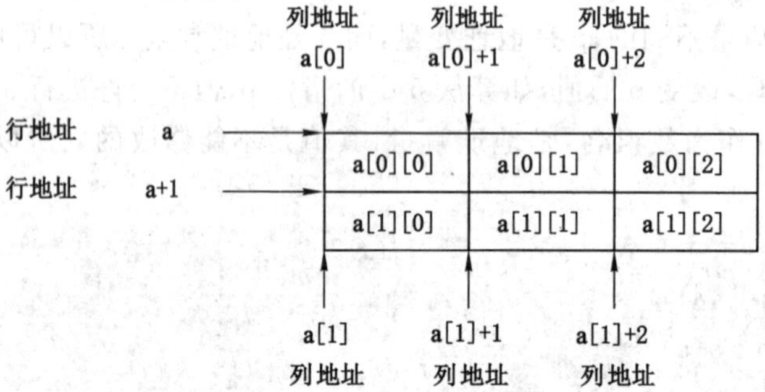


图 8-12 二维数组的列地址示意图

**说明:**

① 行地址+1 的作用通俗地讲是跳过一行。行地址前加"*"运算符将变成列地址。如:a 为行地址,*a 就是列地址 a[0]。

② 列地址+1 的作用通俗地讲是跳过一列。列地址前加"*"运算符能访问其所指向数组元素的值。如:a[0]是列地址,*a[0]就是数组元素 a[0][0]的值。

③ 前面介绍了 *(a+i)与 a[i]等价,而且 a[i]+j 与 &a[i][j]等价,所以 a[i]+j 和 *(a+i)+j 等价,都是 &a[i][j]。因此,如果要访问数组元素 a[i][j],可以表示为:

a[i][j] ≡ *(a[i]+j) ≡ *( *(a+i)+j) ≡ ( *(a+i))[j]

其中 a[i][j]为下标表示法,其余均为地址表示法。如:要访问 a[1][1]的值,可以写成 *(a[1]+1)或 *( *(a+1)+1)。

**注意:**( *(a+i))[j]外面的"( )"不能省,否则(a+i)要先结合[j],形式就错了。

另外,由于二维数组中的元素在内存中是按行存放的,因此也可以用 a[0][0]的地址 a[0]加顺序号 n * i+j(n 为列数)表示该元素:

a[i][j]≡ *(a[0]+n *i+j)≡ *( *a+n * i+j),即将二维数组当成顺序存储的一维数组。

**【例 8-4】** 用指针法实现一个二维数组的输入输出。

程序如下:

```
#include <stdio.h>
int main()
{
    int a[2][3],i,j;
    for(i=0;i<2;i++)                                /* 输入数组中每个元素的值 */
        for(j=0;j<3;j++)
            scanf("%d",*(a+i)+j);
    for(i=0;i<2;i++)                                /* 输出数组中每个元素的值 */
    {
        for(j=0;j<3;j++)
            printf("%4d",*(*(a+i)+j));
        printf("\n");
    }
    return 0 ;
}
```

程序运行结果如图 8-13 所示。

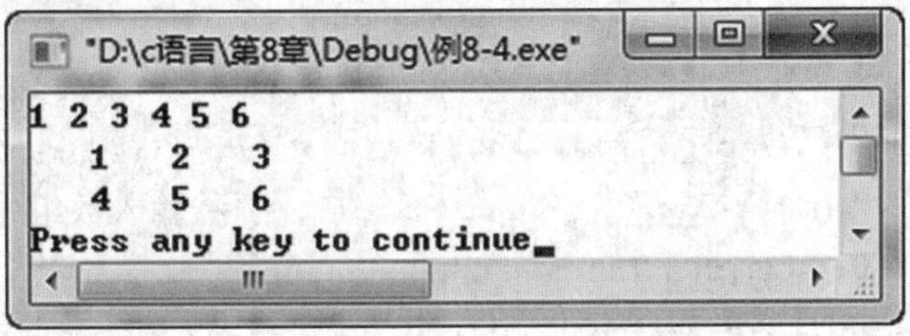


图 8-13 例 8-4 运行结果

2. 行指针变量

行指针变量一般是指用于指向一维数组的指针变量，其说明的一般形式为：

数据类型 (*指针变量名)[列长度];

其中，“数据类型”为所指数组的元素类型；“ *”表示其后的变量是指针变量；“列长度”表示该指针变量所能指向的二维数组分解为多个一维数组时，每个一维数组中的元素个数，即二维数组的列数，其必须为整型常量，且不可以省略。

**注意**：“( *指针变量名)”两边的括号不能省略，如缺少括号则表示是指针数组，意义就改变了。例如，有语句：

```
int a[2][3], ( *p)[3]; p=a;
```

其中，p 是一个指针变量，它可以指向一个含有 3 个元素的一维整型数组，而不是指向一个元素，因此它是二级指针变量(行指针变量)。本例中，p=a 表示 p 指向数组 a 的第 0 行：a[0]数组；若执行 p++;，表示指针 p 指向下一行：a[1]数组。

根据前面的介绍可知：*(a+i)+j 是二维数组第 i 行第 j 列元素 a[i][j]的地址，若指针变量 p=a，则 *(p+i)+j 也是 a[i][j]的地址，因此，如果要访问数组元素 a[i][j]，也可以表

示为:

```
p[i][j] ≡ *(p[i]+j) ≡ *(*(p+i)+j) ≡ (*(p+i))[j]
```

p和a同样表示数组a的首地址,但p是指针变量,其值可以改变,而a是地址常量,其值不能改变。

要注意区分行指针与列指针,行指针是二级指针,而列指针是一级指针。列指针所指向的数据类型为二维数组的元素类型,因此列指针和指向同类型简单变量的定义方法是一样的。例如,可以定义指向二维数组元素的列指针如下:

```
int *q;
```

可用以下3种等价的方式将元素a[i][j]的地址赋给q。

```
q=a[i]+j ≡ q=*(a+i)+j ≡ q=&a[i][j]
```

若q=a[0],则q+i*n+j(n为列数)代表数组元素a[i][j]的地址&a[i][j],因此*(q+i*n+j)或q[i*n+j]都可表示a[i][j]。

**注意**:切不可将行地址赋给列指针变量,如下赋值是错误的:q=a;。

**【例8-5】** 用指向二维数组的行指针变量实现一个二维数组的输入输出。

程序如下:

```
#include <stdio.h>
int main()
{
    int i,j,a[2][3],(*p)[3]=a;
    for(i=0;i<2;i++)                        /* 输入数组中每个元素的值 */
        for(j=0;j<3;j++)
            scanf("%d",*(p+i)+j);
    for(i=0;i<2;i++)                        /* 输出数组中每个元素的值 */
    {
        for(j=0;j<3;j++)
            printf("%4d",*(*(p+i)+j));
        printf("\n");
    }
    return 0 ;
}
```

程序运行结果如图8-14所示。

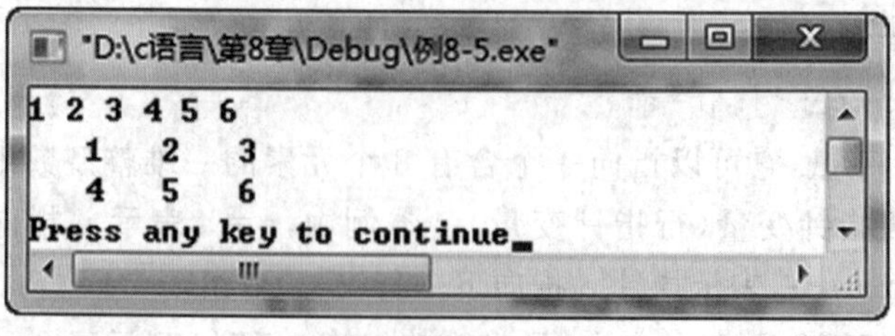


图8-14 例8-5运行结果

### 8.3.3　指针与字符串

指针与字符串
视频

在6.3节中介绍了用字符数组处理字符串的方法，本节将介绍如何用指针处理字符串的方法。每个字符串在内存中都占用一段连续的存储空间，并有唯一确定的首地址。只要将字符串的首地址赋值给字符指针，即可让字符指针指向一个字符串。使用指针处理字符串会更加灵活、方便，引用时，既可以逐个字符引用，也可以整体引用。

对于字符串常量而言，它本身代表的就是存放它的内存中常量存储区的首地址，是一个地址常量。例如：

```
char *p1="Hello";
```

定义了一个字符指针p1，用字符串常量"Hello"在内存常量存储区中的首地址为其初始化，即让指针p1指向字符串常量"Hello"，如图8-15所示。

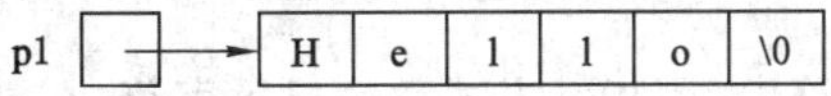


图8-15　指向字符串常量的字符指针

**注意**：不要理解为将字符串赋值给p1。字符串“Hello”保存在内存中只读的常量存储区中，所以可以修改指针p1的指向，但不能修改p1所指向的内容(即字符串常量的值)。例如：*p1='A';是错误的。

字符指针也可以指向一个字符数组。例如：

```
char s[6]="Hello", *p2=s;
```

定义一个字符指针p2，用字符数组的数组名为其初始化，即让指针p2指向字符数组的首地址，如图8-16所示。此时，既可以修改指针p2的指向，也可以修改p2所指向的内容(即字符数组里的字符值)。例如：若要将p2所指向的字符串中第一个字符修改为'A'，则可使用语句：*p2='A';，相当于s[0]= 'A';。

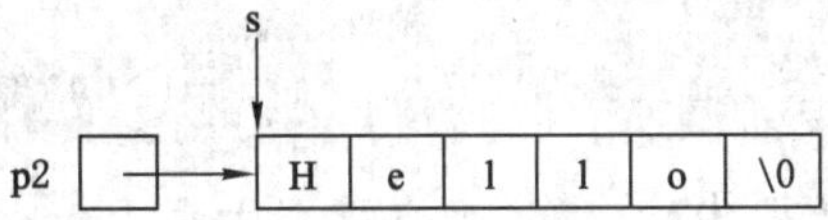


图8-16　指向字符数组的字符指针

字符数组和字符指针都可以处理字符串，那么它们有什么区别呢？它们的区别见表8-3。

**表8-3　字符数组与字符指针操作的区别**

| 操作 | 字符数组 | 字符指针 |
|---|---|---|
| 定义 | char s[6]; | char *p; |
| 初始化 | char s[6]= "Hello";<br>char s[]="Hello"; | char *p="Hello";<br>char s[6]= "Hello", *p=s; |

表8-3(续)

| 操作 | 字符数组 | 字符指针 |
|---|---|---|
| 赋值 | s[0]= 'H';s[1]= 'e';s[2]= 'l';s[3]= 'l';<br>s[4]= 'o';s[5]= '\0';<br>/* 字符数组名 s 是地址常量,不能对其赋值,只能逐个对数组元素赋值 */ | p="Hello"; /* 指针变量指向字符串常量的首地址 */<br>p=s; /* 指针变量指向字符数组的首地址 */ |
| 输入 | scanf("%s",s); 或 gets(s) | /* 应使字符指针指向一段连续的可操作存储单元后,才能进行如下操作 */<br>scanf("%s",p); 或 gets(p); |
| 运算 | 字符数组名 s 是地址常量,不能进行自增自减运算 | p 是指针变量,可以进行自增自减运算 |

**【例 8-6】** 输入一个字符串,用指针方式逐一显示字符。

程序如下:

```
#include <stdio.h>
int main()
{
    char s[20], *p=s;
    printf("Enter a string:\n");
    gets(p);
    printf("The string is:\n");
    while( *p!='\0')
        printf("%c ", *p++);
    printf("\n");
    return 0 ;
}
```

程序运行结果如图 8-17 所示。

图 8-17 例 8-6 运行结果

### 8.3.4　指针数组

如果数组中的每个元素都是指针类型的数据，则称这种数组为指针数组。指针数组中的每个元素均是一个指针变量，在使用指针数组前必须对数组元素进行初始化。

指针数组视频

指针数组的定义形式为：

```
数据类型 *数组名[整型常量表达式]
```

例如：

```
int *p[4];
```

说明：由于运算符[]比 * 优先级高，因此 p 先与[]结合，表明 p 为数组名，数组 p 中包含 4 个元素。然后再与 * 结合，* 表示此数组元素是指针类型，每个元素都可以指向一个整型变量，即每个元素相当于一个整型指针变量。

**注意**：不能写成 int (*p)[4]，这是一个指向一维数组的行指针变量。

通常可用指针数组来处理二维数组。二维数组中每行的首地址可以构成一个一级指针数组，所以也可以用指针数组来引用二维数组中的数组元素。例如：

```
int a[2][3], *p[2]={a[0],a[1]};
```

指针数组中 p[0]、p[1] 均为一个指针变量，用二维数组 a 中第 0 行和第 1 行的首地址分别为这两个指针变量初始化，指针的指向关系如图 8-18 所示。

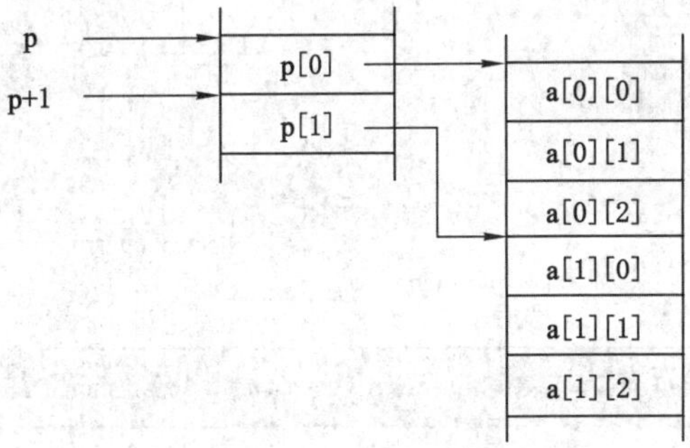


图 8-18　指针数组与二维数组的关系

因此，通过指针数组引用数组元素 a[i][j] 的方法有以下四种：

```
p[i][j] ≡ *(p[i]+j) ≡ *(*(p+i)+j) ≡ (*(p+i))[j]
```

指针数组的最主要的用途之一就是对多个字符串进行处理操作，使字符串处理更灵活方便，而且节省内存空间。

**【例 8-7】**　有 5 本图书，要求按字母从小到大顺序输出书名。

程序如下：

```
#include <stdio.h>
#include <string.h>
void sort(char *name[],int count)
{
```

```
    char *p;
    int i,j,min;
    for(i=0;i<count-1;i++){                    /* 使用选择法排序 */
        min=i;
        for(j=i+1;j<count;j++)
            if(strcmp(name[min],name[j])>0)
                min=j;
        if(min!=i)
        {
            p=name[i];
            name[i]=name[min];
            name[min]=p;
        }
    }
}
int main(){
    char *name[5]={ "BASIC","JAVA","JSP","C","FOXPRO"};
    int i;
    sort(name,5);
    for(i=0;i<5;i++)
        printf("%s\n",name[i]);
    return 0 ;
}
```

程序运行结果如图 8-19 所示。

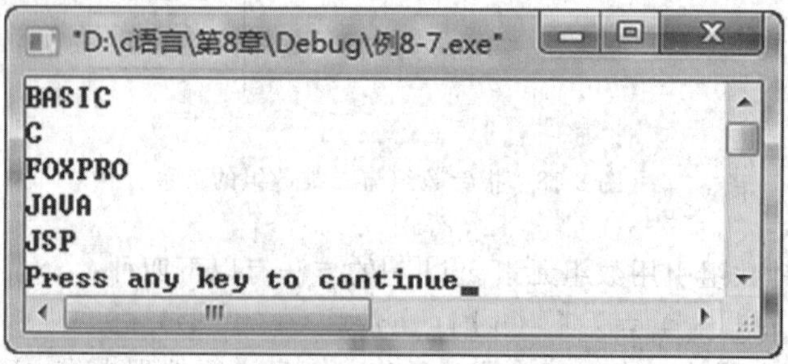


图 8-19　例 8-7 运行结果

程序分析:在指针数组初始化时,将这些字符串常量的首地址赋值给指针数组的数组元素,排序前后指针数组元素的指向如图 8-20 所示。相对于移动字符串来说,修改指针的指向更快捷高效,因此在实际应用中,字符指针数组更为常用。

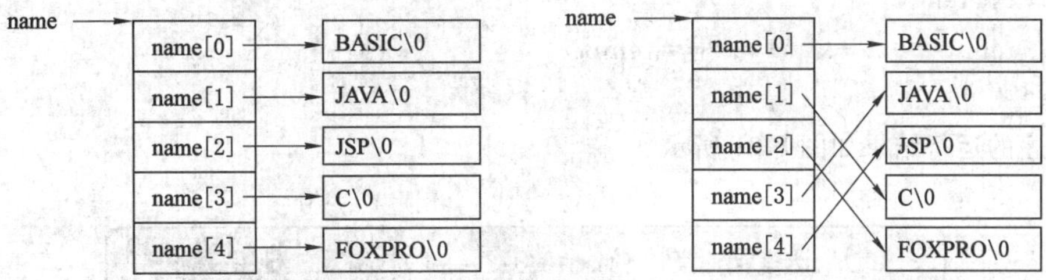


（a）排序前指针数组元素的指向　　（b）排序后指针数组元素的指向

图 8-20　排序前后指针数组元素的指向示意图

# 8.4　指针与函数

指针与函数课件

## 8.4.1　指针作为函数的参数

指针作为函数的参数视频

由于指针可以间接访问变量，所以在函数调用中，可以通过改变形参指针所指向的实参变量来间接改变实参的值。形参为指针变量，则其对应的实参必须是一个地址值，可以是变量的地址、指针变量或数组名。调用时将实参值传递给形参，使实参和形参指向同一存储单元，这时若修改了形参指针所指向的内容值，则相当于修改了对应的实参地址内的值。这种参数的传递方式又称为传址方式。

**【例 8-8】**　利用指针参数实现两个数据的交换。

程序如下：

```
#include <stdio.h>
void swap(int *,int *);                              /* 函数声明 */
int main()
{
    int a,b;
    printf("Enter 2 integers:");
    scanf("%d%d",&a,&b);
    printf("Before:a=%d,b=%d\n",a,b);
    swap(&a,&b);                                     /* 实参为变量的地址 */
    printf("After: a=%d,b=%d\n",a,b);
    return 0 ;
}
void swap(int *x,int *y)                             /* 形参为指针变量 */
{
```

```
    int temp;
    temp= *x; *x= *y; *y=temp;
}
```

程序的运行结果如图 8-21 所示。

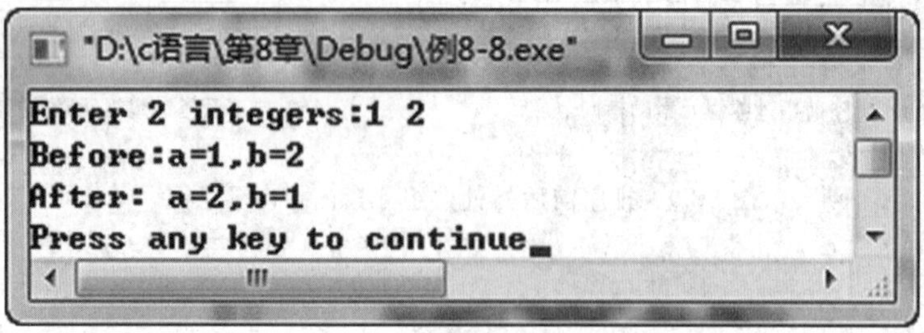


图 8-21　例 8-8 运行结果

程序分析:调用 swap( )函数时,实参是 &a 和 &b,即将实参变量 a 和 b 的地址传递给形参指针变量 x 和 y,即 x 和 y 分别指向了 a 和 b。在函数里对指针所指对象的内容,即 a 和 b 进行了交换,调用结束返回 main( )函数后,a 和 b 的内容也交换了。

**思考:**若将例 8-8 中的被调函数改为如下形式,是否也能实现两个数据的交换?

```
void swap(int *x,int *y)
{
    int *temp;
    temp=x;x=y;y=temp;
}
```

指针及数组名作为函数的参数时,是以数据的地址作为实参调用该函数,即作为参数传递的不是数据本身,而是数据对应的地址,使实参和形参指向同一存储单元,所以调用函数与被调函数存取的将是相同的一组空间,也就是说函数调用后,实参指向的对象的值可能会发生变化。

如果实参是指针或数组名,则与之对应的被调函数中的形参应为指针变量或数组名,并且其数据类型必须与被传递参数的数据类型保持一致,实参与形参对应关系有 4 种组合,见表 8-4。

**表 8-4　实参与形参的对应关系**

| 实　参 | 形　参 |
|---|---|
| 数组名 | 数组名 |
| 数组名 | 指针变量 |
| 指针变量 | 数组名 |
| 指针变量 | 指针变量 |

(1) 实参和形参均为数组名

```
int main()                        fun(int y[],int n)
{                                 {
    int x[10];
    fun(x,10) ;
    return 0 ;                    }
}
```

(2) 实参是数组名,形参是指针变量

```
int main()                        fun(int  *p,int n)
{                                 {
    int x[10];
    fun(x,10) ;
    return 0 ;                    }
}
```

(3) 实参是指针变量,形参是数组名

```
int main()                        fun(int y[],int n)
{                                 {
    int x[10] , *p=x;
    fun(p,10) ;
    return 0 ;                    }
}
```

(4) 实参和形参均为指针变量

```
int main()                        fun(int  *p,int n)
{                                 {
    int x[10] , *p=x;
    fun(p,10) ;
    return 0 ;                    }
}
```

**【例 8-9】** 编写一个字符串的复制函数。

程序如下：

```
#include <stdio.h>
void copy_string (char *to, char *from)
{
      /* 将 from 所指的字符串中所有字符除'\0'外,全部复制到 to 所指的空间中 */
    while( *from!='\0')
        *to++= *from++;
    *to='\0'; /* 在之前复制过来的字符后加'\0',表明 to 指向的是一个字符串 */
}
int main()
{
```

```
    char a[]="I am a teacher.", b[]="You are a student.";
    printf("Before copy:\n");
    printf("a: %s\nb: %s\n",a,b);
    copy_string(b,a);
    printf("After copy: \n");
    printf("a: %s\nb: %s\n",a,b);
    return 0 ;
}
```

程序的运行结果如图 8-22 所示。

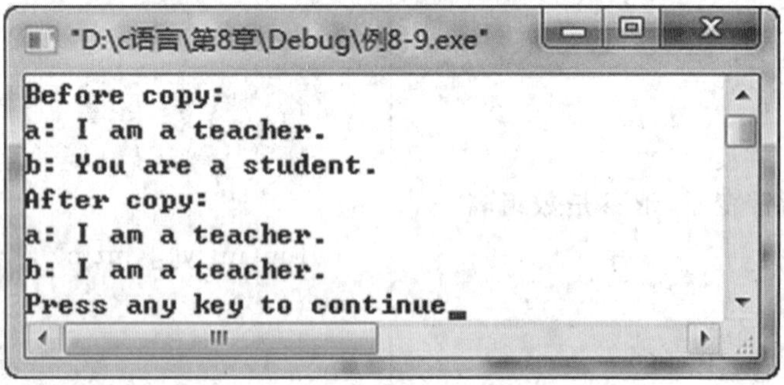


图 8-22　例 8-9 运行结果

程序分析：实参数组名 a 和 b 分别传给形参指针变量 from 和 to，即形参指针指向了相应实参数组的首地址，其中指针 to 指向数组 b 这片存储单元的首地址，对指针 to 所指内容的操作就是对实参数组 b 的操作。因此，函数调用后数组 b 的内容改变了。

**思考：**若将例 8-9 中主函数改为如下的形式，是否正确？为什么？

**形式 1：**

```
int main()
{
    char a[]="I am a teacher.",
    b[]="You are a student.";
    printf("before copy:\n");
    printf("%s\n%s\n",a,b);
    copy_string(a,b);
    printf("after copy: \n");
    printf("%s\n%s\n",a,b);
    return 0 ;
}
```

**形式 2：**

```
int main()
{
    char *a, *b;
    gets(a);
    gets(b);
    printf("before copy:\n");
    printf("%s\n%s\n",a,b);
    copy_string(b,a);
    printf("after copy: \n");
    printf("%s\n%s\n",a,b);
    return 0 ;
}
```

**注意：**如果用指针变量作为实参，必须先使该指针变量有确定的指向，否则程序运行时将异常终止。

在7.2中介绍了函数的返回值,可利用return语句从被调函数返回函数值,但return语句至多只能返回一个值,若需要从被调函数中返回多个值时,就需要利用参数的传址方式。前面介绍的数组名作为函数的参数也属于传址方式。

**【例8-10】** 随机生成10个1～100之间的数存放在一维数组中,编写函数求其平均值及最大的元素值。

程序如下:

```
#include <stdio.h>
#include <stdlib.h>
#define N 10
void fun(int *p,float *p1,int *p2)
{
    int sum,max,i;
    sum=max=p[0];
    for(i=1;i<N;i++){
        if (max<p[i])                                   /* 求最大值 */
            max=p[i];
        sum+=p[i];                                      /* 求和 */
    }
    *p1=1.0*sum/N;                                     /* *p1中存放平均值 */
    *p2=max;                                           /* *p2中存放最大值 */
}
int main()
{
    int a[10],max,i;
    float aver;
    for(i=0;i<10;i++){
        a[i]= rand()%100+1;
        printf("%d ",a[i]);
    }
    fun(a,&aver,&max);                                  /* 函数调用 */
    printf("\naver=%.1f,max=%d\n",aver,max);
    return 0 ;
}
```

程序的运行结果如图8-23所示。

程序分析:调用fun( )函数时,形参指针变量p指向了实参数组a的首地址,所以在被调函数中可以用p[i]来访问实参数组元素a[i] 。形参指针变量p1指向了实参变量aver,p2指向了实参变量max,在被调函数中修改了指针p1和p2所指对象的内容,即实参变量aver和max的值,调用结束返回main( )函数后,aver和max分别保存了数组元素的平均值和最大值。因此可以通过指针参数从被调函数中返回不止一个值。

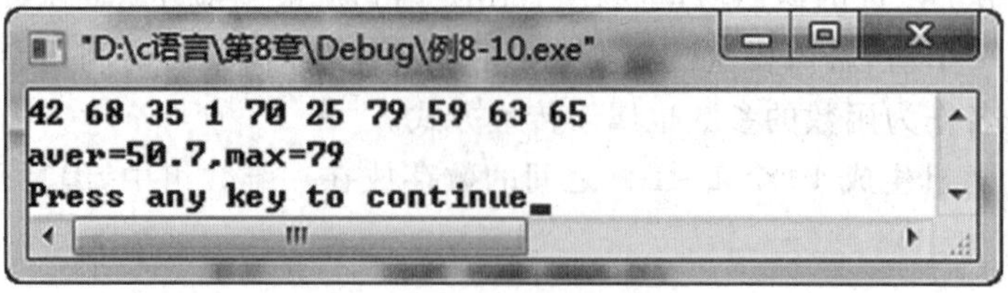


图 8-23　例 8-10 运行结果

### 8.4.2　指针作为函数的返回值

函数的返回值可以是各种基本数据类型,如整型、字符型和实型等,也可以是指针类型,这样的函数称为返回指针型的函数。当函数返回一个指针时,要求该指针所指向的对象必须是存在的。

定义返回指针型的函数形式为:

```
数据类型 *函数名(形参列表)
```

例如:

```
int *fun(int x)
```

其中 fun 是函数名;x 是形式参数,形参类型为整型,函数名 fun 前面的数据类型 int *表示函数的类型为整型指针,调用该函数后可以返回一个指向整型数据的指针(即地址)。

**说明:**函数 fun()两边的运算符分别是 *和(),其中()的优先级高于 *,因此 fun 先和()结合,表明 fun 是函数名;函数名前有一个 *,表示此函数返回值类型是指针。

**【例 8-11】** 用返回指针值的函数实现求 10 个学生成绩中的最高分。

程序如下:

```
#include <stdio.h>
int *max(int x[],int n)
{
    int i,maxi=0;
    for(i=1;i<n;i++)                                   /* 查找最高分 */
        if(x[maxi]<x[i]) maxi=i;     /* maxi 存放最高分所对应元素的下标 */
    return &x[maxi];                         /* 返回最高分所在元素的地址 */
}
int main()
{
    int *p,a[10]={87,56,62,73,92,90,85,76,67,74};
    p=max(a,10);                      /* max 函数返回最高分所在元素的地址 */
    printf("最高分=%d\n", *p);                          /* 输出最高分 */
    return 0 ;
}
```

程序运行结果如图 8-24 所示。

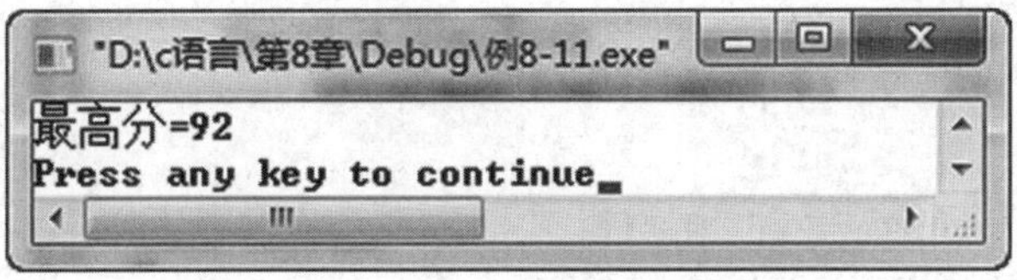


图 8-24　例 8-11 运行结果

**注意**：不能返回一个局部变量的地址，因为当被调函数调用结束时，系统将会释放该局部变量的存储空间，此时再将该地址返回给调用函数，得到的结果将不一定是正确结果。

**思考**：将 max()函数改为如下的形式，是否一定还能实现其功能？

```
int *max(int x[],int n)
{
    int i,maxi=x[0];
    for(i=1;i<n;i++)                                  /* 查找最高分 */
        if(maxi<x[i]) maxi=x[i];                /* 局部变量 maxi 存放最高分 */
    return &maxi;                               /* 返回局部变量 maxi 的地址 */
}
```

### 8.4.3　指向函数的指针

程序中的每个函数经过编译后，其目标代码在内存中都是连续存放的，并被分配一个入口地址（即首地址）。C 语言中的指针，不仅可以指向各种数据类型的变量和数组，还可以指向函数。C 语言规定，函数名代表该函数的入口地址。如果将这个地址赋给某个特定的指针变量，这个指针变量就指向了该函数。通过这个指针变量可以实现函数的调用，这种指向函数的指针变量又称为“函数指针变量”。

函数指针视频

利用指向函数的指针也可以实现函数调用，其过程分为三步：

(1) 定义指向函数的指针变量

```
数据类型 (*指针变量名)(形参列表);
```

其中“数据类型”表示指针所指向的函数的类型；“(*指针变量名)”表示“*”后面定义的是一个指针变量；最后一对括号表示指针变量所指的是一个函数，其中的形参可以省略，但这两对括号都不能少。

(2) 将指针变量指向某函数

```
指针变量名=函数名;
```

定义了指向函数的指针变量后，必须将一函数名（代表函数的入口地址）赋给函数指针，使函数指针指向一个指定的函数，然后才能通过该函数指针间接调用这个函数。

(3) 利用指向函数的指针变量调用函数

```
(*指针变量名)(实参列表)
```

**【例 8-12】**　阅读下面的程序，了解函数指针的使用。

程序如下：

```
#include <stdio.h>
int max(int a,int b)
{
    return a>b? a:b;
}
int main()
{
    int x,y,( *p)();
    printf("Enter 2 integers:");
    scanf("%d%d",&x,&y);
    p=max;
    printf("The maximum of 2 integers is %d\n",( *p)(x,y));
    return 0 ;
}
```

程序运行结果如图 8-25 所示。

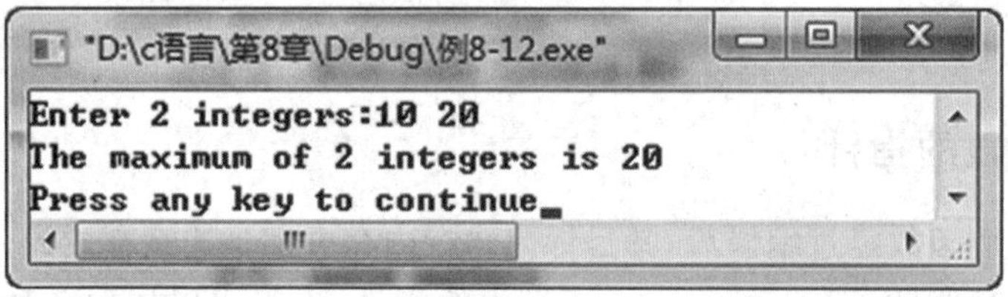


图 8-25　例 8-12 运行结果

在实际使用中,经常会将函数指针作为其他函数的形参,这样,在调用函数时,可以将不同的函数名作为实参,使函数指针分别指向不同的函数,以实现在同一点调用不同的函数。因此,利用函数指针编程有助于提高程序的通用性,减少重复的代码。

**【例 8-13】** 阅读下面的程序,了解函数指针作为函数参数的使用。

程序如下:

```
#include <stdio.h>
int max(int a,int b)
{
    return a>b? a:b;
}
int min(int a,int b)
{
    return a<b? a:b;
}
int f(int ( *p)(),int a,int b)                    /* 函数指针作为函数的形参 */
{
```

```
    return ( *p)(a,b);
}
int main()
{
    int x,y;
    printf("Enter 2 integers:");
    scanf("%d%d",&x,&y);
    printf("The maximum of 2 integers is %d\n",f(max,x,y));    /*实参是函数名*/
    printf("The minimum of 2 integers is %d\n",f(min,x,y));    /*实参是函数名*/
    return 0 ;
}
```

程序运行结果如图 8-26 所示。

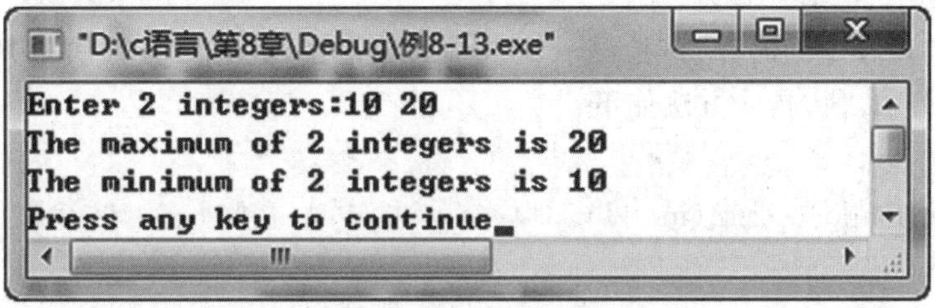


图 8-26　例 8-13 运行结果

**注意**:函数指针变量不能进行算术运算,这与指向数组的指针变量不同。指向数组的指针变量加减一个整数,可使指针移动指向后面或前面的数组元素,而函数指针的移动是没有意义的。

## 8.5　动态内存分配

通常情况下,在程序运行之前,程序中变量的个数和类型是确定的。但有时在程序运行前无法预见需要占用多大的内存空间,需要在运行程序时根据具体情况,向系统申请分配内存空间,这种分配机制称为动态内存分配。C 语言提供了一些内存管理函数,这些内存管理函数可以按需要动态分配内存空间,还可以将不再使用的内存空间收回待用,提高内存资源的使用效率。

动态内存分配课件

动态内存分配视频

常用的内存管理函数有 malloc()、calloc()、realloc()和 free()。这些内存管理函数在头文件"stdlib.h"或"malloc.h"中已声明。

(1) 函数 malloc()

函数 malloc()用于分配若干字节的内存空间。函数原型:

```
void *malloc(unsigned int size);
```

**功能**:在内存的动态存储区中申请一块指定字节大小的连续空间,size 表示向系统申请空间的字节大小。若申请成功,返回所分配内存空间的起始地址;若申请不成功,则返回 NULL(值为 0)。

该函数的返回值为(void *)类型,因此在具体使用时,要将该函数返回值强制转换为特定指针类型,赋给一个指针变量。为确保内存分配准确,malloc()函数常和运算符 sizeof 一起使用,运算符 sizeof 一般用于计算本系统中该类型数据所占内存的字节数。例如:

```
int *p, *q;
p=(int *)malloc(sizeof(int));                /* 申请一个动态的整型存储单元 */
*p=25;                                       /* 访问该存储单元,存放整型值 25 */
q=(int *)malloc(sizeof(int) * 10);      /* 申请 10 个动态的连续整型存储单元 */
for(i=0;i<10;i++)                        /* 依次访问该存储空间中每个存储单元 */
    scanf("%d",q+i);
```

**注意**:申请内存空间时,应该检测 malloc()函数是否成功分配,方法是判断该函数的返回值是否为 NULL 值,具体方法如下:

```
int *p;
p=(int *)malloc(sizeof(int) * n);         / *申请 n 个动态的连续整型存储单元 */
if(p==NULL)
{
    printf("申请内存空间失败!");
    exit(1);
}
```

上述程序段中 exit()是系统标准函数,作用是关闭所有打开的文件,并终止程序的运行。参数 0 表示程序正常结束,非 0 表示异常结束。该函数包含在头文件"stdlib.h"中。

(2) 函数 calloc()

函数 calloc()用于给若干同一类型的数据元素分配连续的存储空间,并全部初始化为 0 值。函数原型:

```
void *calloc(unsign int n,unsigned int size);
```

**功能**:在内存的动态存储区中分配指定个数的连续存储单元,相当于声明一个一维数组。其中,第 1 个参数 n 表示申请存储单元的个数,相当于一维数组的长度;第 2 个参数 size 表示申请的每个存储单元的字节数,相当于每个数组元素所占空间大小,与数组元素的类型有关。若申请成功,返回所分配内存空间的起始地址,相当于数组的首地址;若申请内存空间不成功,则返回 NULL(值为 0)。

例如:

```
int *p;
p=(int *)calloc(10,sizeof(int));  /* 申请 10 个整型存储单元,并全部初始化为 0 */
for(i=0;i<10;i++)                                  /* 依次访问每个存储单元 */
    printf("%d",p[i]);
```

**注意：**malloc()对所分配的存储块不做任何处理，calloc()对整个区域进行初始化。

(3) 函数 realloc()

函数 realloc()用于改变原来分配的存储空间的大小，其函数原型为：

```
void *realloc(void *p,unsigned int size);
```

**功能：**将指针 p 所指向的存储空间的大小改为 size 个字节，函数返回值是新分配的存储空间的首地址，与原来分配空间的首地址不一定相同。

**注意：**由于动态内存分配得到的存储单元是无名的，只能通过指针变量来引用，所以一旦改变了该指针的指向，原来分配的内存将无法再访问，因此不要轻易改变该指针变量的值。

(4) 函数 free()

函数原型：

```
void free(void *p);
```

**功能：**释放由动态内存分配函数向系统申请到的由指针 p 指向的整块内存空间。该函数执行后，将以前分配的由指针 p 指向的内存空间返还给系统，以便由系统重新支配。如果该指针变量是空指针，则 free()函数什么都不做。该函数无返回值。例如：

```
free(p);                              /* 释放p指针指向的存储空间 */
```

为了有效利用动态存储区，在知道某个动态分配的存储区域不再使用时，应及时将它释放。

**注意：**释放后不允许再通过该指针去访问已经释放的块，否则可能会引起灾难性后果。

如果程序需要动态分配内存空间，那么程序要包含申请内存空间、使用内存空间、释放内存空间 3 个步骤，实现动态存储区有效合理的利用。

# 本章小结

本章介绍了指针的基本概念和初步应用。指针是 C 语言最灵活的部分，使用指针具有提高程序效率、实现动态存储分配等优点，但它非常容易出错，而且这种错误往往难以发现，因此使用指针必须小心谨慎，并积累经验。

1. 有关指针的数据类型

本章所介绍的指针类型见下表。

| 定义 | 名称 | 含义 |
|---|---|---|
| int *p | 指向变量的指针 | p 为指向整型数据的指针变量 |
| int ( *p)[n]; | 指向一维数组的指针变量 | p 为指向含 n 个元素的一维数组的行指针变量 |
| int *p[n]; | 指针数组 | 定义指针数组 p，它由 n 个指向整型数据的指针元素组成 |
| int *p(); | 返回指针的函数 | p 为返回一个指针的函数，该指针指向整型数据 |
| int ( *p)(); | 指向函数的指针 | p 为指向函数的指针，该函数返回一个整型值 |

2. 指针运算

(1) 变量的取地址运算 & 和指针的指向运算 *

变量的取地址运算 & 可以获得变量的内存地址;指针的指向运算 *可对该指针指向的存储单元进行存取操作。

(2) 指针变量的赋值运算

使用指针变量之前必须先给指针变量赋值,其赋值方法有:向指针变量直接送地址、函数调用时由实参向形参送地址。虽然地址值是整数,但不允许直接向指针变量送普通整型值。

(3) 指针变量的自增、自减运算和指针加减整数的运算

指针变量可以进行自增、自减运算和指针加减整数的运算,但只适用于对连续存储单元,如数组的地址运算,其结果仍为地址。

(4) 指向同一数组的两个指针相减运算

如果两个指针变量指向同一个数组内的元素,则两个指针变量值之差是两个指针之间的元素个数。

(5) 指针的关系运算

如果两个指针变量指向同一个数组的元素,则两个指针变量可以进行关系运算。指向前面的元素的指针变量"小于"指向后面的元素的指针变量。

3. 指针和函数

指针与函数的关系主要体现在以下三个方面:一是指针可以作为函数的参数,若需要从被调函数中返回多个值时,可以使用指针作为函数的参数,将一个变量的地址传递给被调函数;二是函数的返回值可以是指针;三是指针可以指向函数。

4. 常见程序错误小结

| 常见错误实例 | 常见错误描述 | 错误类型 |
| --- | --- | --- |
| int *p;<br>*p=1; | 指针未初始化,就将指向地址内赋值 | 运行错误 |
| int x, *p;<br>x=20;<br>p=x; | 误解指针用法,将整型值当作地址赋给指针 | 运行错误 |
| int a[10];<br>a++; | 试图以指针运算的方式,改变数组名所代表的地址。<br>error: value required as increment operand | 编译错误 |
| int a[5], *p=a;<br>printf("%d", *(p+5)); | 对指向数组的指针进行算术运算时,超出了数组的边界 | 运行错误 |
| char *p="hello";<br>*(p+1)='A'; | 使用指针方式改变字符串常量内容。<br>warning: deprecated conversion from string constant to 'char *' | 编译警告<br>运行错误 |
| int a=10, *p=&a;<br>free(p);<br>printf("%d", *p); | 使用已经释放了的内存指针 | 运行错误 |

# 习题 8

习题 8 参考答案

## 一、选择题

1. 设有定义 int a=2,b=1,*p=&a;,则执行语句 *p=3;a=a+b;后,变量 a 的值为(  )。

A.2　　B. 3　　C. 4　　D. 5

2. 设有 int a[10]={1,2,3,4,5,6,7,8,9,10},*p=a;则 p[5]的值是(  )。

A.5　　B. 6　　C. 7　　D. 8

3. 已知 int a[5]={1,3,6,10,15},*p1=&a[1],*p2=&a[4];,则 *p2 - *p1 的值是(  )。

A.1　　B. 3　　C. 9　　D. 12

4. 若有说明:int a[4][5];,则对数组 a 的元素的非法引用是(  )。

A. a[0][2*2]　　B. *(*(a+1)+2)　　C. a[4-2][0]　　D. a[0][5]

5. 设有 char str[]="Olympic";,则表达式 *(str+4)的值为(  )。

A. 'm'　　B. 'p'　　C. 'i'　　D. 不确定的值

6. 设有如下程序段:

```
char s[20]= "China", *p;
p=s;
```

则执行 p=s;语句后,以下叙述正确的是(  )。

A. 可以用 *p 表示 s[0];

B. s 数组中元素的个数和 p 所指字符串长度相等

C. s 和 p 都是指针变量

D. 数组中的内容和指针变量 p 中的内容相等

7. 设有定义 char c[20]="1234567",*p=&c[3];则 strlen(p)的值为(  )。

A. 3　　B. 4　　C. 7　　D. 20

8. 设有说明:char *str[10];,则标识符 str 的意义是(  )。

A. str 是一个指向有 10 个元素的数组的指针

B. str 是一个有 10 个元素的数组,数组元素的数据类型是指向 char 型的指针型

C. str 是一个指向 char 型函数的指针

D. str 是具有 10 个指针元素的一维指针数组,每个元素都只能指向整型变量

9. 执行以下程序后,输出结果是(  )。

```
#include<stdio.h>
void fun(int *a, int *b)
{
    int t;
```

```
    t= *a; *a= *b; *b=t;
}
void main( )
{
    int x=3, y=4;
    fun(&x, &y);
    printf("%d, %d", x, y);
}
```

A. 3, 3　　B. 3, 4　　C. 4, 3　　D. 4, 4

10. 若有声明:void fun(int *x,int n,int *s); int a[]={1,2,3,4},b,c;则以下函数调用形式中正确的是(　　)。

A. fun(a,4,b);　　B. fun(a[],4,&b);

C. fun(a[4],4,&b);　　D. fun(a,4,&b);

## 二、填空题

1. 输入 10 个数据,计算并输出其中所有正数的平均值,请填空将程序补充完整。

```
#include <stdio.h>
#define N 10
int main()
{
    double ave=0, a[N], *p;
    int n=0;
    p=____________________;
    while(p<a+N)
    {
        scanf("%lf",p);
        if(____________________)
        {
            n++;
            ave+= *p;
        }
        ____________________;
    }
    if(n>0)
    {
        ave/=____________________;
        printf("ave=%lf\n",ave);
    }
    else printf("Not exist positive number \n");
```

```
    return 0;
}
```

2. 下面程序按字母顺序比较两个字符串 s1 和 s2 的大小，若相等，则输出 0；否则输出其第一个不相等的字符的 ASCII 差值，请填空将程序补充完整。

```
#include <stdio.h>
int main()
{
    char c1[30],c2[30], *s1=c1, *s2=c2;
    int i;
    gets(s1);
    ____________________;
    while( *s1!='\0' && ____________________)
    {
        s1++;
        s2++;
    }
    if( *s1=='\0' && ____________________)
        i=0;
    else
        i=____________________;
    printf("差值=%d\n",i);
    return 0;
}
```

3.下面程序的功能是输出所给的一些字符串中最小的字符串，请填空将程序补充完整。

```
#include <stdio.h>
#include <string.h>
int main()
{
    char  *a[]={"C++","Basic","Database","ForPro","Pascal","Java"};
    char  *min;
    int i;
    min=____________________;
    for(i=1;i<6;i++)
        if(strcmp(____________________)<0) min=a[i];
    printf("最小的字符串是:%s\n",____________________);
    return 0;
}
```

4. 下面程序实现交换调用它的两个整型变量 x 和 y 的值，请填空将程序补充完整。

```
#include <stdio.h>
```

```
void swap(int *x,int *y)
{
    int ____________________;
    temp= *x; *x= *y; *y=temp;
}
int main(void)
{
    int a,b;
    scanf("%d%d",&a,&b);
    swap(____________________);
    printf("a=%d,b=%d\n",____________________);
    return 0;

}
```

5. 下面程序的功能是求二维数组中的最大元素所在的行号和列号,请填空将程序补充完整。

```
#include <stdio.h>
float max_value(____________________)
{
    float max;int i,j;
    max=x[0][0];
    for(i=0;i<3;i++)
        for(j=0;j<4;j++)
            if(max<x[i][j])
            {____________________; *row=i; *col=j;}
    return ____________________;
}
int main(){
    int i,j;
    float a[3][4]={4,5,69,1,2,3,8,9,1,23,45,61},max;
    max=max_value(a,&i,&j);
    printf("the max value is %.1f,row=%d,col=%d\n",max,i,j);
    return 0;
}
```

## 三、程序阅读题

1.以下程序的输出结果是____________________。

```
#include <stdio.h>
int main()
```

```
{
    int a[]={-2,3,0,-6,-4,6,9}, *p=a,m,n;
    m=n= *p;
    for(p=a; p<a+7; p++)
    {
        if( *p>m) m= *p;
        if( *p<n) n= *p;
    }
    printf("m-n=%d\n",m-n);
    return 0;
}
```

2. 以下程序的输出结果是____________________。

```
#include<stdio.h>
int main()
{
    int i=4;
    char s[]="Computer", *p=s;
    printf("%c", *(p+i));
    printf("%c\n", *p+i);
    return 0;
}
```

3.以下程序的输出结果是____________________。

```
#include <stdio.h>
int main()
{
    char s[]="0123456789", *p=s+6;
    int i=0;
    while(i++<4)
        printf("%c",p[-i]);
    printf("\n");
    return 0;
}
```

4.以下程序的输出结果是____________________。

```
#include <stdio.h>
int count(double *a)
{
    double *p=a;
    while( *p!=0)p++;
    return(p-a);
```

```
}
int main()
{
    double a[]={1.0,2.0,8.0,3.0,4.0, 0.0,6.0,7.0,9.0};
    printf("%d\n",count(a));
    return 0;
}
```

5. 以下程序的输出结果是____________________。

```
#include <stdio.h>
int fun(int (*s)[4],int n,int k)
{
    int m,i;
    m=s[0][k];
    for(i=1;i<n;i++)
        if(s[i][k]>m)
            m=s[i][k];
    return m;
}
int main()
{
    int a[4][4]={{1,2,3,4},{11,12,13,14},{21,22,23,24},{31,32,33,34}};
    printf("%d\n",fun(a,4,0));
    return 0;
}
```

## 四、程序设计题(要求用指针完成)

1. 从键盘输入10名学生的成绩,计算并输出其中的最高分、最低分及平均成绩。

2. 输入一个字符串,按相反次序输出其中所有字符。

3. 编写函数,功能是将10个学生成绩从高分到低分排序,并统计优秀与不及格的人数。函数形式为:

int fun(int s[],int *x);/* s为学生成绩数组,*x为不及格人数,返回优秀的人数*/

4. 编写函数,功能为统计一个字符串各个字母(不区分大小写)出现的频率,同时找出频率出现最高的字母和次数。函数形式:

void freq(char s[],int p[],char *c,int *max);/* s数组存放字符串,p数组存放各个字母出现的频率,*c存放出现频率最高的字符,*max存放出现频率最高的字母次数*/

再编写主函数加以调用,运行结果如图8-27所示。

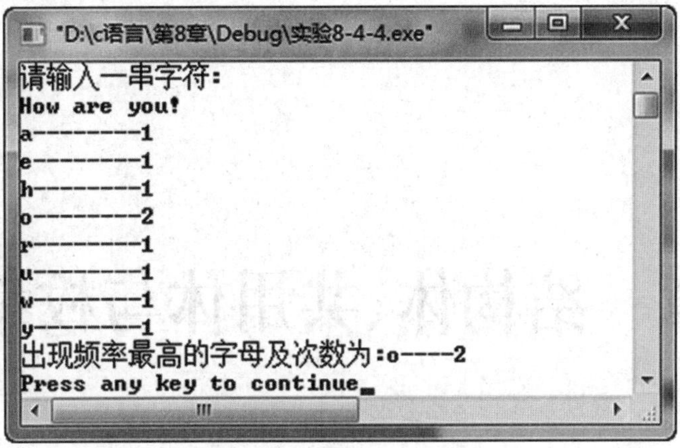


图 8-27 实验 8-4-4 运行结果

# 实验 8 指针

实验 8 参考答案

**【实验目的和实验要求】**

1. 掌握指针的概念,熟练掌握指针变量的定义与使用。

2. 掌握使用数组的指针与指向数组的指针变量。

3. 学会使用字符指针处理字符串。

4. 掌握指针与函数的关系及应用。

**【实验内容】**

1. 随机产生一组 10 个整数,再从键盘输入一个值,利用指针方式,统计出这组数中大于该值的整数个数。

2. 输入一串字符,利用指针方式,将字符串中的大写字母转换成小写字母,并输出转换后的新字符串。

3. 编写函数,功能为求圆的周长和面积。函数形式为:

double area(double r,double *girth); /*返回值为圆的面积,圆的周长利用参数传递*/

自定义主函数,调用 area 函数并输出结果。

4. 编写函数,判断输入的字符串是否为“回文”。所谓“回文”是指正读和倒读都一样的字符串,如“XYZYX”。函数形式为:

int palindrome(char *s); /*是回文,返回值为1,否则返回0*/

# 第9章 结构体、共用体与枚举类型

**【本章学习目标】**

C语言中的结构体(struct)、共用体(union)、枚举类型(enum)和自定义类型(typedef)的学习是提升编程能力和代码组织性的重要步骤,这些知识点对于构建复杂的应用程序、处理复杂数据结构以及进行底层编程都至关重要。本章的学习目标:理解结构体的基本概念,掌握结构体类型、结构体变量、结构体数组与结构体指针的定义和使用;理解共用体的基本概念,掌握共用体类型和共用体变量的定义和使用;了解结构体和共用体的应用场景;理解枚举类型的基本概念,掌握枚举类型的定义和使用;掌握 typedef 的用法。

**【本章知识导图】**

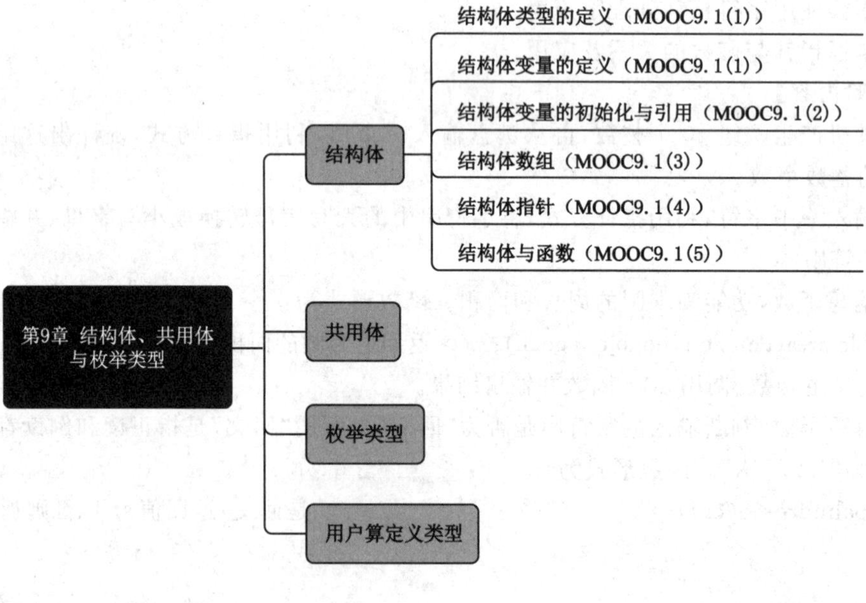

# 9.1　结构体

结构体课件

前面章节已经介绍过基本数据类型的变量（如整型、实型、字符型变量），也介绍了数组这种构造类型数据，其中数组中各元素属于同一种类型，这些类型在程序设计中直接应用（例如直接定义变量和数组），而不必考虑此类型的数据是如何组织和安排的。但是基本数据类型仅仅能描述事物某一方面的特征，而在许多应用中却需要处理若干有着不同性质（种类、类型）但却相关的数据，也就是说有时需要将不同数据类型组合成一个有机的整体，以便引用。

例如，填写一个学生的基本情况表，在学生的基本情况中有学号、姓名、性别、年龄、通讯地址等信息。若用 C 语言的基本数据类型来表达，需要用到很多基本类型的变量，同时操作系统需要记忆很多的变量名。若进一步表示 N 个学生的基本信息，可想而知到最后程序设计者自己都不是很清楚变量和某个学生信息之间的对应关系。在这种需求下，C 语言提供了结构体类型。引入结构体之后，程序设计人员可以根据实际需要，利用已有的基本数据类型来自定义复合数据类型，用于描述不同类型的事物。

结构体类型是一种构造类型，它可以将描述同一事物不同特征的数据构造成一个整体数据类型。如要表示学生的基本情况，可以构造一种 student 数据类型：

```
struct student                          /* struct student 是结构体类型名 */
{                                       /* 以下定义成员项的类型和名字 */
    int num;
    char name[20];
    char sex;
    int age;
    char addr[30];
};
```

结构体是由不同数据类型的数据组成的集合体，其中各个数据成为结构体类型的成员项，每个成员项都有其相应的类型。

## 9.1.1　结构体类型的定义

不同事物的类型不同，因此在使用结构体进行数据处理前，应先对结构体的组成进行描述。结构体类型的定义形式为：

```
struct 结构体名
{
    数据类型 1 成员 1;
    数据类型 2 成员 2;
    ……
    数据类型 n 成员 n;
};
```

结构体类型的定义与结构体变量视频

结构体类型是由关键字 struct 及其后的结构体名组成的,结构体名需符合标识符命名规则。花括号{}内是结构体的成员列表,以分号隔开,成员名不能相同。结构体类型定义以分号作为结束标志。

**说明:**

(1) 结构体类型定义只是描述了结构体的组织形式,编译器并不为其分配存储空间。

(2) 结构体成员可以为任意类型,如基本数据类型、数组和指针类型,也可以为已定义的结构体类型。

(3) 结构体类型定义可以在函数内部,也可以在函数外部。在函数内部定义的结构体类型,只在函数内部可用,因此,一般在文件开始部位定义结构体类型,以保证其在本文件所有函数内可用。

例如:用结构体描述一个学生信息可能要包括学号、姓名、性别、年龄、家庭住址等数据项。

```
struct student
{
    int num;
    char name[20];
    char sex;
    int age;
    char address[30];
};
```

结构体类型与基本数据类型两者是不同的。基本数据类型(字符型、整型和实型)由系统提供,可以直接使用基本类型标识符说明变量。而要使用结构体类型的数据,必须经过两个步骤:先由关键字 struct 和用户定义的结构体名(合在一起叫"结构体类型名")来说明类型,然后再由它们定义结构体变量。

### 9.1.2 结构体变量的定义

完成结构体类型的定义,提供了结构体数据的组织方法,并没有提供具体的数据内容。如果要使用结构体,必须由定义好的结构体类型来声明结构体变量,系统开辟相应的内存空间,才能使用结构体变量成员项的内容。

结构体变量的声明有三种方法:

1. 先声明结构体类型,再声明结构体变量

其定义形式如下:

```
struct 结构体名
{
    成员项列表;
};
struct 结构体名 结构体变量名;
```

例如:

```
struct student
{
    int num;
    char name[20];
    char sex;
    int age;
    char address[30];
};
struct student stu1,stu2;                    /* 定义结构体变量 stu1 和 stu2 */
```

2. 声明结构体类型的同时声明结构体变量

其定义形式如下：

```
struct 结构体名
{
    成员项列表;
} 变量名列表;
```

例如：

```
struct student
{
    int num;
    char name[20];
    char sex;
    int age;
    char address[30];
} stu1, stu2;
```

3. 声明结构体的类型时不声明结构体类型名，直接声明结构体变量

其定义形式如下：

```
struct
{
    成员项列表;
} 变量名列表;
```

例如：

```
struct
{
    int num;
    char name[20];
    char sex;
    int age;
    char address[30];
} stu1, stu2;
```

第3种方法与第2种方法的区别在于前者省去了结构体名,但此种方法定义的结构体类型在程序其他处不能再定义结构体变量,因此并不常用。

**说明:**

(1) 注意结构体类型定义和结构体变量定义的区别。结构体类型定义只描述数据的组织形式,不分配内存单元,而结构体变量定义在编译时会分配内存单元。

每个结构体变量表示的是一组成员数据,因此其在内存中将占据一片连续的存储单元,该存储单元的大小理论上由该结构体各成员存储单元的大小相加而成。例如变量stu1理论上占据的内存单元如图9-1所示。

| num | name | sex | age | address |
|---|---|---|---|---|
| 4B | 20B | 1B | 4B | 30B |

图9-1 结构体变量stu1存储单元图

为了优化CPU访问内存的效率,编译器在变量存储单元分配时进行了内存的优化处理,在VC++6.0环境下,变量stu1实际分配64字节的存储单元(具体优化方案可参考相关书籍)。可以用sizeof运算符来计算一个结构体变量的实际存储空间大小。

(2) 在定义一个结构体类型时,可以利用已定义的另一个结构体类型来定义其成员变量,这就形成结构体类型的嵌套定义。例如:

```
struct date
{
    int year;
    int month;
    int day;
};
```

利用此结构体类型定义下面结构体类型的成员birthday,就构成了嵌套定义:

```
struct student1
{
    int num;
    char name[20];
    char sex;
    struct date birthday;                    /* 嵌套的结构体类型成员 */
    char address[30];
} stu11,stu12;
```

### 9.1.3 结构体变量的初始化

结构体变量的初始化与引用视频

结构体变量定义的同时可以进行初始化:将结构体变量各成员的初始值按照成员项的类型及顺序在花括号{ }内列出,初始值以逗号隔开。例如:

```
struct student stu1={201201,"李宁",'M',18,"学院路252号"};
```

对于嵌套的结构体类型变量,初始化是对各个基本类型的成员赋初值,例如：

```
struct student1 stu11={2012001,"李宁",'M',{1995,12,5},"学院路 252 号"};
```

初始值的个数应该与结构体变量的成员个数相等。但若初始值的个数少于结构体成员的个数，则只能对其中的部分成员进行初始化，其他没有初始化的成员则由系统为其提供缺省的初始值。初始值的个数不得多于结构体成员的个数，否则编译将出错。

### 9.1.4　结构体变量的引用

对结构体中数据（结构体成员）的操作是通过对结构体变量成员的引用来实现的，一般情况下，只引用结构体变量的成员项而不引用整个结构体变量（函数参数以及函数返回值除外）。结构体变量成员的引用形式为：

```
结构体变量名.成员名
```

说明：

(1) “.”为“成员选择运算符”，也称为“圆点运算符”，优先级最高，结合性为左结合。

(2) 对结构体成员的操作与同类型变量或数组一样，可进行各种运算。

例如：

```
stu1.age= stu1.age+1;    /* 结构体变量 stu1 的成员 age，相当于一个整型变量 */
strcpy(stu1.name, "zhan"); /* 结构体变量 stu1 的成员 name，相当于一个字符数组 */
stu1.name[3]= 'o';                          /* 相当于一个 char 型的变量 */
```

(3) 在结构体嵌套的情况下，访问的应是结构体的最底层成员，因为只有最底层成员直接存放数据，且数据是基本类型或数组类型，引用形式为：

```
结构体变量名.结构体成员名.……结构体成员名.最底层成员名
```

例如：

```
stu11.birthday.year                  /* 最底层成员 year ，相当于一个整型变量 */
```

(4) 同一类型的结构体变量可整体赋值，将会按照结构体成员的顺序依次对相应成员进行赋值，赋值后两个结构体变量的成员具有相同的内容值。

**【例 9-1】** 结构体变量的引用示例。

程序如下：

```
#include<string.h>
#include<stdio.h>
struct date
{
    int year;
    int month;
    int day;
};
struct student
{
    int num;
```

```
    char name[20];
    char sex;
    struct date birthday;
    char address[30];
};
int main()
{
    struct student stu1 = {202303,"李龙",'M',{2005,10,5},"学院路252号"},stu2;
    printf("\nstu1：%d,%s,%c,%4d%02d%02d,%s\n",stu1.num,stu1.name,
stu1.sex,stu1.birthday.year,stu1.birthday.month,stu1.birthday.day,stu1.address);
    stu2=stu1;
    stu2.num=202306,
    strcpy(stu2.name,"王刚");
    stu2.birthday.month=5;
    printf("stu2：%d,%s,%c,%4d%02d%02d,%s\n\n ",stu2.num,stu2.name,
stu2.sex,stu2.birthday.year,stu2.birthday.month,stu2.birthday.day,stu2.address);
    return 0;
};
```

程序的运行结果如图 9-2 所示。

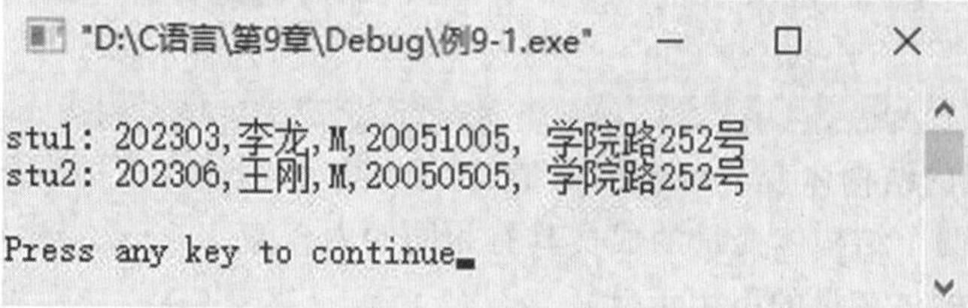


图 9-2　例 9-1 运行结果

### 9.1.5　结构体数组

数组是同类型变量的有序集合,结构体类型也可以构造结构体数组,每个结构体数组元素都是一个结构体变量,含有结构体的各个成员项。结构体数组名代表数组在内存中的首地址,每个数组元素在内存中也是按照下标顺序连续存放。

从前面的例子可以看出,结构体变量 stu1 只能存储一个学生的信息,若要存放多个学生的信息,定义结构体数组是最简单方便的方法。

结构体数组
视频

1. 结构体数组的定义

结构体数组与结构体变量定义形式相同,只需加上方括号和数组长度即可。例如：

```
struct student
{
    intnum;
    char name[20];
    char sex;
    int age;
    char address[30];
};
struct student stu[30];
```

2. 结构体数组的初始化

结构体数组在定义时，可以对数组的部分或全部元素初始化，即对数组元素的各个成员项赋初始值，如：

```
struct student stu[5]={{202301,"李龙",'M',17,"学院路 252 号"},
                       {202302,"王青",'F',18,"学院路 252 号"},
                       {202303,"李宁",'F',19,"学院路 252 号"},
                       {202304,"刘路",'F',,19"学院路 252 号"},
                       {202305,"张伟",'F',18,"学院路 252 号"}};
```

3. 结构体数组元素的引用

由于结构体数组元素是一个结构体变量，因此结构体数组元素的引用同结构体变量的引用，一般只引用数组元素的成员，而不引用整个数组元素（函数参数以及函数返回值除外），若为嵌套的结构体类型，应引用数组元素的最底层成员。

结构体数组元素的成员引用方式为：

```
结构体数组名[下标].成员名
```

**【例 9-2】** 已知 15 人参加选举，共 3 个候选人，候选人的基本信息定义在结构体类型当中，包括候选人的标识号 id(整型)，候选人的姓名 name(字符型数组)，得票数 count(整型)。选举时投票机输入三个人的标识号(id 成员项，分别取 1、2、3)，统计每位候选人得票数。

程序如下：

```
#include<stdio.h>
#define NUMBER 15
struct candidate
{
    int id;
    char name[20];
    int count;
}nominee[3]={{1,"李宁",0},{2,"王新",0},{3,"赵广",0}};
                            /*定义结构体类型，声明结构体数组并初始化*/
int main()
{
    int i,num;
```

```
    for(i=0;i<NUMBER;i++)
    {
        scanf("%d",&num);                          /* 循环输入候选人的标识号 */
        switch (num)
        {
            case 1: nominee[0].count++; break;
            case 2: nominee[1].count++; break;
            case 3: nominee[2].count++; break;
            default: printf("输入错误,没有该提名人\n");
        }
    }
    printf("\n");
    for(i=0;i<3;i++)                            /* 输出候选人的姓名及得票数 */
        printf("%s:%d\n",nominee[i].name,nominee[i].count);
    return 0;
}
```

程序的运行结果如图 9-3 所示。

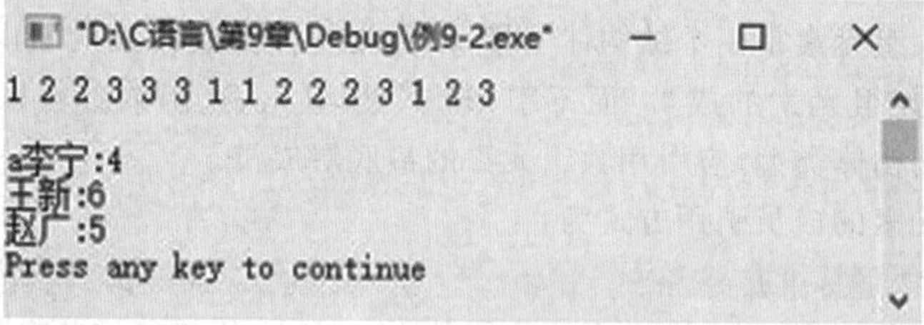


图 9-3　例 9-2 的运行结果

### 9.1.6　结构体指针

结构体变量或数组是内存中的对象,因此可通过指针进行访问。指向结构体变量的指针称为结构体指针。结构体指针必须先声明,然后指向同类型的结构体变量,再通过指针引用所指对象的各个成员项。

1. 结构体指针变量的声明

结构体指针变量声明的一般形式为:

```
struct 结构体名  *结构体指针变量名;
```

例如:

```
struct student stu, *p1, *p2,st[3];
p1=&stu;                        /* p1 指向结构体变量 stu */
p2=st;              /* p2 指向结构体数组 st 中第一个数组元素 */
```

结构体
指针视频

2. 通过指针引用结构体对象

声明结构体指针后，应先让结构体指针指向同类型的结构体变量或数组元素，然后才能通过指针引用所指对象的成员项。

通过结构体指针访问所指向结构体变量或数组元素的成员有以下两种方法：

```
指针变量－>结构体成员名
(*指针变量).结构体成员名
```

**说明：**

(1) “－>”为“指向运算符”，也称为“箭头运算符”。“－>”与“.”优先级相同，具有最高的优先级。

(2) 上述两种方法等价，在第二种方法中，圆括号()不能省略，因为“.”的优先级比“*”高，若省略了()，表达式的含义与语法不符。

**【例 9-3】** 利用结构体指针输出结构体数组的各成员。

程序如下：

```c
#include <stdio.h>
struct student
{
    int num;
    char name[20];
    char sex;
    int age;
    char address[30];
};
int main()
{
    struct student stu[3]={{202301,"李龙",'M',17,"学院路 252 号"},
                           {202302,"王青",'F',18, "学院路 252 号"},
                           {202303,"李宁",'F',19, "学院路 252 号"}};
    struct student *p;
    for(p=stu; p<stu+3; p++)
        printf("%d,%s,%c,%d,%s\n",p->num, p->name,p->sex,p->age,p->address);
    return 0;
}
```

程序的运行结果如图 9-4 所示。

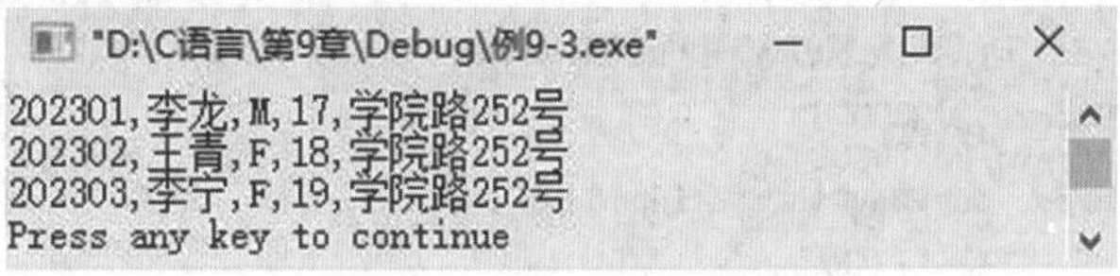


图 9-4　例 9-3 的运行结果

### 9.1.7 结构体与函数

结构体与函数视频

结构体变量的成员项、结构体变量、结构体数组和结构体指针都可以作为函数的参数。

1. 结构体变量的成员作为函数参数

由于结构体变量的成员存放基本类型数据,因此这种情况同普通变量作为函数参数一样是值传递方式。这种方式很少使用。

2. 结构体变量作为函数参数

结构体变量作为函数的参数,实现值传递,不是地址传递!在被调函数内对形参结构体成员值的修改,不会影响到相应的实参结构体成员的值。由于在函数调用的参数传递过程中,整个结构体变量的各个成员项都要复制给被调函数,传递的内容比较多,系统的开销大、效率低,因此此种方式也较少使用。

**【例 9-4】** 结构体变量作为函数参数的示例。

程序如下:

```
#include <stdio.h>
struct date
{
    int year,month,day;
};
void change(struct date f)
{
    f.year=2026;
    f.month=8;
    f.day=27;
}
int main()
{
    struct date d={2023,6,8};
    printf("Before:%4d%02d%02d\n",d.year,d.month,d.day);
    change(d);
    printf("After: %4d%02d%02d\n",d.year,d.month,d.day);
    return 0;
}
```

程序运行的结果如图 9-5 所示。

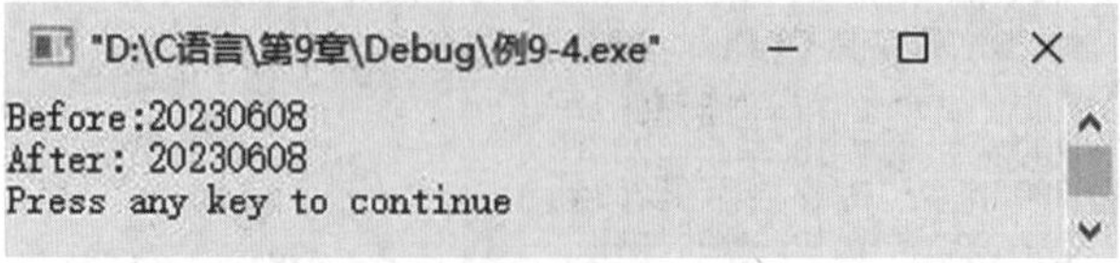


图 9-5 例 9-4 运行结果

3. 结构体指针或结构体数组名作为函数参数

为了解决由于结构体变量作为函数的参数所产生的影响，可使用指针变量作函数的参数。这时由实参传向形参的只是地址，从而减少了时间和空间的开销。结构体数组名或结构体指针作为函数参数与普通数组名或指针作为函数参数类似，实现的是地址传递。在被调函数内对形参结构体成员值的修改，将影响到实参地址内结构体成员的值。

参数用法如下：

形参：结构体指针变量或结构体数组；

实参：结构体变量地址或结构体数组名。

**【例 9-5】** 结构体指针作为函数参数的示例。

程序如下：

```
#include <stdio.h>
struct date
{
    int year,month,day;
};
void change(struct date *f)
{
    f->year=2026;
    f->month=8;
    f->day=27;
}
int main()
{
    struct date d={2023,6,8};
    printf("Before:%4d%02d%02d\n",d.year,d.month,d.day);
    change(&d);
    printf("After: %4d%02d%02d\n",d.year,d.month,d.day);
    return 0;
}
```

程序运行的结果如图 9-6 所示。

图 9-6　例 9-5 运行结果

共用体课件

# 9.2 共用体

在许多应用中都会遇到这样的情况,随着处理对象的不同要生成或处理不同的数据项,例如在人力资源管理系统中,要管理不同类型的职工人员,有工人、教师、干部等,对不同类型的职工需要使用不同种类的数据项。如果将所有这些种类的职工的所有数据项都统一定义在一个结构体中,显然层次不清晰,而且会造成内存空间的浪费。C语言中引入了共用体的概念,可以将若干相斥的数据项合并成一个共用体(也称联合体)来表示。

## 9.2.1 共用体类型定义

共用体是将不同类型的数据组织在一起共同占用同一段内存的一种构造数据类型。共用体类型的声明在语法上与结构体类似,只是关键字变为union,共用体也是由一个或多个成员所组成,共用体成员的构成语法及限制等均与结构体成员雷同。

共用体类型的定义形式为:

```
union 共用体名
{
    数据类型 1   成员 1;
    数据类型 2   成员 2;
    ……
    数据类型 n   成员 n;
};
```

**说明:**

(1) 共用体类型定义只是描述了数据的组织形式,编译器并不为其分配存储空间。

(2) 共用体中每个成员均是从同一起始地址开始存放其值,因此共用体中的成员不能同时使用。

## 9.2.2 共用体类型变量定义

共用体变量的定义与结构体类似,也有三种方法:先定义共用体类型,再使用类型定义变量;定义共用体类型的同时定义变量;定义共用体类型时不给出类型名,直接定义变量。

共用体变量定义后,系统将为共用体变量开辟一定的存储单元。共用体变量的空间分配情况与结构体变量不同,由于共用体变量先后存放不同类型的成员,系统开辟的共用体变量的存储单元的字节数为最长的成员需要的字节数。例如:

```
union exam
{
    char a;
    int b;
    double c;
} x;
```

共用体变量 x 包含三个成员：字符型成员 a、整型成员 b 和实数类型成员 c，虽然每个成员所占的字节数分别为 1、4 和 8，但系统只给变量 x 分配 8 个字节空间，而不是 1+4+8=13 个字节，即 sizeof(union exam)的值为 8，如图 9-7 所示。

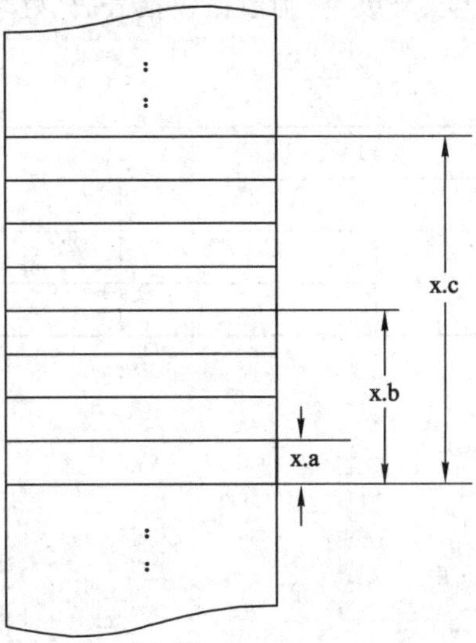


图 9-7　共同体内存分配示意图

### 9.2.3　共用体类型变量引用

共用体类型变量与结构体类型变量类似，一般只引用其成员，而不对共用体变量整体进行操作。

共用体变量成员的引用方法如下：

```
共用体变量名.成员名
```

共用体类型的指针变量引用方法如下：

```
(*共用体指针名).成员名
```

或：

```
共用体指针名－>成员名
```

说明：

(1) 共用体变量中，可以包含若干个成员，但它们不能同时使用。在任一时刻，只有一个成员起作用，不能同时引用其多个成员。

(2) 共用体变量中起作用的成员是最后一次被赋值的成员。因共用体变量所有成员共用同一段内存单元,后来存放的值将会覆盖原先存放的值,故只能使用最后一次被赋值的成员值。

(3) 不能为共用体的所有成员同时进行初始化,只能对第一个成员进行初始化。

(4) 共用体变量不能进行比较操作,也不能作为函数参数。

(5) 共用体类型和结构体类型可以相互嵌套,共用体中成员可以为结构体类型,结构体中成员亦可以为共用体类型。

采用共用体存储程序中逻辑相关但情形互斥的变量,不仅可以节省内存空间,还可以避免因操作失误引起逻辑上的冲突。

**【例 9-6】** 共用体变量的引用示例。设有若干个成员的数据,其中有教师和学生,学生数据包括号码、姓名、性别、职业、班级,教师数据包括号码、姓名、性别、职业、职务,输入输出他们的信息。

| grade | | | | position |
|---|---|---|---|---|
| num | name | sex | job | |
| 1101 | zhao | f | s | 2023 |
| 1102 | jian | m | t | prof |

程序代码如下:

```
#include<stdio.h>
union class
{
    int grade;
    char position[10];
};
struct person
{
    int num;
    char name[10];
    char sex;
    char job;
    union class category;
};
int main()
{
    struct person a[2];
    int i;
    printf("input No. Name sex job   grade/position:\n");
    for(i=0;i<2;i++)
    {
```

```
        scanf("%d %s %c %c",&a[i].num,a[i].name,&a[i].sex,&a[i].job);
        if(a[i].job=='s')
            scanf("%d",&a[i].category.grade);
        else if(a[i].job=='t')
                scanf("%s",a[i].category.position);
        else printf("error!");
    }
    printf("\nNo.      Name        sex   job   grade/position\n");
    for(i=0;i<2;i++)
        if(a[i].job=='s')
          printf("%-8d%-10s%-5c%-5c%-14d\n",a[i].num,a[i].name,a[i].sex,
a[i].job,a[i].category.grade);
        else
          printf("%-8d%-10s%-5c%-5c%-10s\n",a[i].num,a[i].name,a[i].sex,
a[i].job,a[i].category.position);
    return 0;
}
```

程序运行的结果如图 9-8 所示。

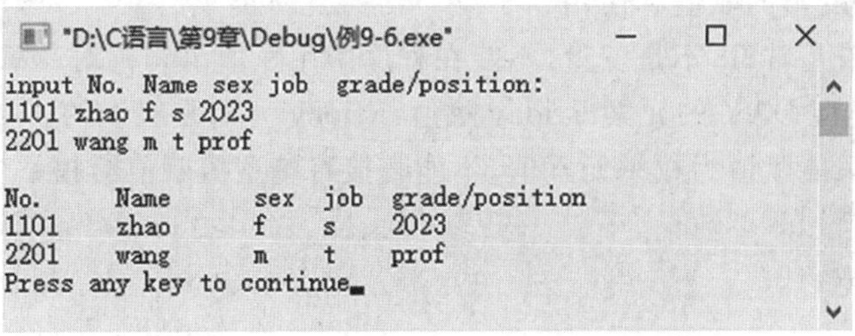


图 9-8　例 9-6 运行结果

## 9.3　枚举类型

在实际问题中，有些变量的取值被限定在一个有限的范围内。例如，一个星期只有七天，一年只有十二个月等。如果将这些量说明为整型、字符型或其他类型显然是不妥当的，为此，C 语言提供了一种称为“枚举”的类型。在枚举类型的定义中列举出所有可能的取值，被声明为该枚举类型的变量取值不能超过定义的范围。

枚举类型课件

(1) 枚举类型定义

枚举类型的定义形式为：

```
enum 枚举名{枚举元素名 1,枚举元素名 2,…,枚举元素名 n};
```

例如:

```
enum DAY { Monday,Tuesday,Wednesday,Thursday,Friday,Saturday,Sunday };
```

**说明:**

① 枚举类型是一个集合,集合中的元素(枚举成员)是一些命名的整型常量,元素之间用逗号隔开。枚举名是一个标识符,可以看作成这个集合的名字。枚举类型定义以分号结束。

② 第一个枚举成员的默认值为 0,后续枚举成员的值在前一个成员值上加 1。可以人为设定枚举成员的值,对于没有指定值的元素,其值为前一个成员值加 1。如:

```
enum DAY { Monday,Tuesday,Wednesday=3,Thursday,Friday,Saturday,Sunday
};
```

则:成员 Thursday 的值为 4,Friday 的值为 5。

③ 枚举元素不是字符串常量,定义或使用时不要加双引号。

(2) 枚举类型变量的定义

枚举类型变量的定义与前述结构体、共用体类似,也有三种方法:先定义枚举类型,再使用类型定义变量;定义枚举类型的同时定义变量;定义枚举类型时不给出类型名,直接定义变量。如:

```
enum DAY yesterday,today;
```

(3) 枚举类型变量的赋值和使用

① 枚举元素值是常量,不是变量,不能在程序中用赋值语句再对其赋值。

如若对枚举类型 DAY 的元素 Friday 赋值:Friday =5;是错误的。

② 枚举变量只能赋值为枚举元素值,不能直接将整型值赋值给枚举变量。如:

```
yesterday = Thursday;
today= Friday;
```

是正确的。

而:

```
yesterday = 4;
today= 5;
```

是错误的。

③ 如要将整数值赋值给枚举变量,则必须用强制类型转换,如:

```
yesterday=(enum DAY)4;
```

其意义是将枚举成员值为 4 的枚举元素赋值给枚举变量 yesterday,相当于:

```
yesterday = Thursday;
```

## 9.4 用户自定义类型

用户自定义类型课件

C 语言不仅提供了丰富的数据类型,而且还允许由用户自己定义类型说明符，即允许用户为数据类型取“别名”。用户可以通过 typedef 给已经存在的系统类型或用户构造的类型重新命名。常用的三种用户自定义类型：用户定义基本类型、用户定义数组类型和用户定义构造类型。

(1) 用户定义基本类型

定义的形式为：

```
typedef　原类型名　新类型名；
```

“原类型名”必须是系统提供的数据类型或用户已定义的数据类型，主要起到见词知义和简便的作用。例如：

```
typedef　int INTEGER；
```

给已有的类型“int”起别名为“INTEGER”，之后就可以用 INTEGER 来代替 int 作整型变量的类型说明。例如：

```
INTEGER a, b;等价于:int a, b;
```

(2) 用户定义数组类型

定义的形式为：

```
typedef　类型名　数组名[n];
```

例如：

```
typedef char STR1[20];
```

表示 STR1 是字符数组类型，数组长度为 20。之后可以用 STR1 说明变量。例如：

```
STR1 s1, s2, s3;等价于:char s1[20], s2[20], s3[20];
```

(3) 用户定义构造类型

定义的形式为：

```
typedef　struct　结构体名
{
    成员项列表;
}结构体类型名;
```

例如：

```
typedef struct student
{
    int num;
    char name[20];
    char sex;
    int age;
    char address[30];
}STUDENT;
STUDENT stu1,stu2;等价于:struct student stu1,stu2;
```

**说明：**

① typedef 只是为已有的类型定义一个新的类型名，而不是定义新的数据类型。

② 新的类型名与原有的类型名同时有效，不影响原有类型名的使用。

# 本章小结

1. 本章知识点

本章主要学习了C语言的构造类型:结构体、共用体和枚举类型的定义与使用,以及用户定义类型别名的方法。本章学习的重点是结构体,要掌握结构体类型的定义、结构体变量的声明和成员的引用,以及结构体数组和指针的使用。了解共用体和枚举类型的定义和引用方法。对于用户自定义类型,要了解它的本质、定义方法和主要用途。

2. 常见程序错误小结

| 常见错误实例 | 常见错误描述 | 错误类型 |
| --- | --- | --- |
| struct date{<br>    int year;<br>    int month;<br>    int day;<br>} | 定义结构体、共用体或枚举类型时,未在语句结束加分号 | 编译错误 |
| year＝2023; | 直接使用结构体变量的成员名访问结构体变量的成员 | 编译错误 |
| —————— | 在结构体指向运算符的两个组成符号－和＞之间插入空格,或者写成→ | 编译错误 |
| struct student stu;<br>stu－＞age＝18; | 结构体变量使用指向运算符访问结构体成员 | 编译错误 |
| struct student *p;<br>p＝&stu;<br>p.age＝18; | 结构类型指针直接使用成员选择运算符访问指向的结构体成员 | 编译错误 |
| if( *p＝＝stu) | 对两个结构体变量或共用体变量进行比较操作 | 编译错误 |
| —————— | 误以为不同结构体的成员名字不能相同 | 理解错误 |
| —————— | 误以为用 typedef 可以定义一种新的数据类型 | 理解错误 |

# 习题 9

习题9　参考答案

## 一、选择题

1.下列关于结构体类型定义和结构体类型变量定义的说法中不正确的是(　　)。

A. 结构体类型定义后并不占用存储空间

B. 结构体类型变量定义后分配存储空间

C. 结构体类型和结构体变量必须同时定义

D. 可以先定义结构体类型，再定义结构体类型变量

2. 结构体变量在程序执行期间(　　)。

A. 所有成员一直驻留在内存中　B. 只有一个成员驻留在内存中

C. 部分成员驻留在内存中　　　D. 没有成员驻留在内存中

3. 以下结构体变量定义中不正确的是(　　)。

A. struct exam{int x;int y;}stru;　B. struct exam{int x;int y;};stru;

C. struct {int x;int y;}stru;　　D. struct exam{int x;int y;};struct exam stru;

4. 已知：struct st{ int num;char sex;float score;}stud，* p=&stud;，则对于结构体变量 stud 的成员 num 正确的引用是__________。

A. stud->num　　B. st.num　　C. p->num　　D. p.num

5. 设有以下定义：

```
struct complex
{
    int x;
    int y;
}num[2]={1,3,2,7};
```

则表达式 num[0].y+num[1].x 的结果是(　　)。

A. 8　　B. 10　　C. 3　　D. 5

6. 以下对 C 语言中共用体类型数据的叙述正确的是(　　)。

A. 可以对共用体变量名直接赋值

B. 一个共用体变量中可以同时存放其所有成员

C. 一个共用体变量中不能同时存放其所有成员

D. 共用体类型定义中不能出现结构体类型的成员

7. 设有：union un { int i; char c; float f; }a; int b;，则下列语句中正确的是(　　)。

A. a=1.6;　　B. a.c='A';

C. b=a;　　D. printf("%d\n",a);

8. 以下对枚举类型名的定义中，正确的是(　　)。

A. enum a ={one,two,three};　　B. enum a{a1, a2,a3};

C. enum a ={'1', '2', '3'};　　D. enum a {"one","two","three" };

9. 设有如下枚举类型定义：

enum language{Basic=3,Assembly=6,Ada=100,COBOL,Fortran};

枚举元素 Fortran 的值为(　　)。

A. 4　　B. 7　　C. 102　　D. 103

10. 设有：

```
typedef struct ST
{
    long a; int b; char c[2];
}NEW;
```

则下面叙述中正确的是(　　)。

A. ST 是一个结构体类型变量　　B. NEW 是一个结构体类型

C. NEW 是一个结构体变量　　D. 以上的说明形式非法

## 二、程序填空题

1. 假设有如下定义:

```
struct
{
    int x;
    char *y;
}t[2]={{1,"ab"},{2,"cd"}}, *p=t;
```

则:表达式 *p->y 的结果是____________;表达式 *(++p)->y 的结果是____________。

2. 设有 enum weekday{Sunday=7,Monday =1,Tuesday,Wednesday,Thursday,Friday,Saturday};则枚举元素 Wednesday 对应的数值是____________。

3. 某部门有三位职工,要求输入职工的工资信息,计算每位职工的实发工资和部门实发工资总额(total),请将程序补充完整。

**说明:**

(1) 描述职工工资信息的数据包括编号(num)、姓名(name)、基本工资(bwage)、奖金(bonus)、保险(ins)和实发工资(rwage);

(2) 实发工资=基本工资+奖金-保险;

(3) 职工编号长度小于 10 位且为整数,姓名不包含空格。

```
#include <stdio.h>
#define N 3
struct employee
{
    long num;
    char name[15];
    long bwage,bonus,ins,rwage;
};
int main()
{
    ____________ worker[N];
    int i;
    long total;
    total=____________;
    printf("Please input data:\n");
    printf("\nnum name bwage bonus ins:\n");
    for(i=0;i<N;i++)
```

```
    {
        scanf("%ld%s", &worker[i].num, worker[i].name);
        scanf("%ld%ld%ld", &worker[i].bwage, &worker[i].bonus, &worker
[i].ins);
    }
    for(i=0;i<N;i++)
    {
        ________________=worker[i].bwage +worker[i].bonus -worker[i].ins;
        total=total+worker[i].rwage;
    }
    printf("output:\n ");
    printf("\nnum name real wage\n");
    for(i=0;i<N;i++)
    {
        printf("%-9ld %-14s %-ld\n", worker[i].num, worker[i].name,
worker[i].rwage);
    }
    printf("\ntotal wage =%ld\n",total);
    return 0;
}
```

4. 给定程序通过定义并赋初值的方式，利用结构体变量存储了一名学生的学号、姓名和 3 门课的成绩。函数 fun 的功能是将该学生的各科成绩都乘以一个系数 a。请将程序补充完整。

```
#include <stdio.h>
typedef struct student
{
    int num;
    char name[9];
    float score[3];
}STU;
void show(STU tt)
{
    int i;
    printf("%d %s : ",tt.num,tt.name);
    for(i=0; i<3; i++)
        printf("%.1f\t",tt.score[i]);
    printf("\n");
}
void modify(__________ *ss,float a)
```

```
{
    int i;
    for(i=0; i<3; i++)
        __________ *=a;
}
int main()
{
    STU std={1,"Zhanghua",76.5,82.0,78.0};
    float a;
    printf("The original number and name and score:\n");
    show(std);
    printf("\nInput a number:");
    scanf("%f",&a);
    modify(__________,a);
    printf("\nA result of modifying:\n");
    show(std);
}
```

## 三、程序阅读题

1.以下程序输出的结果是____________________。

```
#include <stdio.h>
#include <string.h>
struct student
{
    char name[10];
    char sex;
    int age;
};
int main()
{
    struct student s1={"Hua",'m',18},s2={"Qin",'f',19};
    s2.age++;
    printf("%s,%d,%d\n",s1.name,s1.age,s2.age);
    return 0;
}
```

2. 以下程序输出的结果是____________________。

```
#include <stdio.h>
struct ty
{
```

```
    int data;
    char c;
};
voidfun(struct ty b)
{
    b.data=20;
    b.c='y';
}
int main()
{
    struct ty a={30,'x'};
    fun(a);
    printf("%d,%c\n",a.data,a.c);
    return 0;
}
```

3. 以下程序输出的结果是____________________。

```
#include <stdio.h>
struct ty
{
    int data;
    char c;
};
voidfun(struct ty *b)
{
    b->data=20;
    b->c='y';
}
int main()
{
    struct ty a={30,'x'};
    fun(&a);
    printf("%d,%c\n",a.data,a.c);
    return 0;
}
```

4. 以下程序输出的结果是____________________。

```
#include <stdio.h>
union myun
{
    struct
```

```
        {
            int x, y, z;
        } u;
        int k;
    } a;
    int main()
    {
        a.u.x=4;
        a.u.y=5;
        a.u.z=6;
        a.k=0;
        printf("%d\n",a.u.x);
        return 0;
    }
```

### 四、程序设计题

1. 定义一个结构体类型,其中包括学生的姓名、性别、年龄和一门课程的成绩信息。创建结构体数组通过输入存放全班(最多 30 人)学生信息,输出成绩最高的同学的姓名、性别、年龄和课程的成绩。

2. 用结构体定义一个复数类型,并实现复数的加法、减法和乘法。要求:通过键盘输入两个复数,然后将这两个复数相加、相减和相乘的结果输出到屏幕,结果保留 4 位小数。

## 实验 9　结构体

实验 9　参考答案

**【实验目的】**

1. 掌握结构体类型和结构体变量的定义和使用方法。
2. 掌握结构体数组的应用。
3. 掌握指向结构体的指针变量的应用。

**【实验内容】**

利用结构数组处理多个学生信息,假设学生信息包括学号、姓名、3 门课的成绩。

1. 录入每个学生的学号、姓名和 3 门课成绩(学生数由键盘输入);
2. 分别计算每个学生的平均分并输出;
3. 输出每个学生的信息,每个学生的信息占据一行。
4. 按姓名查询学生的信息,并输出;
5. 将学生信息按学号由小到大排序后再输出。

# 第 10 章　文　件

**【本章学习目标】**

本章主要介绍文件的概念及其相关操作等内容，重点讲解了用文件指针打开文件、读写文件和关闭文件等操作。本章学习目标：了解磁盘文件的概念和用途；掌握文件指针的概念和文件指针变量的定义方法；熟悉文件的打开、读写和关闭等函数的调用；掌握文件操作在程序设计中的应用。

**【本章知识导图】**

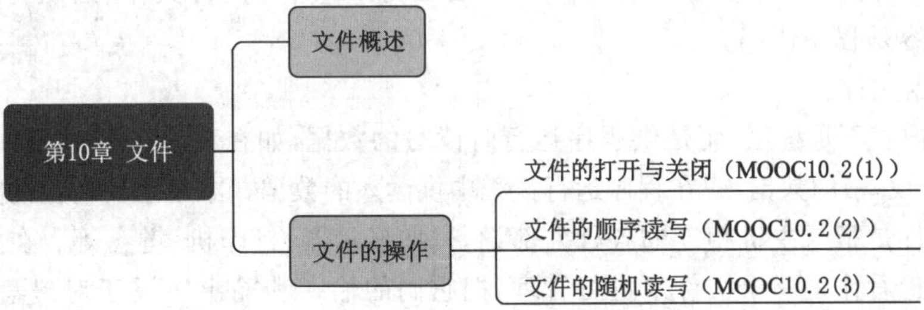


## 10.1　文件概述

在前面章节中介绍的例题程序中，运行程序所需要的数据一般从键盘输入，程序运行的结果也只显示在屏幕上。这样的交互方式无法让数据长久保存，当一个程序运行完成或终止运行时，内存中的数据就会丢失，这样每次运行程序时都要重新输入数据。而在许多实际应用中，往往需要将经常使用的数据长久保存，以便反复使用。那么怎样长久保存数据呢？

文件概述课件

文件是解决上述问题的有效方法，用文件保存键盘输入和屏幕输出的数据，将数据以文件的形式存放在硬盘、U 盘或光盘等外存储器上，可达到重复使用、长久保存数据目的。当有大量数据输入时，可通过编辑工具事先建立输入数据的文件,程序运行时从指定文件读入,从而实现数据一次输入多次使用。同样,当有大量数据输出时,可以将其输出到指定的文件,并且任何时候都可以查看结果文件。一个程序的运算结果还可以作为另一程序的输入,进行进一步加工。

### 10.1.1 文件的概念

所谓"文件"是指存储在外存储器上用文件名标识的一组相关数据的有序集合。通常情况下,计算机处理的数据都是以文件的形式组织存放的,操作系统也是以文件为单位对数据进行管理的。所有的文件都有文件名,文件名是处理文件的依据。在前面的章节中已经多次使用了文件,例如源程序文件(.c)、目标文件(.obj)、可执行文件(.exe)等。它们通常驻留在外部介质(如磁盘)上,在使用时才调入内存。

### 10.1.2 文件的分类

下面我们从不同的角度对文件作不同的分类。

1. 从用户使用的角度分类

从用户使用的角度看文件可分为普通文件和设备文件两种。

普通文件是指存储在外存储器中的一个有序数据集合,普通文件又可分为两种类型:

(1) 程序文件。

包括源程序文件(后缀为.c)、目标文件(后缀为.obj)、可执行文件(后缀为.exe)等。这种文件的内容是程序代码。

(2) 数据文件。

文件的内容不是程序,而是供程序运行时读写的数据,如在程序运行过程中输出到磁盘(或其他外部设备)的数据,或在程序运行过程中供读入的数据。本章主要讨论的是数据文件。

设备文件是指与主机相连的各种外部设备,如显示器、打印机、键盘等。在操作系统中,把外部设备也看作是一个文件来进行管理,把它们的输入和输出等同于对磁盘文件的读和写。通常把显示器定义为标准输出文件,一般情况下在屏幕上显示有关信息就是向标准输出文件输出。如前面经常使用的 printf()、putchar( )函数就是这类输出。键盘通常被指定为标准的输入文件,从键盘上输入就意味着从标准输入文件输入数据。scanf()、getchar()函数就属于这类输入。C 系统定义了 5 个标准设备文件可供使用,如表 10-1 所示。

**表 10-1 常用的设备及其对应文件名**

| 外 设 | 文件名 | 文件指针 | 代 号 |
|---|---|---|---|
| 键盘 | 标准输入 | stdin | 0 |
| 显示器 | 标准输出 | stdout | 1 |
| 显示器 | 标准错误 | stderr | 2 |
| 串行口 | 标准辅助 | stdoux | 3 |
| 打印机 | 标准打印 | stdprn | 4 |

2. 从文件编码和数据的组织方式分类

从文件编码方式来看可将文件分为 ASCII 码文件和二进制码文件。

ASCII 文件也称为文本文件,这种文件在磁盘中存放时每个字符占一个字节,每个字节中存放相应字符的 ASCII 码，内存中的数据存储时需要转换为 ASCII 码。

二进制文件是按二进制的编码方式来存放文件的，内存中的数据存储时不需要进行数据转换，存储介质上保存的数据采用与内存数据一致的表示形式进行存储。

例如 int 型数据 10000 的存储形式如表 10-2 所示。

**表 10-2　ASCII 码与二进制存储比较表**

| | | | | | | |
|---|---|---|---|---|---|---|
| ASCII 码 | 00110001 | 00110000 | 00110000 | 00110000 | 00110000 | 5B |
| 二进制 | 00000000 | 00000000 | 00100111 | 00010000 | | 4B |

ASCII 码文件一般占用较多的存储空间，需要花费一定的时间转换数据，但因为一个字节代表一个字符，所以可以直接编辑和显示。例如源程序文件就是 ASCII 码文件，用记事本打开可显示文件的内容。由于其是以字符显示，因此能读懂文件内容。

如果用二进制文件存放数据，虽然能够节省存储空间和转换时间，但因为与字符没有直接的对应关系，所以不能直接编辑，虽然也可在屏幕上显示，但其内容无法读懂。

按照数据的组织方式不同，C 语言文件可分为顺序文件和随机文件。顺序文件要求严格按顺序进行访问，读出时从头到尾按顺序读，写入时也一样，不能直接在数据间不连续地访问。顺序文件优点是结构简单，访问模式简单；缺点是必须按顺序访问。随机文件中每条记录的长度都是相同的，记录与记录间不需要特殊分隔符号，用户可直接访问某一特定记录；优点是存取速度快，更新容易。

### 10.1.3　文件的读写

一般来说，数据文件处理程序由 3 个步骤组成：即先要打开文件，然后进行文件读或写操作，最后关闭文件。

在程序中，当调用输入函数从外部文件中输入数据赋给程序中的变量时，这种操作称为"读"文件操作；当调用输出函数把程序中变量的值输出到外部文件中时，这种操作称为"写"文件操作。

C 语言的文件操作一般采用"缓冲文件系统"的方式，所谓缓冲文件系统是指系统自动地在内存区为程序中每个正在使用的文件开辟一个文件缓冲区。文件与程序之间的数据通信不是直接的，而是通过文件缓冲区进行的。从内存向磁盘输出数据必须先送到内存中的缓冲区，装满缓冲区后才一起送到磁盘中保存；从磁盘向内存读入数据，则一次从磁盘文件将一批数据输入到缓冲区，然后再从缓冲区逐个将数据送到程序数据区，即赋给程序变量，如图 10-1 所示。

图 10-1　C 语言的"缓冲文件系统"

### 10.1.4　文件类型指针

在 C 程序运行过程中，每一个被打开的文件都在内存中开辟了一个区域，用来存放文件的有关信息,如文件的名字、文件状态及文件当前位置等。这些信息是保存在一个结构体变量中的,该结构体类型是由系统声明的,取名为 FILE,并且这个结构实现已经被定义在 stdio.h 头文件中,因此使用文件的 C 程序都需要包含"#include<stdio.h>"。有的 C 语言版本在 stdio.h 头文件中 FILE 结构声明如下:

```
typedef struct
{
    short level;                //缓冲区数据"满"或"空"
    unsigned flags;             //文件状态标志
    char fd;                    //文件描述符
    unsigned char hold;         //如缓冲区无内容则不读取字符
    short bsize;                //缓冲区大小
    unsigned char  *buffer;     //数据缓冲器的位置
    unsigned char  *curp;       //指针当前的指向
    unsigned istemp;            //临时文件指示器
    short token;                //用于有效性检查
} FILE;                         //FILE 是文件结构类型的类型名
```

其实对上述结构体成员及其含义不用深究,只需知道其中存放文件的有关信息即可。

在缓冲文件系统中,对每个正在使用的文件都要说明并使用一个 FILE 类型的指针变量。文件指针是一个指向文件有关信息的指针,这些信息定义了文件的许多标志,包括文件名、状态和当前位置等。在概念上,文件指针标志一个指定的磁盘文件。

在 C 程序中,凡是要对已打开的文件进行操作,都要通过指向该文件结构的指针。因此,需要在程序中说明指向文件结构的指针,即定义 FILE 型的指针变量。定义说明文件指针的一般形式为:

```
FILE *指针变量标识符
```

例如:

```
FILE *fp;
```

其中,fp 是指向 FILE 结构的指针变量,习惯上称为文件指针。可以使 fp 指向某一个文件的文件信息区,通过该文件信息区中的信息能够访问对应的文件,即通过文件指针能够找到与它关联的文件。

**注意:**指向文件的指针变量并不是指向外部介质上的数据文件的开头,而是指向内存中文件信息区的开头。

文件的操作课件

## 10.2 文件的操作

文件的打开与关闭视频

### 10.2.1 文件的打开与关闭

在对文件进行读或写等操作之前要先打开文件,操作完成后要关闭文件。所谓打开文件是建立文件信息区和文件缓冲区，并使文件指针指向该文件，以便进行后续的读或写操作。关闭文件是指撤销文件信息区和文件缓冲区，断开指针与文件之间的联系，禁止再对该文件进行读写操作。在C语言中，文件操作都是通过库函数来完成的。

1. 文件的打开操作

C语言用fopen()函数来实现文件的打开。fopen()函数的调用方式一般为：

```
FILE *fp;
fp=fopen(文件名,文件使用方式);
```

fopen()函数中第一个形式参数可以包含路径和文件名两部分，例如：

```
fp=fopen("c:\\tc\\in.txt","r");
```

上例第一个实参表示要打开名字为c盘tc目录下的in.txt文件，第二个实参表示文件的使用方式为“读入”；fopen()函数返回指向in.txt文件的指针并赋给fp，这样fp就与in.txt相联系了，或者说fp指向in.txt文件。第二个形式参数表示打开文件的方式。关于文件打开方式的基本字符，其含义如表10-3所示。

**表10-3 文件打开方式**

| 文本文件(ASCII) | | 二进制文件 | |
|---|---|---|---|
| 使用方式 | 含义 | 使用方式 | 含义 |
| "r" | 打开文本文件进行只读 | "rb" | 打开二进制文件进行只读 |
| "w" | 建立新文本文件进行只写 | "wb" | 建立二进制文件进行只写 |
| "a" | 打开文本文件进行追加 | "ab" | 打开二进制文件进行追加 |
| "r+" | 打开文本文件进行读/写 | "rb+" | 打开二进制文件进行读/写 |
| "w+" | 建立新文本文件进行读/写 | "wb+" | 建立二进制文件进行读/写 |
| "a+" | 打开文本文件进行读/写/追加 | "ab+" | 打开二进制文件进行读/写/追加 |

如果成功地打开一个文件，fopen()函数返回文件指针，否则返回空指针(NULL)。由此可判断文件打开是否成功。例如：

```
if ((fp=fopen ("c:\\tc\\int.txt", "r"))==NULL)
{
    printf("Cannot open this file.\n");
    exit(0);
}
```

如果屏幕上显示“Cannot open this file.”，则表明打开文件时出错，然后调用exit()函数结束程序。出错的常见原因是：用“r”方式打开一个不存在的文件。exit()函数的作用是关闭所有文件，终止正调用的过程，其原型说明在头文件“stdlib.h”中。待程序员检查出错误，修改后再重新运行。

**说明：**

(1) 用含有字母“r”(“r”、“rb”、“r+”和“rb+”)方式打开文件，是从文件中读取数据，用于向计算机输入数据，此时指定的文件必须已经存在。

(2) 用含有字母“w”(“w”、“wb”、“w+”和“wb+”)方式打开文件时，用于向文件输出数据。无论文件是否存在,都需创建一个新的文本文件。

(3) 用含有字母“a”(“a”、“ab”、“a+”和“ab+”)方式打开文件,向文件的尾部添加新数据,文件中原来的数据保留,若文件不存在,则会新建一个文件。

(4) 用含有字符“+”(“r+”、“w+”、“a+”、“rb+”、“wb+”和“ab+”)方式打开文件时,既可以进行读操作也可以写操作,不过三种方式是有区别的。“r+”和“rb+”方式要求必须文件存在;“w+”和“wb+”方式则建立新文件后进行读写;“a+”和“ab+”方式则保留文件原有的数据,进行追加或读的操作,若文件不存在,则会新建一个文件。

(5) 如果要打开一个二进制文件,则应使用含有字母“b”的方式。

(6) 为了提高程序的通用性,文件名也可以在程序运行时从键盘上输入。例如:

```
FILE *fp;
char fname[20];
printf("请输入文件名:");
scanf("%s",fname);
fp=fopen(fname,"r");
```

**注意:**文件名可以包含文件所在的路径。在 fopen()函数中,如果文件名直接给出,则路径中的“\”应写成转义字符“\\”;如果文件名在程序运行时输入,则路径中的分隔符不需写成“\\”,直接输入字符“\”即可。

在用文本文件向计算机输入时,应将回车和换行两个字符转换为一个换行符;在输出时,应将换行符转换为回车和换行两个字符。在用二进制文件时,不需进行这种转换,因为在内存中的数据形式与输出到外部文件中的数据形式完全一致,一一对应。

选择了打开的方式,在对文件进行操作时必须遵守打开方式的约定,否则会出错。例如以“r”方式打开,却要向文件中写入数据,会导致程序出错。另外要注意对原有文件的保护,如果原有数据需要保留,就不能用“w”或“w+”的方式打开,否则将丢失原有的数据。

2. 文件的关闭操作

文件在使用完后应该及时关闭它,以防止它再被误用。“关闭”就是释放撤销文件信息区和文件缓冲区,使文件指针与文件脱钩。释放后的文件指针变量不再指向该文件,为自由的文件指针,这种方式可以避免文件中的数据丢失。释放指针后不能再通过该指针对原对应的文件进行读写操作,除非再次用该指针变量打开该文件。

用 fclose()函数关闭文件,fclose()函数调用的一般形式为:

```
fclose(文件指针);
```

例如:

```
fclose(fp);
```

用 fopen()函数打开文件时所带回的指针赋给了 fp,现把该文件关闭。如果文件关闭成功,fclose()函数返回值为 0;如果关闭出错,则返回值为 EOF(−1)。这可以用 ferror()函数来测试,当然也可以根据函数的返回值自己编程判断文件是否关闭成功。

由于在向文件输出数据时,先将数据输出到缓冲区,待缓冲区充满后才输出到文件中。如果在数据还没有充满缓冲区时程序结束运行,就有可能使缓冲区中的数据丢失。而如果用 fclose()函数关闭文件,系统先把缓冲区中的数据输出到文件中,然后才撤销文件信息区。

### 10.2.2 文件的顺序读写

文件的顺序读写视频

文件一经成功打开后，就可以对其进行读或写操作。读写顺序文件时，对文件读写数据的顺序与数据在文件中存放顺序是一致的，C 语言的“stdio.h”文件中提供了多种顺序文件读写函数：

- 文件字符读/写函数： fgetc( )和 fputc( )
- 文件字符串读/写函数： fgets( )和 fputs( )
- 文件格式化读/写函数： fscanf( )和 fprintf( )

1. 文件的字符读/写

(1) 字符输入函数 fgetc( )

fgetc( )函数的调用形式为：

```
字符变量=fgetc(文件指针);
```

该函数是从文件指针所指向的文件中读入一个字符，该字符作为函数的返回值，并使文件指针的当前位置加 1。

例如，从 fp 指向的文件中读取一个字符并赋给字符变量 ch，则可写成：

```
ch=fgetc(fp);
```

说明：

① fgetc( )为字符读函数，因此之前必须以读或读写方式打开文件；

② 在执行 fgetc( )读字符时遇到文件结束符或出错，则函数返回一个文件结束标志 EOF(-1)。当形参 fp 为标准输入文件指针 stdin 时，则读文件字符函数 fgetc(stdin)与终端输入函数 getchar()具有完全相同的功能。

**【例 10-1】** 在屏幕上显示文本文件 readme.txt 的内容。

```
#include <stdio.h>
#include <stdlib.h>
int main()
{
    FILE *fp;
    char ch;
    if((fp=fopen("d:\\readme.txt","r"))==NULL)
    {
        printf("file open error.\n");
        exit(0);
    }
    while((ch=fgetc(fp))!=EOF)
        putchar(ch);
    fclose(fp);
    return 0 ;
}
```

该程序完成从 readme.txt 磁盘文件中顺序读取字符,并在标准输出设备显示器上输出。

**注意:**

① EOF 为文本文件的结束标志。循环中,只要读出的字符不是文件结束标志,就把文本文件中的字符逐个读出并显示在屏幕上。

② 对于二进制文件中的数据,某一个字节的值可能是－1,而这又恰好是 EOF 的值。所以,上述程序只适合处理文本文件。为了解决上述问题,C 语言中提供了一个 feof( )函数来判断文件是否真的结束。feof(fp)用来测试 fp 所指向的文件当前状态是否为“文件结束”。如果是文件结束,函数 feof(fp)的值为 1(真),否则为 0(假)。

如果想顺序读取一个二进制文件的数据,上面的程序修改为:

```
ch=fgetc(fp);
while(!feof(fp))                          /* 相当于 while(feof(fp)==0)   */
{
putchar(ch);
ch=fgetc(fp);
}
...
```

feof(fp)的值为 0 时表示未到文件尾,feof(fp)的值为 1 时表示到达文件尾,所以!feof(fp)相当于 feof(fp)==0。fgetc 读取一个字节的数据赋给字符变量 ch(当然可以接着对这些数据进行所需的处理)。直到文件结束,feof(fp)的值为 1,!feof(fp)的值为 0,退出 while 循环。

对于文本文件这种方法也适用。

(2) 字符输出函数 fputc( )

fputc( )函数将一个字符写入到磁盘文件中。其一般形式为:

```
fputc(字符变量,文件指针);
```

同样,fputc(ch,stdout)的作用是将字符变量 ch 的值在显示器上输出,与函数 putchar(ch)的功能完全相同。

**【例 10-2】** 从键盘上输入一行字符,写入 test.txt 文件中。

```
#include <stdio.h>
#include <stdlib.h>
int main()
{
    FILE *fp;
    char ch;
    if((fp=fopen("d:\\test.txt","w"))==NULL)
    {
        printf("file created error.\n");
        exit(0);
    }
```

```
    printf("Input a string(ENTER for end input)\n");          /* 按回车结束 */
    while((ch=getchar())!='\n') fputc(ch,fp);
    fclose(fp);
    return 0;
}
```

程序执行后,在D盘生成了一个test.txt文件,并将刚才输入的内容保存到该文件中,用记事本打开后可以验证其信息。

**【例10-3】** 编程实现将文本文件readme.txt中的内容复制到result.txt中。

解析:解决此问题的算法是从readme.txt文件中逐个读入字符,然后再逐个输出到result.txt文件中。

```
#include <stdio.h>
#include <stdlib.h>
int main()
{
    FILE *fp1, *fp2;
    char ch;
    if((fp1=fopen("d:\\readme.txt","r"))==NULL)
    {
        printf("file1 openned error.\n");
        exit(0);
    }
    if((fp2=fopen("d:\\result.txt","w"))==NULL)
    {
        printf("file2 created error.\n");
        exit(0);
        }
    while((ch=fgetc(fp1))!=EOF)                    /* 读取文件fp1的内容   */
        fputc(ch,fp2);                             /* 写到文件fp2中       */
    fclose(fp1);
    fclose(fp2);
    return 0;
}
```

2. 文件的字符串读/写

(1) 读文件字符串函数fgets( )

从指定文件读入一个字符串,该文件必须是以读或读写方式打开的。fgets()函数的调用形式为:

```
fgets(str,n,fp);
```

函数功能为:从fp指向的文件中读取至多n-1个字符(n用来指定字符数),并将它们放到字符数组str中。在读入之后自动向字符串末尾加上串结束标志'\0'。如果读取成功

返回 str 数组首地址,失败则返回一个空指针。读取操作遇到以下情况结束:

① 已经读取了 n−1 个字符;

② 在读出 n−1 个字符之前,当前读取到的字符为回车符或者文件末尾。

(2) 写文件字符串函数 fputs( )

fputs( )函数把一个字符串写入到磁盘文件上。其一般形式为:

```
fputs(str,fp);
```

函数功能为:把 str 所指向的字符串写入到 fp 所指向的文件,但字符串结束符'\0'不写入。若写入成功,函数值为 0;否则,函数值为 EOF。

**【例 10-4】** 利用字符串读写函数编程实现例 10-3 功能,即将 readme.txt 文件的内容复制到 result.txt 文件中,同时将 readme.txt 文件内容显示在屏幕上。

```
#include <stdio.h>
#include <stdlib.h>
int main()
{
    FILE *fp1, *fp2;
    char str[20];
    if((fp1=fopen("d:\\readme.txt","r"))==NULL)
    {
        printf("file1 openned error.\n");
        exit(0);
        }
    if((fp2=fopen("d:\\result.txt","w"))==NULL)
    {
        printf("file2 created error.\n");
        exit(0);
    }
    while(fgets(str,20,fp1)!= NULL)  /* 读取文件 fp1 的内容到字符串 str 中 */
    {
        fputs(str,fp2);                /* 将字符串 str 写到文件 fp2 中    */
        printf("%s",str);              /* 同时将字符串 str 写到屏幕上    */
    }
    fclose(fp1);
    fclose(fp2);
    return 0 ;
}
```

3. 文件的数据块读/写

在编程时不仅需要一次从文件中读写一个字符或字符串,有时也需要一次读写一组数据,如数组或结构体变量的值。C 语言提供的 fread( )函数和 fwrite( )函数可以实现数据块的读写操作。

(1) 读文件数据块函数 fread( )

函数调用的格式为：

```
fread(buffer,size,count,fp);
```

其中，buffer 是用来存放从文件读入的数据存储区的地址；size 是每个数据块的大小(待读入的每个数据块的字节数)；count 是要读入多少个数据项(每个数据项长度为 size)；fp 为文件指针。

函数功能为：从文件指针 fp 所指的文件当前读写位置读取 count 个长度为 size 的数据块，保存到 buffer 指定的存储区中。如果读取成功，返回实际读取的数据块数；否则返回 0。

(2) 写文件数据块函数 fwrite( )

函数调用的格式为：

```
fwrite(buffer,size,count,fp);
```

其中，buffer 是存放将要向文件写入数据的数据存储区的地址；size 是每个数据块的大小(待写入的每个数据块的字节数)；count 是要写入多少个数据项(每个数据项长度为 size)；fp 为文件指针。

函数功能为：将以 buffer 为起始地址的 count 个长度为 size 的数据块写入到文件指针 fp 所指的文件中。如果写入成功，返回写入的数据块数；否则返回 0。

**注意**：文件只能以二进制方式打开，fread()函数和 fwrite()函数可以读写任何类型的数据。

**【例 10-5】** 将 cos(x)在 $\frac{2\pi i}{360}$(i=0,1,……,359)上的值保存到文件中。

```
#include <stdio.h>
#include <stdlib.h>
#include <math.h>
#define PI 3.14159
#define SIZE 360
int main()
{
    int i;
    FILE *fp;
    double data[SIZE];
    for(i=0;i<SIZE;i++)
        data[i]=cos(2*i*PI/360);
    if((fp=fopen("d:\\cos.dat","wb"))==NULL)
    {
        printf("Open file Error!\n");
        exit(1);
    }
    fwrite(data,sizeof(double),SIZE,fp);
```

```
    fclose(fp);
    return 0 ;
}
```

4. 文件的格式化读/写

fscanf( )函数、fprintf( )函数与前面章节介绍的scanf( )函数和printf( )函数的功能相似,都是格式化读写函数。两者的区别是scanf( )函数和printf( )函数读写的对象是键盘和显示器,而fprintf( )函数、fscanf( )函数读写对象是磁盘文件。

(1) 格式化输入函数fscanf( )

函数调用的格式为:

```
fscanf(fp,格式控制串,输入列表);
```

其中,fp是指向要读取文件的文件型指针,格式控制串和输入列表同scanf( )函数。

函数功能为:从fp指向的文件中,按格式控制串中的控制符读取相应数据赋给输入列表中对应的变量。例如:

```
fscanf(fp,"%d,%f",&a,&f);
```

该语句表示从fp指向的文件中顺序读取一个整数和一个实数送给变量a和f。

(2) 格式化输出函数fprintf( )

函数调用的格式为:

```
fprintf(fp,格式控制串,输出列表);
```

其中,fp是指向要写入文件的文件型指针,格式控制串和输出列表同printf( )函数。

函数功能为:将输出列表中的各个变量或常量,依次按格式控制串中的控制符说明的格式写入fp指向的文件中。

**【例10-6】** 格式化函数示例。

```
#include <stdio.h>
#include <stdlib.h>
int main()
{
    char *s="That's good news";
    int i=627;
    FILE *fp;
    fp=fopen("d:\\test.txt","w");
    fputs("Your score of TOEFL is ",fp);          /*向所建文件写入一串字符*/
    fputc(':',fp);                                /*向所建文件写冒号:*/
    fprintf(fp,"%d\n",i);                         /*向所建文件写一整形数*/
    fprintf(fp,"%s",s);                           /*向所建文件写一字符串*/
    fclose(fp);                                   /*关闭文件*/
    return 0 ;
}
```

### 10.2.3 文件的随机读写

文件的随机读写视频

前面介绍的对文件的读写方式都是顺序读写，即读写文件时只能从文件头开始，顺序读写各个数据，有时效率不高。但在解决实际问题过程中有时只需要读写文件中某一指定部分，随机读写不是按数据在文件中的物理位置次序进行读写，而是可以对任何位置上的数据进行读写，显然这种方法比顺序访问效率高得多。随机读写的关键是要按要求移动位置指针，即进行文件的定位。实现文件定位、移动文件内部位置指针的函数主要有 rewind( )函数和 fseek()函数。

1. 文件位置定位

(1) rewind()函数

rewind()函数的调用形式为：

```
rewind(文件指针);
```

函数功能为：使文件内部的位置指针移到文件的开头，此函数没有返回值。

**【例 10-7】** 从键盘输入 6 个学生的学号、姓名和成绩等数据，写入到一个文件中，然后从该文件中读出这 6 个学生的数据并显示在屏幕上。

```
#include <stdio.h>
#include <stdlib.h>
#define SIZE6
struct student
{
    int xh;
    char xm[10];
    int cj;
}stud[SIZE];
int main()
{
    int i;
    FILE *fp;
    for(i=0;i<SIZE;i++)/* 从键盘读入学生的信息存放到 stud 结构体数组中 */
    {
        printf("Please input student %d:",i+1);
        scanf("%d%s%d",&stud[i].xh, stud[i].xm, &stud[i].cj);
    }
    if((fp=fopen("d:\\student.dat","wb+"))==NULL)        /* 打开文件 */
    {
        printf("Open file Error!\n");
        exit(1);
```

```
    }
    for(i=0;i<SIZE;i++)                          /*将stud数组值写入到文件中*/
    fprintf(fp,"%d %s %d\n",stud[i].xh,stud[i].xm,stud[i].cj);
    rewind(fp);
    for(i=0;i<SIZE;i++)
    {
        fscanf(fp,"%d %s %d\n",&stud[i].xh,stud[i].xm,&stud[i].cj); /*读
                                                                    数据*/
        printf("%d %s %d\n",stud[i].xh,stud[i].xm,stud[i].cj);  /*输出到屏幕*/
    }
fclose(fp);
return 0 ;
}
```

(2) fseek()函数

fseek()函数的调用形式为:

```
fseek(fp,offset,fromwhere);
```

函数功能为:改变文件位置指针,实现随机读写。其中,fp是文件指针;offset为文件位置指针的位移量,指以起始位置为基准值向前移动的字节数,它是一个长整型量,如果它的值为正数,表示向文件尾方向移动,如果为负数,表示向文件头方向移动。fromwhere表示文件位置指针起始计算位置,位置可取3种值:文件首部、当前位置和文件尾部,实际表示时分别对应值0、1、2,或常量SEEK_SET、SEEK_CUR、SEEK_END。

**注意**:fseek()函数一般用于对二进制文件进行操作。

下面是fseek()函数调用的几个例子:

```
fseek(fp,100L,0);                       /*将位置指针移到离文件头100个字节处*/
fseek(fp,50L,1); /*将位置指针向文件尾方向移动,移到离当前位置50个字节处*/
fseek(fp,-50L,1);/*将位置指针向文件头方向移动,移到离当前位置50个字节
处*/
fseek(fp,-20L,2);                 /*将位置指针从文件末尾处向后退20个字节*/
```

2. 随机读写

使用rewind()函数或fseek()函数移动文件内部指针到指定位置后,就可以实现文件的随机读写。

**【例10-8】** 从键盘输入6个学生的学号、姓名和成绩等数据,写入到一个文件中,然后从该文件中读出第1、3、5个学生的数据并显示在屏幕上。

```
#include <stdio.h>
#include <stdlib.h>
#define SIZE 6
struct student
{
```

```
    int xh;
    char xm[10];
    int cj;
}stud[SIZE];
int main()
{
    int i;
    FILE *fp;
    for(i=0;i<SIZE;i++)
    {
        printf("Please input student %d:",i+1);
        scanf("%d%s%d",&stud[i].xh, stud[i].xm, &stud[i].cj);
    }
    if((fp=fopen("d:\\student.dat","wb"))==NULL)
    {
        printf("Open file Error!\n");
        exit(1);
    }
    fwrite(stud,sizeof(struct student),SIZE,fp);
    fclose(fp);
    if((fp=fopen("d:\\student.dat","rb"))==NULL)
    {
        printf("Open file Error!\n");
        exit(1);
    }
    for(i=0;i<SIZE;i+=2)
    {
        fseek(fp,i * sizeof(struct student),0);
        fread(&stud[i],sizeof(struct student),1,fp);
        printf("%d %s %d\n",stud[i].xh,stud[i].xm,stud[i].cj);
    }
    fclose(fp);
    return 0 ;
}
```

### 10.2.4 其他相关函数

(1) 文件结束判断 feof()函数

feof()函数的调用格式为：

```
feof(文件指针);
```

函数功能为:检测文件位置指针是否到达了文件结尾,若是则返回一个非 0 值;否则返回 0。该函数对二进制文件操作特别有用,因为二进制文件中,文件结尾标志 EOF 也是一个合法的二进制数,只简单地检查读入字符的值来判断文件是否结束是不行的。如果那样的话,可能会造成文件未结尾而被认为结尾,所以这种情况下需要使用 feof()函数。

(2) ftell()函数

ftell()函数的调用格式为:

```
ftell(文件指针);
```

功能为:得到当前位置指针相对于文件开头的字节数。

当打开一个文件时,通常并不知道该文件的长度,通过以下函数调用语句可以求出文件的字节数:

```
long t;
fseek(fp,0L,SEEK_END.;                    /*把位置指针移到文件末尾*/
t=ftell(fp);                              /*求出文件的字节数*/
```

(3) 文件读写错误检测 ferror()函数

ferror()函数的调用格式为:

```
ferror(文件指针);
```

函数功能为:检查函数调用是否出错。

在调用各种输入输出函数(如 fputc、fgetc、fread、fwrite 等)时,如果出现错误,则除了函数返回值有所反映外,还可以用 ferror()函数检查,如果返回值为 0(假),则表示未出错,如果返回值为非 0,则表示出错。

(4) 清除文件错误标志 clearerr()函数

clearerr()函数的调用格式为:

```
clearerr(文件指针);
```

函数功能为:使文件错误标志和文件结束标志置为 0。假设在调用一个输入输出函数时出现错误,ferror()函数值为一个非 0 值。在调用 clearerr(fp)后,ferror(fp)的值变成 0。

只要出现文件读写错误标志,它就一直保留,直到对同一文件调用 clearerr()函数或 rewind()函数,或任何其他一个输入输出函数。

# 本章小结

文件操作是程序设计中的一个重要内容,文件的操作有 3 个步骤:打开文件、读写文件和关闭文件。

1. 本章知识点

首先介绍了文件的概念及文件的组织形式,在讲解了文件的打开和关闭操作方法后,重点讲解了如何读写文件的内容,以及结合实际的需求对文件进行各种形式的操作,在这些操作中,关键要控制文件指针的位置,这样才能实现正确的读写操作。同时要注意不同形式的读写函数在不同场合具有不同的作用,需要根据实际选用。

2. 常见程序错误小结

| 常见错误实例 | 常见错误描述 | 错误类型 |
|---|---|---|
| FILE *fp;<br>fgetc(fp); | 操作文件前,没有成功打开文件 | 运行错误 |
| FILE *fp;<br>fp=fopen("D:\path\f1.txt","a+"); | warning: unknown escape sequence: '\p'打开文件,文件路径少写了一个反斜杠 | 提示警告 |
| FILE *fp;<br>char ch='t';<br>fp=fopen("D:\path\f1.txt","a");<br>fputc(ch,fp); | 文件打开方式不正确 | 运行错误 |

# 习题 10

习题 10　参考答案

## 一、单选题

1. fgets(s,n,f)函数的功能是(　　)。

　A. 从文件 f 中读取长度为 n 的字符串存入指针 s 所指的内存

　B. 从文件 f 中读取长度不超过 n−1 的字符串存入指针 s 所指的内存

　C. 从文件 f 中读取 n 个字符串存入指针 s 所指的内存

　D. 从文件 f 中读取长度为 n−1 的字符串存入指针 s 所指的内存

2. C 语言中标准输出文件 stdout 是指(　　)。

　A. 键盘　　B. 显示器　　C. 鼠标　　D. 硬盘

3. 若 fp 是指向某文件的指针,且已读到文件末尾,则库函数 feof(fp)的返回值是(　　)。

　A. EOF　　B. 0　　C. 非零值　　D. NULL

4. 在 C 语言中,用 w+方式打开一个文件后,可以执行的文件操作是(　　)。

　A. 可任意读写　　B. 只读　　C. 只能先写后读　　D. 只写

5. 下列语句中,不能将文件型指针 fp 指向的文件内部指针置于文件头的语句是(　　)。(注:假定能正确打开文件)

　A. fp=fopen("abc.dat","w")　　B. rewind(fp)

　C. feof(fp)　　D. fseek(fp,0L,0)

6. 判断二进制文件的结束方式是(　　)。

　A. fgetc(fp)== EOF　　B. fgetc(fp)!= EOF

　C. feof(fp)== 0　　D. feof(fp)!= 0

7.若要打开 C 盘上 user 子目录下名为 readme.txt 的文本文件进行读、写操作,则正确语句是(　　)。

A. fopen("C:\user\readme.txt","r")

B. fopen("C:\\user\\readme.txt","r+")

C. fopen("C:\user\readme.txt","rb")

D. fopen("C:\\user\\readme.txt","w")

8.函数调用语句 fseek(fp,10L,1)的含义是(　　)。

A. 将文件位置指针移到距离文件头 10 个字节处

B. 将文件位置指针移到距离文件尾 10 个字节处

C. 将文件位置指针从当前位置向文件尾方向移动 10 个字节

D. 将文件位置指针从当前位置向文件头方向移动 10 个字节

9.以下叙述中错误的是(　　)。

A. C 语言中对二进制文件的访问速度比文本文件快

B. C 语言中,随机文件以二进制代码形式存储数据

C. 语句"FILE fp;"定义了一个名为 fp 的文件指针

D. C 语言中的文本文件以 ASCII 码形式存储数据

10.以下程序运行后,文件 t1.dat 中的内容是(　　)。

```
#include <stdio.h>
void WriteStr(char *fn,char *str)
{
    FILE  *fp;
    fp=fopen(fn,"w");
    fputs(str,fp);
    fclose(fp);
}
int main()
{
    WriteStr("t1.dat","start");
    WriteStr("t1.dat","end");
    return 0;
}
```

A. start　　B. end　　C. startend　　D. endrt

## 二、填空题

1. 以下程序用来统计文件中字母的个数,请填空将程序补充完整。

```
#include <stdlib.h>
int main()
{
    FILE *fp; long num;char ch;
    num=0;
    if ((fp=fopen("readme.txt","____________"))==NULL)
```

```
    {
        printf("Error open file!");
        exit(0);
    }
    while(____________________)
    {
        ____________________;
        if (____________________)
            num++;
    }
    printf("num=%ld\n",num);
    fclose(fp);
    return 0;
}
```

2. 把从键盘输入的字符保存到指定的文件中,“@”作为输入的结束标志,其中文件名由用户通过键盘输入,请填空将程序补充完整。

```
# include<stdio.h>
int main()
{
    FILE *fp;
    char ch, filename[20];
    printf("Please enter the name of file\n");
    gets(filename);
    if ((fp=____________________)==NULL)
    {
        printf("Error open file!"); exit(0);}
        printf("Enter data\n");
    while(____________________)
        fputc(____________________,fp);
    fclose(fp);
    return 0;
}
```

3. 编写程序,将 s=a+aa+aaa+…+aa…a(n 个 a)的结果保存到 result.txt 文件中,其中 a 是 1-9 的数字。例如 2+22+222+2222(此时,a 是 2,n 是 4)。请填空将程序补充完整。

输出格式:a=2; n=4;s=2468

```
#include <stdio.h>
PRINT(int m, int n,long s)
{
```

```
    FILE *out;
    if((out=fopen("result.txt","w+"))!=NULL)
        fprintf(out,"____________________",____________________);
    fclose(out);
}
int main()
{
    int i,n,a,t;
    long s=0;
    printf("Enter n,a\n");
    scanf("%d,%d",____________________);
    t=a;
    for(i=1;i<=n;i++)
    {
        s=s+t;
        ____________________;
    }
    PRINT(a,n,s);
    return 0;
}
```

4. 下面程序把从终端读入的 10 个整数以二进制方式写到一个名为 bi.dat 的新文件中，请填空将程序补充完整。

```
#include<stdio.h>
int main()
{
    FILE *fp;
    int i,j;
    if((fp=(fopen ____________________, "wb"))==NULL)
        exit(0);
    for(i=0; i<10; i++)
    {
        scanf("%d",&j);
        fwrite(&j,sizeof(int),1,____________________);
    }
    fclose(fp);
    return 0;
}
```

### 三、编程题

1. 统计文本文件 readme.txt 行数。

2. 将两个文本文件 d1.txt 和 d2.txt 连接成一个文件，连接后的文件名为 d3.txt。

3. 有 n 个学生，每个学生有 3 门课程的成绩，从键盘输入学生的学号、姓名、3 门课成绩等数据，计算平均成绩，然后将学生数据及平均成绩保存在 stud.dat 文件中。

4. 将第 3 题 stud.dat 文件中的学生数据按平均成绩进行降序排序，并将排序后的保存到新文件 stusort.dat 中。

# 实验 10 文件的基本操作

实验 10 参考答案

**【实验目的和要求】**

1. 掌握文件的基本概念。

2. 掌握文件指针的概念和打开与、关闭文件的相关函数。

3. 掌握有关文件读写操作的方法。

**【实验内容】**

1. 从键盘输入 10 个字符，写到文件 f1.txt 中，再重新读出，并在屏幕上显示验证。

2. 将字符串"apple"，"grape"，"pear"写入到磁盘文件 f2.txt 中，然后再从该文件中读出，显示到屏幕。

3. 假设在文件 cj.dat 存放了 10 个人的成绩（英语、计算机、数学），存放格式为：每人一行，成绩间由逗号分隔。计算三门课平均成绩，统计个人平均成绩大于或等于 90 分的学生人数。

# 附　　录

## 附录A　C语言的关键字

关键字就是已被C语言本身使用的标识符,不能再用作变量名、函数名等其他用途。在C语言中,由ANSI C定义的关键字有32个。

| | | | | | |
|---|---|---|---|---|---|
| auto | break | case | char | const | continue |
| default | do | double | else | enum | extern |
| float | for | goto | if | int | long |
| register | return | short | signed | sizeof | static |
| struct | switch | typedef | union | unsigned | void |
| volatile | while | | | | |

## 附录B　ASCII码字符集

ASCII码是目前计算机中用得最广泛的字符集及其编码,ASCII码(American Standard Code for Information Interchange,美国标准信息交换码)是由美国国家标准局(ANSI)制定的。基本的ASCII字符集共有128个字符,其中第0～32号及第127号(共34个)是不可见的控制字符或通讯专用字符,如回车、换行、退格等;第33～126号(共94个)是可见字符,包括常用的字母、数字、标点符号等。

| ASCII 值 | 控制字符 | ASCII 值 | 字符 | ASCII 值 | 字符 | ASCII 值 | 字符 |
|---|---|---|---|---|---|---|---|
| 0 | NUT | 32 | (space) | 64 | @ | 96 | 、 |
| 1 | SOH | 33 | ! | 65 | A | 97 | a |
| 2 | STX | 34 | ” | 66 | B | 98 | b |
| 3 | ETX | 35 | # | 67 | C | 99 | c |
| 4 | EOT | 36 | $ | 68 | D | 100 | d |
| 5 | ENQ | 37 | % | 69 | E | 101 | e |
| 6 | ACK | 38 | & | 70 | F | 102 | f |
| 7 | BEL | 39 | , | 71 | G | 103 | g |
| 8 | BS | 40 | ( | 72 | H | 104 | h |
| 9 | HT | 41 | ) | 73 | I | 105 | i |
| 10 | LF | 42 | * | 74 | J | 106 | j |
| 11 | VT | 43 | + | 75 | K | 107 | k |
| 12 | FF | 44 | , | 76 | L | 108 | l |
| 13 | CR | 45 | — | 77 | M | 109 | m |
| 14 | SO | 46 | . | 78 | N | 110 | n |
| 15 | SI | 47 | / | 79 | O | 111 | o |
| 16 | DLE | 48 | 0 | 80 | P | 112 | p |
| 17 | DCI | 49 | 1 | 81 | Q | 113 | q |
| 18 | DC2 | 50 | 2 | 82 | R | 114 | r |
| 19 | DC3 | 51 | 3 | 83 | X | 115 | s |
| 20 | DC4 | 52 | 4 | 84 | T | 116 | t |
| 21 | NAK | 53 | 5 | 85 | U | 117 | u |
| 22 | SYN | 54 | 6 | 86 | V | 118 | v |
| 23 | TB | 55 | 7 | 87 | W | 119 | w |
| 24 | CAN | 56 | 8 | 88 | X | 120 | x |
| 25 | EM | 57 | 9 | 89 | Y | 121 | y |
| 26 | SUB | 58 | : | 90 | Z | 122 | z |
| 27 | ESC | 59 | ; | 91 | [ | 123 | { |
| 28 | FS | 60 | < | 92 | / | 124 | \| |
| 29 | GS | 61 | = | 93 | ] | 125 | } |
| 30 | RS | 62 | > | 94 | ˆ | 126 | ～ |
| 31 | US | 63 | ? | 95 | — | 127 | DEL |

# 附录C C 语言中常用的标准库函数

1. 字符处理函数

使用字符处理函数时,应在源文件中包含头文件“ctype.h”。

| 函数原型 | 功能说明 |
| --- | --- |
| int isalnum(int ch) | 若 ch 是字母('A'-'Z','a'-'z')或数字('0'-'9'),返回非 0 值,否则返回 0 |
| int isalpha(int ch) | 若 ch 是字母('A'-'Z','a'-'z'),返回非 0 值,否则返回 0 |
| int iscntrl(int ch) | 若 ch 是控制字符(ASCII 码在 0~31,127),返回非 0 值,否则返回 0 |
| int isdigit(int ch) | 若 ch 是数字('0'-'9'),返回非 0 值,否则返回 0 |
| int isgraph(int ch) | 若 ch 是可打印字符(ASCII 码在 33~126,不含空格),返回非 0 值,否则返回 0 |
| int islower(int ch) | 若 ch 是小写字母('a'-'z'),返回非 0 值,否则返回 0 |
| int isprint(int ch) | 若 ch 是可打印字符(ASCII 码在 33~126,含空格),返回非 0 值,否则返回 0 |
| int isspace(int ch) | 若 ch 是空格(' ')、水平制表符('\t')、回车符('\r')、走纸换行('\f')、垂直制表符('\v')、换行符('\n'),返回非 0 值,否则返回 0 |
| int isupper(int ch) | 若 ch 是大写字母('A'-'Z'),返回非 0 值,否则返回 0 |
| int isxdigit(int ch) | 若 ch 是 16 进制数('0'-'9','A'-'F','a'-'f'),返回非 0 值,否则返回 0 |
| int toascii(intch) | 将字符转换对应的 ASCII 码值 |
| int tolower(int ch) | 若 ch 是大写字母('A'-'Z'),转换为对应的小写字母('a'-'z') |
| int toupper(int ch) | 若 ch 是小写字母('a'-'z'),转换为对应的大写字母('A'-'Z') |

2. 数学函数

使用数学函数时,应在源文件中包含头文件“math.h”。

| 函数原型 | 功能说明 |
| --- | --- |
| int abs(int i) | 返回整型参数 i 的绝对值 |
| double fabs(double x) | 返回双精度参数 x 的绝对值 |
| long labs(long n) | 返回长整型参数 n 的绝对值 |
| double exp(double x) | 返回指数函数 ex 的值 |
| double log(double x) | 返回 lnx 的值 |
| double log10(double x) | 返回 $\log_{10}x$ 的值 |
| double pow(double x,double y) | 返回 $x^y$ 的值 |
| double sqrt(double x) | 返回 x 的开方 |
| double sin(double x) | 返回 x 的正弦 sin(x)值,x 为弧度 |
| double cos(double x) | 返回 x 的余弦 cos(x)值,x 为弧度 |

表-(续)

| 函数原型 | 功能说明 |
|---|---|
| double tan(double x) | 返回 x 的正切 tan(x)值,x 为弧度 |
| doubl asin(double x) | 返回 x 的反正弦 $\sin^{-1}(x)$值,x 为弧度 |
| double acos(double x) | 返回 x 的反余弦 $\cos^{-1}(x)$值,x 为弧度 |
| double atan(double x) | 返回 x 的反正切 $\tan^{-1}(x)$值,x 为弧度 |
| double atan2(double y,double x) | 返回 y/x 的反正切 $\tan^{-1}(x)$值,y 和 x 为弧度 |
| double sinh(double x) | 返回 x 的双曲正弦 sinh(x)值,x 为弧度 |
| double cosh(double x) | 返回 x 的双曲余弦 cosh(x)值,x 为弧度 |
| double tanh(double x) | 返回 x 的双曲正切 tanh(x)值,x 为弧度 |
| double ceil(double x) | 返回不小于 x 的最小整数 |
| double floor(double x) | 返回不大于 x 的最大整数 |
| double modf(double value, double *iptr) | 将双精度数 value 分解为整数部分和小数部分,把整数部分存储在 iptr 指向的单元 |
| double frexp(double value, int *eptr) | 把双精度数 value 分解为数字部分(尾数)x 和以 2 为底的指数 n,即 $value = x * 2^n$,返回 x 的值,n 存储在 eptr 指向的单元中 |
| double fmod(double x,double y) | 返回 x/y 的余数 |

## 3. 字符串处理函数

使用字符串处理函数时,应在源文件中包含头文件“string.h”。

| 函数原型 | 功能说明 |
|---|---|
| char strcpy(char *dest,const char *src) | 将字符串 src 复制到 dest |
| char strcat(char *dest,const char *src) | 将字符串 src 连接到 dest 后面 |
| char strchr(const char *s,int c) | 检索并返回字符 c 在字符串 s 中第一次出现的位置 |
| int strcmp(const char *s1,const char *s2) | 比较字符串 s1 与 s2 的大小,若 s1>s2,返回正数,若 s1=s2,返回 0,若 s1<s2,返回负数 |
| size_t strlen(const char *s) | 返回字符串 s 的长度 |
| char strncat(char *dest, const char *src, size_t maxlen) | 将字符串 src 中最多 maxlen 个字符连接到字符串 dest 后 |
| int strncmp(const char *s1,const char *s2, size_t maxlen) | 比较字符串 s1 与 s2 中的前 maxlen 个字符 |
| char strncpy(char *dest, const char *src, size_t maxlen) | 复制 src 中的前 maxlen 个字符到 dest 中 |
| char strlwr(char *s) | 将字符串 s 中的大写字母全部转换成小写字母,并返回转换后的字符串 |

续表

| 函数原型 | 功能说明 |
|---|---|
| char strupr(char *s) | 将字符串 s 中的小写字母全部转换成大写字母,并返回转换后的字符串 |
| size_t strspn(const char *s1,const char *s2) | 扫描字符串 s1,并返回在 s1 和 s2 中均有的字符个数 |
| char *strstr(const char *s1,const char *s2) | 找出 s2 串在 s1 串中第一次出现的位置。返回该位置的指针,若找不到,返回空指针 |

4. 输入输出函数

用于处理包括文件、控制台等各种输入输出设备,使用之前应包含头文件“stdio.h”。

| 函数原型 | 功能说明 |
|---|---|
| int putchar(char ch) | 把字符 ch 输出到标准输出设备(屏幕) |
| int getchar() | 从标准输入设备(键盘)读取一个字符 |
| int printf(char *format[,argument,…]) | 将格式化数据输出到标准输出设备(屏幕) |
| int scanf(char *format[,argument…]) | 以格式化形式,从标准输入设备(键盘)读入数据,分别存放到各个参数对应的地址空间中 |
| int puts(char *str) | 将 str 所指的字符串输出到标准输出设备(屏幕) |
| char *gets(char *str); | 从标准输入设备(键盘)读取字符串存在 str 中 |
| FILE *fopen(char *filename,char *mode) | 以 mode 指定的方式打开文件 filename,若成功,返回这个文件指针,否则返回 NULL |
| int fclose(FILE *fp) | 关闭 fp 所指的文件,释放文件缓冲区 |
| int fgetc(FILE *fp) | 从 fp 所指的文件中处读取一个字符 |
| int fputc(int ch,FILE *fp) | 将字符 ch 输出到 fp 所指的文件中 |
| char *fgets(char *buf,int n,FILE *fp) | 从 fp 所指的文件中读取一个长度为 n－1 的字符串,存入起始地址为 buf 的内存空间中 |
| int fputs(char *str,FILE *fp) | 将 str 所指的字符串输出到 fp 所指的文件中 |
| int fscanf(FILE *fp,char *format[,argument,…]) | 以格式化形式从 fp 所指的文件中读入数据 |
| int fprintf(FILE *fp,char *format[,argument,…]) | 以格式化形式将数据输出到 fp 所指的文件中 |
| int fread(void *pt,int size,int n,FILE *fp) | 从 fp 所指的文件中读取 n 个长度为 size 的数据项,存入 pt 所指的内存空间 |
| int fwrite(void *pt,int size,int n,FILE *fp) | 将 pt 所指的 n 个长度为 size 的字符串输出到 fp 所指的文件中 |
| int fseek(FILE *fp,long offset,int base) | 将 fp 所指文件的位置指针移动到以 base 为基准,以 offset 为位移量的位置。base 可以为以下值:SEEK_SET 为文件开头,SEEK_CUR 为当前位置,SEEK_END 为文件尾 |
| long ftell(FILE *fp) | 返回 fp 所指文件中当前文件读写指针位置,以字节表示 |

续表

| 函数原型 | 功能说明 |
|---|---|
| int rewind(FILE *fp) | 将 fp 所指文件读写指针移到文件开头 |
| int feof(FILE *fp) | 检测 fp 所指文件的读写指针是否在结束位置 |
| int ferror(FILE *fp) | 检测 fp 所指文件是否有读写错误，如有错误就返回 1 |
| void clearerr(FILE *fp) | 清除 fp 所指文件的错误标志，同时清除文件结束指示器 |

### 5. 其他函数

下面是一些常用的函数，使用之前一般需包含头文件“stdlib.h”。

| 函数原型 | 功能说明 |
|---|---|
| void *malloc(unsigned size) | 分配 size 个字节的内存空间，若成功返回所分配内存的指针，否则返回 NULL |
| void *realloc(void *ptr, unsigned newsize) | 改变已分配内存的大小，ptr 为已分配内存区域的指针，newsize 为新的长度，返回新分配的内存指针 |
| void *calloc(unsigned n,unsigned size) | 分配 n * size 个大小的内存空间，若成功返回所分配内存的指针，否则返回 NULL |
| void free(void *ptr) | 释放先前动态分配的 ptr 所指的内存空间 |
| double atof(char *nptr) | 将字符串 nptr 转换成双精度数，并返回这个数，错误返回 0 |
| int atoi(char *nptr) | 将字符串 nptr 转换成整型数，并返回这个数，错误返回 0 |
| long atol(char *nptr) | 将字符串 nptr 转换成长整型数，并返回这个数，错误返回 0 |
| char itoa(int value,char *str,int radix) | 将整数 value 转换成字符串存入 str，radix 为转换时所用基数 |
| void srand(unsigned seed) | 初始化随机数发生器 |
| int rand() | 产生一个伪随机数并返回这个数 |
| void abort() | 结束程序的执行，非正常的结束程序 |
| void exit(int status) | 终止程序的进程，无返回值 |
| long time(long *timer) | 返回系统自格林威治时间 1970 年 1 月 1 日 00:00:00 开始至现在所经过的秒数，需包含头文件“time.h” |

# 参考文献


[1] STEPHEN PRATA.C Primer Plus 中文版[M].5 版.北京:人民邮电出版社,2005.

[2] PETER VAN DER LINDEN.C 专家编程[M].2 版.徐波译.北京:人民邮电出版社,2008.

[3] BRIA N W.KERNIGHAN,DENNIS M.RITCHIE.The C Programming Language(2nd Edition)[M].北京:机械工业出版社,2006.

[4] 谭浩强.C 程序设计[M].4 版.北京:清华大学出版社,2010.

[5] 黄维通,刘晓静,王瑞.C 语言程序设计[M].2 版.北京:清华大学出版社,2011.

[6] 林锐,韩永泉.高质量程序设计指南:C＋＋/C 语言[M].3 版.北京:电子工业出版社,2012.

[7] 苏小红,王宇颖,孙志岗,等.C 语言程序设计[M].3 版.北京:高等教育出版社,2015.

[8] 何钦铭.C 语言程序设计[M].北京:人民邮电出版社,2003.

[9] HERBERT SCHILDT.C 语言大全 [M].王子恢,戴健鹏译.北京:电子工业出版社,2001.

[10] K N KING.C 语言程序设计:现代方法[M].吕秀锋,黄倩译.北京:人民邮电出版社,2010.

[11] ANDREW KOENIG.C 陷阱与缺陷[M].2 版.高巍译.北京:人民邮电出版社,2008.

[12] 杨培添.计算机编程基础-C 语言[M].北京:中国铁道出版社,2011.

[13] 李春葆,曾平,喻丹丹.C 语言程序设计教程[M].2 版.北京:清华大学出版社,2011.

[14] 王敬华,林萍,张清国.C 语言程序设计教程[M].2 版.北京:清华大学出版社,2009.

[15] 陈东方.C 语言程序设计基础[M].北京:清华大学出版社,2010.

[16] 王晓斌,王庆军,尹航,等.C 语言程序设计[M].北京:清华大学出版社,2012.